JN312207

舟運都市
水辺からの都市再生

三浦裕二 *Miura Yuji*
陣内秀信 *Jinnai Hidenobu*
吉川勝秀 *Yoshikawa Katsuhide*
〈編著〉

鹿島出版会

まえがき

　20世紀初頭までは、内陸舟運と鉄道が全盛の時代であった。その時代には、まちや都市と川や運河との関係は、船を仲立ちとして濃密な関係があった。その後、自動車全盛の時代となって約1世紀を経て今日に至っている。モータリゼーションが進展し、都市化が進んだ時代には、川や運河、水辺は都市の裏側となった時代もあったが、近年、特に21世紀においては、それらは都市の環境インフラとして最も重要視される空間となっている。

　世界の都市は川沿いに立地している。そして今日でも、多くの都市で都市観光としての舟運システムが整備され、機能している。ロンドンのテムズ川、パリのセーヌ川といった基幹的な川を抱く都市はもとより、都市内においても運河網が現在でも機能し、都市の魅力と風格を醸し出している。そして、20世紀後半からは、例えばアメリカのボストンの水辺再生、イギリスのロンドン（ドックランド）やマンチェスターなどの水辺再生、アメリカのサンアントニオ、韓国・ソウルの清渓川（道路撤去・河川再生）、シンガポールのシンガポール川の沿川再開発、中国・北京や上海の川からの都市再生など、水と緑、歴史と環境といった面からの都市再生がこの川や運河、水辺を中心として進められる時代となっている。そしてそこには、船を仲立ちとした水と都市との関係が重視されている。川や運河といった水面がなく、舟運もない都市の再生と、水辺を生かした都市再生では、環境、景観、都市の風格、歴史といった面で大きな差がある。

　この水辺からの都市再生、あるいは水と緑は等価とした都市再生は、先進国であるか、あるいは今まさに発展段階にある国々であるかにかかわらず、これからの時代の都市再生・都市形成の重要な流れ、コンセプトとなっている。

　本書では、これからの時代の都市再生について、河川や運河等の水辺を生かすことが、都市の文化を再興し、環境や人間に優しい都市再生、さらには景観や風格、観光等の経済活動面でも重要であることを示した。また、地球環境問題が指摘される時代における河川、運河等の舟運の将来の展望についても考察している。

　本書の構成は、以下のとおりである。

　第Ⅰ編では、舟運都市の現状として、第1章で世界の河川、運河舟運の風景を述べた。現在においても河川等の水辺が生かされている世界の都市、そしてその魅力

を支えている観光を中心とした内陸舟運の現状を示した。

　そして、舟運都市の新たな展開：川、水辺からの都市再生として、第2章で「河川、運河舟運」の再評価と新たな展開、第3章で「都市再生」における河川、運河舟運の新たな展開、第4章でこれからの展望として、都市再生あるいは都市形成における河川、運河舟運の新たな展開について述べた。

　第Ⅱ編では、舟運都市の歴史的視点として、第5章で世界の河川・運河舟運の成立、第6章で歴史的変遷から学ぶことを述べ、河川、運河等の内陸舟運の過去、現在、未来への展望について、歴史的に考察した。

　本書では、舟運の歴史のみならず、これからの時代の都市再生、あるいは都市形成において河川や運河等の水辺を重視することの重要性を世界的な視野で述べた。その執筆は、交通関係、河川関係、そして都市・建築関係の執筆者により多角的に行うように努めた。

　本書が、これからの舟運再興や、河川・運河等の水辺を生かした都市再生あるいは都市形成に携わる行政、民間の方々、そして学識者、さらにこれらの分野に興味をもっている市民や学生等の参考にされることを期待している。

2007年5月

吉川　勝秀

目　次

まえがき

第Ⅰ部　舟運都市の現状

第1章　世界の河川舟運と運河の風景 ——————3

1.1　ヨーロッパの運河と河川—心和む船旅・舟遊び— ……… 3
　　（1）心和む運河の旅 …………………………………… 3
　　　　（a）ブルゴーニュ運河 ……………………………… 4
　　　　（b）ミディー・ギャロンヌ並行運河 ……………… 5
　　　　（c）スウェーデンのブルーリボン：ヨータ運河 … 7
　　　　（d）イギリスのグランド・ユニオン運河 ………… 9
　　（2）ヨーロッパの河川 ………………………………… 13
　　　　（a）ドナウ川 ………………………………………… 13
　　　　（b）エルベ川 ………………………………………… 17
　　　　（c）チャールズ川（アメリカ・ボストン） ……… 19
　　　　（d）テムズ川 ………………………………………… 22
1.2　アメリカ大陸の舟運 ………………………………… 24
　　（1）アメリカ合衆国の舟運と運河 …………………… 24
　　　　（a）ミシシッピ川 …………………………………… 24
　　　　（b）海岸と並行する運河 …………………………… 26
　　　　（c）エリー運河 ……………………………………… 26
　　　　（d）物　流 …………………………………………… 27
　　（2）カナダの運河 ……………………………………… 27
　　　　（a）ヒューロン湖とオンタリオ湖を結ぶトレント・セバーン運河 … 27
　　　　（b）オンタリオ湖とオタワ川を結ぶリドー運河（170周年を迎えた歴史遺産）… 30
　　　　（c）ナイヤガラの滝を越えるウエランド運河 …… 33

1.3 アジアの河川　37
（1） 長江の舟運　37
- (a) 多様な都市　38
- (b) 物流経済の要　39
- (c) 観光発展　39
- (d) 三峡ダムの誕生　40
- (e) 舟運拡大　40

（2） メコン河の舟運　41
- (a) メコン河の姿　41
- (b) メコン河の舟運：上流から下流まで　42

（3） チャオプラヤ川、バンコクの舟運　50
（4） 隅田川の舟運　56
（5） 大阪・大川の舟運　59

第2章　河川、運河舟運の再評価と新たな展開　63

2.1 ゆっくりの大切さ　63
（1） 運河の時間・道路の時間―無駄の効用　63
（2） 時間と速度　64
（3） 動物の移動速度　65
（4） 速さを競った近代―蒸気機関からエンジンへ　66
（5） 蒸気機関から内燃機関へ　68

2.2 環境に配慮した輸送手段としての評価　70
（1） 舟運による輸送動向　70
- (a) ヨーロッパにおける輸送の動向　70
- (b) 中国における輸送の動向　72
- (c) 日本における輸送の動向　72

（2） 持続可能な発展と地域経済　73
- (a) 舟運政策　73
- (b) 市場自由経済としての交通　74
- (c) 新たな舟運の役割―危険物と廃棄物輸送　74
- (d) 危険物・廃棄物輸送の実施事例　75
- (e) 水資源の確保　76

（3） 欧米における環境負荷軽減対策　77
- (a) 環境政策　77
- (b) 大気汚染対策　77

　　　　(c)　廃船リサイクルと規制強化の取り組み ・・・・・・・・・・・・・・・・・・・・・ *78*
　　　　(d)　環境投資 ・・・ *78*
　　　　(e)　廃棄物の越境輸送の監視・罰則を強化 ・・・・・・・・・・・・・・・・・・ *79*
　　　　(f)　適正な運河建設への是非 ・・・・・・・・・・・・・・・・・・・・・・・・・・・・・・・・ *79*
　　　　(g)　国際協調 ・・・ *80*
　2.3　輸送手段別の環境負荷の比較 ・・・・・・・・・・・・・・・・・・・・・・・・・・・・・・・・・・・・ *80*
　　(1)　環境にやさしい交通 ・・ *80*
　　　　(a)　摩擦抵抗との闘い ・・ *80*
　　　　(b)　地球温暖化の元凶―二酸化炭素の低減に役立つ舟運 ・・・・・・ *81*
　　　　(c)　運河の経済性 ・・・ *81*
　　(2)　モーダルシフトの世界的な潮流 ・・・・・・・・・・・・・・・・・・・・・・・・・・・・・・ *82*
　　　　(a)　モーダルシフトとは ・・・・・・・・・・・・・・・・・・・・・・・・・・・・・・・・・・・・・ *82*
　　　　(b)　舟運への転換 ・・・ *83*
　　　　(c)　静脈物流 ・・・ *84*
　　　　(d)　土砂輸送の実験 ・・ *86*
　　(3)　環境負荷軽減による舟運の効果 ・・・・・・・・・・・・・・・・・・・・・・・・・・・・・・ *86*
　　　　(a)　新たな動力源を活用した舟運 ・・・・・・・・・・・・・・・・・・・・・・・・・・・・ *86*
　　　　(b)　船を活用した都市 ・・ *87*

第3章　都市再生における河川、運河舟運の新たな展開 ── *89*

　3.1　河川、運河が生きている都市：ヨーロッパ、アメリカ ・・・・・・・・・・ *89*
　　(1)　ヴェネツィア ・・・ *89*
　　　　(a)　水とともに生きる都市 ・・・・・・・・・・・・・・・・・・・・・・・・・・・・・・・・・・ *89*
　　　　(b)　海洋都市の構造と舟運 ・・・・・・・・・・・・・・・・・・・・・・・・・・・・・・・・・・ *90*
　　　　(c)　海洋都市の資産を今に生かす ・・・・・・・・・・・・・・・・・・・・・・・・・・・・ *92*
　　　　(d)　活発な都市内の船の交通 ・・・・・・・・・・・・・・・・・・・・・・・・・・・・・・・・ *93*
　　　　(e)　舟を使ったイベントと遊び ・・・・・・・・・・・・・・・・・・・・・・・・・・・・・・ *94*
　　(2)　アムステルダム ・・・ *95*
　　　　(a)　現代版の運河の生かし方 ・・・・・・・・・・・・・・・・・・・・・・・・・・・・・・・・ *95*
　　　　(b)　ベイエリアの水の空間 ・・・・・・・・・・・・・・・・・・・・・・・・・・・・・・・・・・ *97*
　　　　(c)　舟を生かした現代住宅 ・・・・・・・・・・・・・・・・・・・・・・・・・・・・・・・・・・ *97*
　　(3)　パ　リ ・・ *98*
　　(4)　ブルージュ　（ベルギー） ・・・・・・・・・・・・・・・・・・・・・・・・・・・・・・・・・・・・・ *101*
　　(5)　プラハ、ブダペスト ・・ *102*
　　(6)　サンアントニオ ・・ *103*

3.2　河川舟運と運河が支えるアジアの都市 106
　（1）　上　海 106
　（2）　ソウル 108
　（3）　バンコク 109
　（4）　東　京 111
　　　（a）　舟運と都市経営 111
　　　（b）　舟運を支える川と運河 112
　（5）　大　阪 113
　　　（a）　水辺の再生と利用 113
　　　（b）　川と船 114
　（6）　徳　島 115
3.3　防災面からの新しい展開 117
　（1）　震災と帰宅困難者 117
　（2）　震災廃棄物の輸送 121
　（3）　レスキュー船 122
　（4）　防災への新たな取り組み 123
3.4　都市再生からの新しい展開 124
　　　（a）　古い町並みを保全しつつ、観光面の資産として河川、運河舟運を生かしている都市 124
　　　（b）　川の再生、川からの都市再生を行い、その重要な装置に舟運がなっている都市 125
　　　（c）　都市の発展とともに廃れることなく脈々と舟運が行われてきており、現在も盛んな都市 125

第4章　これからの展望　　127

4.1　水、川からの展望 128
　（1）　川からの都市再生全般についての提案 128
　　　（a）　東京首都圏の都市化と自然環境の変化 128
　　　（b）　川からの都市再生 131
　　　（c）　川からの都市再生のモデルの提示 137
　　　（d）　都市空間における川の空間構造としての川の通路（リバー・ウォーク） 138
　　　（e）　消失した川の上のリバー・ウォーク 143
　　　（f）　東京首都圏の川からの都市再生 143
　（2）　川からの都市再生における舟運 147

		(a) 舟運が魅力をつくり出している都市	147
		(b) 舟運の形態	148
		(c) 船着場の形態	148
		(d) 舟運運行の主体	152
	（3）	その他の視点	152
		(a) 治水との関わり	152
		(b) 水質の問題	154
		(c) 河川、運河の管理	154
		(d) 制度・仕組み、行政マンの資質、教育・育成の問題	155

4.2 都市からの展望 …………………………………………………… 156
　（1）　河川と舟運 …………………………………………………… 156
　　　　(a)　河川の水 …………………………………………………… 156
　　　　(b)　近年の水辺に向けられた熱い視線 ……………………… 157
　　　　(c)　人口減少時代において …………………………………… 158
　　　　(d)　都市交通の多様性と効率性 ……………………………… 160
　（2）　舟運の再生を踏まえた都市景観への問い ………………… 161
　　　　(a)　失われる水辺と高速道路 ………………………………… 161
　　　　(b)　東京都心の水際と水陸の交通 …………………………… 162
　（3）　歴史に何を学ぶか …………………………………………… 163
　　　　(a)　河岸と港湾の空間構造 …………………………………… 163
　　　　(b)　舟運の河川航路と用水路 ………………………………… 164
　（4）　よりトータルな舟運ネットワークへ ……………………… 166
　　　　(a)　水が結ぶ田園、城下町、港町の文化圏の再構築 ……… 166
　　　　(b)　東京発、水辺活性と舟運再生への展望（江東内陸部と臨海部） 168

第Ⅱ部　舟運都市の歴史的視点

第5章　世界の河川舟運と運河の構築 ——————————— 173

5.1 文明と文化を運んだ水の道 ………………………………… 173
　（1）　舟運の先進国は古代中国 …………………………………… 173
　　　　(a)　大運河 ……………………………………………………… 174
　　　　(b)　霊　渠 ……………………………………………………… 178
　（2）　ヨーロッパの運河 …………………………………………… 179
　（3）　舟、山に登る ………………………………………………… 180
　（4）　運河の形態と近代運河 ……………………………………… 182

(a)　運河の形態 ································· 182
　　　(b)　近世・近代の運河 ······························· 183
　　　(c)　鉄道との競合下での発展 ························ 186
　　　(d)　舟運合理化のための運河の改良 ··················· 191

第6章　日本の河川舟運—歴史的変遷に学ぶ— ─────199

6.1　日本の河川、運河舟運の隆盛と衰退 ······················ 199
　（1）　保津川、高瀬川と角倉了以 ·························· 200
　（2）　内航舟運、阿武隈川と河村瑞賢 ······················ 201
　（3）　北上川 ··· 203
　（4）　貞山運河 ······································· 203
　（5）　最上川 ··· 204
　（6）　荒川と見沼代用水 ································ 205
　（7）　利根川と江戸川 ·································· 206
　（8）　利根運河 ······································· 208
　（9）　利根川舟運の興隆と衰退 ··························· 209
　（10）　信濃川 ·· 212
　（11）　木曽三川 ······································ 212
　（12）　琵琶湖疏水 ····································· 214
　（13）　淀　　川 ······································ 215
　（14）　筑後川 ·· 217
　（15）　柳　　川 ······································ 217

6.2　河川舟運の軌跡 ······································ 218
　（1）　明治維新と交通・運輸 ····························· 218
　（2）　明治政府の河川・舟運政策 ·························· 219
　（3）　大久保利通の東北復興 ····························· 220
　（4）　幻の日本中央運河計画 ····························· 221

6.3　房総水の回廊構想 ··································· 222
　（1）　印旛沼にかけた先人の努力 ·························· 223
　（2）　戦後の印旛沼 ··································· 224
　（3）　東京湾につなぐ夢 ································ 225

6.4　地域からの舟運の再興 ······························· 227
　（1）　舟運と川沿いの土地 ······························ 227
　（2）　地域で整備した水路 ······························ 229
　（3）　舟からの観光 ··································· 230

（4）　流域連携と地域の活性化･････････････････････････････････ *231*
6.5　文学にみる河川、運河舟運････････････････････････････････････ *232*
　　（1）　いにしえの川と舟･･ *233*
　　（2）　枕草紙から 1900 年：近代の川と舟･････････････････････････ *235*
　　（3）　さらに 100 年を経て･････････････････････････････････････ *240*
6.6　国際舟運シンポジウムからの考察･･････････････････････････････ *242*
　　（1）　日本の水運･･ *242*
　　（2）　都市と水路の歴史･･ *243*
　　（3）　国内外での舟運事例･･････････････････････････････････････ *244*
　　（4）　都市の魅力づくりと舟運･･････････････････････････････････ *246*

あとがき
索　　引
編著者・執筆者

第Ⅰ部

舟運都市の現状

第1章　世界の河川舟運と運河の風景
第2章　河川、運河舟運の再評価と新たな展開
第3章　都市再生における河川、運河舟運の新たな展開
第4章　これからの展望

第1章　世界の河川舟運と運河の風景

1.1　ヨーロッパの運河と河川―心和む船旅・舟遊び―

（1）心和む運河の旅

　ヨーロッパを旅してアムステルダムに立ち寄った人ならば、中央駅の前の運河からガラス天井の観光船に乗り、旧市街を一回りして、ゴッホの画題となった跳ね橋や、運河に顔を向けた 16 世紀の独特な街並みを眺めているに違いない。

　運河はアムステルダムの市中だけをつないでいるわけではない。航行可能な川と人工の運河によって網の目のようにヨーロッパ全域に張り巡らされている。道路マップを携えヨーロッパをレンタカーで旅するように、市販されている運河マップを頼りにボートを借りて舟旅を楽しむことが可能である。ボートにはベッドはもとよりキッチン、トイレも完備している。運河マップを頼りに公共施設の船着き場に係留すれば、桟橋から水はもとより電気の供給も受けられ、船着き場を選べば清潔なシャワールームまで完備している。舟を利用したキャンプ生活の旅が容易に楽しめる。その気になれば、アムステルダムからパリを経て地中海のニースまで、歴史遺産に感動しながら船旅を楽しむことができる。

　物流のためだけの運河ではない。フランス北部からベルギー、オランダにかけては、まさに網の目のように運河が張り巡らされている。パリからリヨンへも、あるいはストラスブールを経てライン川へも複数のルートで結ばれている。文化財ともいえるそれらの運河と周辺都市は、歴史の宝庫であり、それ自体が巨大な博物館である。どのルートにも魅力的な歴史的建造物が点在し、心ときめく文化が集積している。フランス政府が美しい風景と船旅の魅力を見捨てておくはずがない。

　河川はもとより、人工の運河も神が創った自然の流れであるかのように、それぞれの地域に根付いて独自のアメニティーをつくりだし、クルージングによる優雅な旅の交通施設として機能している。ただそのスピードは著しくスローであることを覚悟しておかねばならない。飛行機や自動車で都市を飛び歩くせわしい旅行とは違って、豊穣にして多様なヨーロッパの文化と、美しい田園のランドスケープにふれるためには、運河の旅が最適である。以下に、北欧と英国の運河を含め 2、3 紹介しておこう。

(a) ブルゴーニュ運河

贅沢な外洋の船旅は別にして、ヨーロッパには運河を使ってゆっくりと歴史を学び、土地の産物を愛でながら、自然の只中をクルージングし、止まったような時間を楽しむ旅がある。

その例を 50 余年の歴史を持つフランスのコンチネンタルウォーター社（現在はアメリカンドリーム社が買収）に見てみよう。同社は 9 艘の船を持ち、パリを起点に風光明媚にして観光価値の高い地域を 3 食付の 3 泊もしくは 6 泊の行程で運行している。一艘を除いては、かつて穀物などの輸送で活躍した 300t 級の貨物船（ペニッシュと呼ばれる）を客船用に改造したもので、8 人から 24 人収容までいろいろある。景色を楽しむデッキ、ダイニングルーム、バーコーナーもあり、ホールには小説、詩集、歴史書、写真集などが準備されている。清潔なベッドのある客室には、トイレはもちろんシャワールームまで完備している。

3 泊 4 日の日程で晩夏のブルゴーニュ運河の船旅を楽しむために、早朝パリのリヨン駅を発ち TGV でモンバールに向かう。ホテルボートのラ・リトート号はセーヌ河とソーヌ河を結ぶブルゴーニュ運河の中間点、モンバール近郊ラビエールの船着き場に係留されていた。もとは黒一色に塗られていたであろう 300t の穀物専用船であるが、すっかり衣替えをし、白いデッキに黒の船体、それに赤いラインが全体を引き締めるおしゃれな船である。屋根に飾られた鉢植えのゼラニュームの赤がさらに彩りを添える（**写真 1.1**）。

写真1.1　ブルゴーニュ運河のホテルボート

ブルゴーニュ運河は、ソーヌ川とセーヌ川の谷あいを結ぶ運河で、ルイ 16 世が王位を継いだ翌年の 1775 年からフランス革命を経て、1834 年（フランス史上最後の国王ルイ・フィリップスの時代）にかけて建設されたものである。古くから地中海と北ヨーロッパを結ぶ通商上重要なルートであり、20 世紀中葉まで貨物輸送に活躍したが、今日では運河両端で貨物の輸送が見られる程度で、多くは観光船とプレジャーボートが利用している。

船旅は、セーヌ川の支流ヨンヌ川方向の北へ向かって下る。運河の航行速度は時速 5〜6km である。運河の両岸には、動力のない時代、馬あるいは人手で船を曳くための小径が設けられ、木陰を作るためにポプラやマロニエの美しい並木が植えられた。そこを散歩する人、自転車で遊ぶ少年、ゆったりと釣り糸を下げる人などと挨拶を交わしながら、印象派の風景画を見るように移りゆく景色を楽しむ。フランスに限らずヨーロッパはどこでも田舎が美しい（**写真 1.2**）。

ロック（閘門）での水位調整には 15〜20 分ほどかかる。次のロックまで距離に

よっては散歩やサイクリングを楽しむこともできる。まさに蝸牛の移動をじっと眺めているような感じで時が過ぎる。

　船上の人になっているだけではない。併走するバスに乗り換え、フランスの美しい村百選にも選ばれた、12世紀の城塞都市ノワイエや、今でも清冽な泉が湧き出すトネールの16世紀の洗濯場を見学し、ブルゴーニュでも特に有名なシャブリのワイナリーを訪ね、テイスティングに舌鼓を打つなど、ゲストを楽しませる心遣いがいろいろと準備されている。日々の食事も格別で、シェフが料理に合わせてワインを準備してくれる。運河の旅では日頃見えないものが見えてくる。対象は何でもよい。知的ゆとりを楽しむのが運河の旅である。

　4日目の朝、トネールの船着場からバスで次の目的地ディジョンに向かう。40分後には4日前の出発地モンバールを通過する。正味68時間をかけた30km足らずの運河の旅も、バスで通過すれば40分である。起点終点の移動時間だけを考えれば、1/90に短縮される。同じ観光スポットをめぐったとしても、バスであれば1/6に短縮されるに違いない。運河の時間と道路の時間はこんなにも違う。時間の無駄という人もいるだろう。だがこの無駄と思われる時間の中での体験はむしろ高密度な記憶となって脳裏に保存される。そして人生の宝物が増える。美しい風景は目で捕らえることができる。鳥のさえずりや風の音は耳で捕らえられる。そして時間はミヒャエル・エンデの言うとおり心が捕らえるものである。

　同じビールを紙コップとクリスタルのカットグラスで飲むとしよう。中身は同じビールである。誰しもがカットグラスに手を出すに違いない。運河で費やされる時間は、このカットグラスの輝きである。運河の旅の無駄な時間には、効率的な道路の時間からは見つけられない、至福の境地をさまよう効用がある。

写真1.2　ブルゴーニュ運河の風景

(b)　ミディー・ギャロンヌ並行運河

　ブリヤール運河に肩を並べる歴史的運河がミディー運河である。土木技師ピエール・ポール・リケの構想力がルイ14世を動かし、またイギリスの運河建設にも影響を及ぼした運河である。リケは1680年10月、翌年の運河の完成を見ることなく死去する。ツールーズ・マタビオ駅前に運河を見守るようにリケの銅像が建てられている。

　その後建設されたギャロンヌ並行運河には、アジェンの運河橋（第5章の**写真5.5**参照）が架かる。ツールーズから北西へ約95kmにある人口34,000人の町にある。

　トゥールーズからアジェンまで運河はギャロンヌ川の右岸側を付かず離れず、直線的に開削されている。途中、北から流れ込む支流タルン川を、1867年に建設されたカコア運河橋で渡る（**写真1.3**）。レンガで装飾された13径間の石造アーチ橋で、

橋長356m、幅8.35mである。橋の北端には、しだれ柳が影を落とし、手入れの行き届いた花壇で飾られた美しいロックがある（**写真1.4**）。ちなみに、フランスの運河のロックは国家公務員であるVNFの職員（ロックキーパー）により管理されている。ロックごとに職員の性格が出て、それぞれ異なる雰囲気を醸し出している。概して花で飾られているが、中には可愛いネコや犬が出迎えてくれるところもある。

　ツールーズからはミディー運河を下る。市の中心部から南南東8km、運河に沿って1970年代に開発された400戸ほどの住宅団地には、運河から掘り込んだマリーナがある。単なる船着場ではない。給電、給水、燃料供給スタンドを持った本格的なマリーナで、住民参加の団体で運営されている（**写真1.5**）。人為的に水位を制御できる運河であればこそ取り組める事業の一つである。**写真1.6**に見るように、ミディー運河の目玉は運河沿いに延々と続くプラタナスの並木である。あたり一面はブドウ畑である。船はジョギングをする人に抜かれて行くスピードで進む。

　カルカソンヌの西約50kmのポール・ロラージェはミディー運河の港であり、かつ高速道路（N80）のハイウエイオアシスでもある。いわば道の駅と川の駅が合体したもので、わが国でも参考にしたい施設である。ここには運河博物館、ホテル、レストラン、売店があり、広場には運河とロックの大きな模型もあり、子供たちは装置に入り込み、水を流し玩具の船を浮かべて遊んでいる。カール大帝も尻尾を巻いて逃げ出した城塞都市カルカソンヌはこの近くである。

　ベズイエの近くには見るべきものが多い。アンセルスの丘を迂回することを避けたリケ

写真1.3　1867年に建設されたカコア運河橋

写真1.4　手入れの行き届いたカコアのロック

写真1.5　住民参加で作られた運河マリーナ

写真1.6　プラタナス並木に囲まれてのクルージング

は、ケイプスタンとコロンビエールの間に長さ165mのマルパス・トンネルを掘る。1679年のことで、運河トンネルとしては世界で最初のものであろう。もう一つはフォンセランヌの7段連続ロックである。304mの間で21mの水位差を越える。1854年に建設されたオード川に架かる運河橋も7径間のアーチ橋で石造りの装飾が美しい。橋長240m、水路幅8mだが橋体の幅は28mに及ぶ（**写真1.7**）。

写真1.7　オード川に架かる運河橋

ミディー運河とそれに続くギャロンヌ並行運河で先人の残した土木施設を目の当たりにすると、そのエネルギーにまずは驚嘆し感動する。次いで、現代の科学技術に裏打ちされた土木施設がいかにも貧弱に思えてくる。100年、200年後の人たちはそれらをどのように評価するのだろう。インフラストラクチャーは安くて強ければよいものではない。見る人、使う人に感動を与えるものでなければならない。

(c)　スウェーデンのブルーリボン：ヨータ運河

ヨーロッパ大陸だけではない。スウェーデンにはイエテボリからヴェーネン湖に通じる延長120kmのトロールヘッタン運河がある。この運河の建設は18世紀末に始まる。現在、4,000t級の貨物船が航行するこの運河は、ヴェーネン湖の豊富な水源を利用して、44mの水位差を6カ所のロックで克服するが、1800年に完成したときは14カ所のロックを通過する難所であった。湖の北側に展開する諸都市と、国内および国際間の物流は年間400万tに及び、1航海でこなす容量は1,300t、トレーラー約130台分に相当する。今日ではまさしく産業の動脈である（**写真1.8**）。

写真1.8　トロールヘッタン運河の巨大ロック

かつて、北海とバルト海を結ぶカテガット海峡はデンマークの覇権下にあり、海峡を通過してストックホルムに出入りするスウェーデンの船には多額の税金が課せられていた。そこで計画されたのが内陸部を通過するヨータ運河であり、16世紀からの宿願であった。

図1.1に示すように、バルト海側のスーデルショッピングから西に向け運河を開削し、ロクセン湖、ブーレン湖、ヴェッテルン湖、ヴィーケン湖へとつなげ、さらにヴェーネン湖からは、先に述べたトロールヘッタン運河を経て北海に出るルートである。高低差91mを65カ所のロックで昇降する、延長450kmの水の道である。

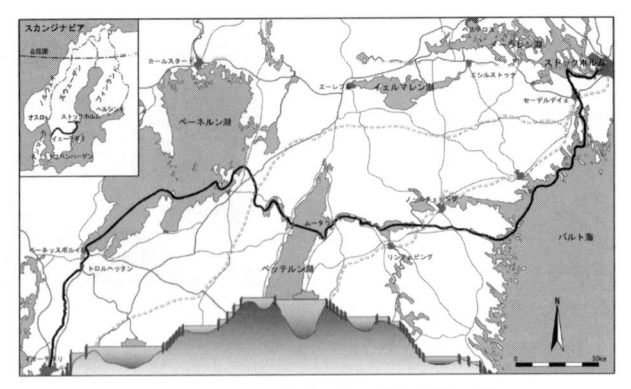

図1.1　ヨータ運河の平面図と縦断面図

この運河建設は、海軍士官で後に首相を務めたバルツァー・フォン・プラッテンのライフワークであり、1810年に着工され1832年に完成している。完成は彼の死後3年のことで、遺体はヴェッテルン湖畔につながる運河のほとりの木立の中に埋葬された。なお、この運河建設には、運河先進国であったイギリスの土木技師T.テルフォードが技術協力し、その記念碑も残されている。それによると、58,000人の兵士が動員され、連日12時間の労働で23年かけて完成した。

ヨータ運河は、今日ではスウェーデンの「ブルーリボン」とも呼ばれ、夏期になると個人のクルーザーはもちろんのこと、60人を収容する300tの客船3隻がイエテボリからストックホルム間の560kmを航行している。最も古い船は「ジュノー」号で1874年の建造、最も新しい「ダイアナ」でも1931年に建造されたものである。クラシカルで何とも優雅な客船である（写真1.9）。

写真1.9　ヨータ運河を航行する観光船

1912年に建造された308tの「ウイルヘルム・サム」号でイエテボリからストックホルムまで、船中3泊4日3食付きのクルージングは世界中からの観光客を集めている。乗船すると英語、ドイツ語、スウェーデン語の3グループに分けられ、旅の案内から食事まで共にすることになる。ちなみに、上等の船室でも2段ベッドで必要最小限の空間しかない。トイレ、バスも共同であるが、さすがは北欧、船員により清潔に管理されている。途中、フォースヴィークのロックでは土地の人たちが手作りのブーケで迎えてくれ、旅の安全を祈り、賛美歌で見送られるという思いがけない出会いもある（写真1.10）。聞けば100年も前から伝統的に行われてきた行事という。日本人と分かると、神戸に赴任していたという神父夫妻は、日本語で賛美歌を歌い、日の丸の国旗を振って祝福し見送ってくれた。

第1章　世界の河川舟運と運河の風景　　9

写真1.10　フォースヴィークのロックで観光客を送迎してくれる村民

写真1.11　5段連続のロックを下る観光船

　ブーレン湖に降りるために、5段連続のロックを下る。下船して眺めるその様子はダイナミックである（**写真 1.11**）。バルト海に出るスーデルショッピングに到着すると、乗客に運河の通過証明書が発行される。洒落た貴重な記念品である。美味しい食事と4日間の旅の思い出を育む悠久の時間を考えれば、10万円弱の費用は安いものである。スウェーデン人さえ、一生に一度は体験したい旅というのも頷ける。

(d)　**イギリスのグランド・ユニオン運河**

　イギリスの多くの運河の中でも、ことに有名なのがグランド・ユニオン運河である。この運河はロンドンと中部の工業都市バーミンガム、ライセスター、ノッティンガムを結ぶ運河である。古くはバーミンガムから狭く曲がりくねったコヴェントリー運河とオックスフォード運河を使い、さらにテムズ川を160km下ってロンドンとつなぎ石炭を運んでいた。1791年、ブラウンストンと西ロンドンのブレンフォードを100kmほど短縮して結んだグランド・ジャンクション運河がこの運河の始まりである。その後ワーヴィックを経てバーミンガムに、またライセスターを経てラングレイヒルやノッティンガムへと新たな運河がつながり、今日のグランド・ユニオン運河が形成される。

　ロンドンからバーミンガムまで220km。166カ所にロックがあり、3カ所にトンネルがある。運河トンネルで最も長いのが2.8kmのブリスワース・トンネルである。この区間を除いてグランド・ジャンクション運河は1800年にはすべて開通していた。トンネル工事は大変な難工事で、最初の船が通過したのは1805年3月である。その間、積み荷はいったん船から降ろされ、荷馬車に積み替えられ、ブリスワースの丘を越え、再度船に積み込むという手間をかけていた。動力のない時代、船は運河沿いの小径「トウパス」を馬、時には人力で引かれた。ところがこのトンネルにはトウパスがなかった。ここでもトンネルに入ると船員は艫に寝そべり、脚でトンネルの壁を蹴って進んだ（第5章の**写真**5.12参照）。その苦行が産業革命を生み、人間は動力を手に入れた。一方で、工業の拡大に抵抗して自然を残すナショナルトラストの思想が生まれ、**写真1.12**のような美しい国土が保全されてきた。

　運河を管理するBWW（ブリティッシュ・ウォーター・ウェイ）の理念は、運河

利用者の安全確保、水路構造物の維持管理、歴史的建造物の保全、生態系の監視と保全であり、水路への水の供給と利用者へのサービスの提供、財政運営のための事業収入の確保などが主たる業務である。不足する予算は環境省の補助金に頼る。歴史を経た構造物の管理は、例えば石造物であれば石を、鉄であれば鉄を使って原状回復させるため、職人技が求められ、職人は貴重な存在となる。かといって官民境界となる水際は、シートパイルによって修繕されるケースも

写真1.12 イギリスの運河沿いの風景（ナプトンオンザヒル付近）

多い。ほとんどが木製であるロックゲートの寿命は 25 年程度だという。ブルボーンにある工場では、200 年にわたってロックゲートを作り続けている。高い水密性が求められるゲートにも高い職人技が要求される。運河用の貯水池も、最近では単なるリザーバーから生態系維持装置、つまりビオトープとしての位置づけに変わっている。

先に述べたような歴史的ロックやリフトの再生にも多額の資金が必要となり、その調達のために民間とのパートナーシップを組み上げる、いわゆる PPP（プライベート・パブリック・パートナーシップ）方式が取り込まれている。中には 100 年前に放棄された運河を BWW の技術指導を受けながら、地域住民が資金と労力を出し合って整備している例もある。

トリングフォードのポンプ場は、貯水池から運河に水を供給する施設である。施設の建物は 1817 年の建築、2 台のポンプはそれぞれ 1911 年と 1927 年製で、いまだ現役で運河に水を供給している。更新を善としてきた日本人としては、古いものを手入れしながら使うことに誇りを持ち、自慢げに説明するイギリス人に敬意を払う以外に手立てがない。

計画的な住宅造成計画で有名なミルトンキーンズ郊外の運河の風景は、真に牧歌的である。陸には牛、馬、羊が群れをなしている（**写真 1.13**）。水路には鴨が羽を休める。岸辺には花いっぱいの洒落た住居が建つ。ちなみに、運河沿いの土地は 2 割ほど高く評価されることから、住民はその再生に熱心になるという。

写真1.13 運河を水飲み場とする馬、牛

ノーサンプトンの南 10km にあるストーク・ブルーアンには運河博物館がある。目と鼻の先にブリスワース・トンネルの入り口がある。博物館には歴代の運河技術者の写真が解説と共に一覧できる。運河と船の変遷など、子供でも理解できるように工夫され展示されている。専門的な関連図書も豊富で、まさしく教育施設として機能している。

　バーミンガムは内陸部の都市である。産業革命で運河、鉄道の結節点となり交通の要衝となる。バーミンガム市は、水の都ヴェネツィアより長い運河を持つと自慢する。確かに、内陸部のバーミンガムは、リバプール港につながるマージー川、ロンドン港につながるテムズ川、ブリストル港につながるセヴァン川、ハル港につながるハンバー川の四つの港につながる河の交差点「ザ・クロス」であり、国の施策として 18 世紀末には水路網の結節点として完成を見ている（図 1.2）。

図1.2　イギリスの運河網

　バーミンガムの運河は 1768 年に J.ブレンドリーによって完成していたが、多くの問題点を抱えていた。1824 年 T.テルフォードは"曲がりくねった溝のような"旧運河にとらわれないという条件で、巨費を投じ直線化する改良に取り組み、1829 年に完成させる。現在のバーミンガム運河メインルートと呼ばれる運河である。当然のこととして深い掘割やトンネルが掘られ、水源確保のために 0.284km² の広大なエッ

ジバストン貯水池が建設された。とはいえ、古いブレンドリー運河も、英国土木学会の始祖でもあるJ.スミートンが改修したロックも、現役として大事に保存されているところがイギリス魂で素晴らしい。

　写真1.14(a)，(b)はテルフォードによる鋳鉄橋で、(a)は貯水池からの水を運河に供給する水路橋であり、(b)は現在歩行者専用となった道路橋である。共に優雅であり、デザインのディテールが美しく洗練されている。

　　　　(a) 水路橋　　　　　　　(b) 道路橋（現在は歩行者専用）
写真1.14　バーミンガム運河メインルートに架かるテルフォードの設計による鋳鉄橋

　近年、高密度な運河網を活かした都市再生で生まれ変わったブリンドリープレースやガスストリート・ベイズンの再開発が注目に値する（**写真 1.15**）。立派な国際会議場も運河沿いに立地しているほか、オフィスビル、レストラン、バー、ショッピングゾーンが整備され、博物館も収容された。運河沿いはカヌーを楽しむ人や、ボートの係留も多い。夜間も明るく人通りが絶えない。水際が整備されれば、どの国の人も自然と水際に集う。

写真1.15　バーミンガム・ガスストリートの風景

　モダンな都市再生が行われる大都市から一歩抜け出すと、牧歌的な美しい風景に包まれる。運河を線状の公園と位置づけ、古い施設を大切に保存してきた背景には、古くから定着していたナショナルトラスト運動が根底にある。単に民度の違いといってしまえばそれまでだが、先人が残した遺構を風景もろとも国民の力で買い上げ保存し、国民の資産として未来につなげる意欲にはただ敬意を表すのみである。

　運河が市中に入れば、必ず船だまりがあり、水の供給、ゴミ処理ができる。近くには必ずパブがある。ここぞと思うところで舟をチャーターし、一日のんびりと郊外の風景を楽しみ、上陸して家庭的なレストランで食事をし、イギリスならではの洒落たパブで地ビールを飲む。旅程を 2、3 日延ばしてでもトライする価値のあるのが運河の旅である。

（2） ヨーロッパの河川
(a) ドナウ川

　ドナウ川（ダニューブ川）は、東ヨーロッパの国々をつなぐ大河であり、他のヨーロッパの河川と同様に、舟運が盛んである。この地域には、中世以降この地域の重要都市であるオーストリアのウィーン（**写真1.16**）、ハンガリーのブダペスト（**写真1.17**）、さらにはスロバキア（旧チェコスロバキア）のブラチスラバ（**写真1.18**）、支流サヴァ川との合流地点に位置するセルビア（旧ユーゴスラビア）のベオグラードなどがあ

写真1.16　ドナウ（ダニューブ）川の中心都市、オーストリアのウィーン
（左：鳥瞰写真。中・右：都心とドナウ〈ダニューブ〉川を結ぶドナウ運河）

写真1.17　ドナウ（ダニューブ）川の真珠と呼ばれるハンガリーのブダペスト
（左：鳥瞰写真。中・右：水辺の風景）

る。支流のサヴァ川を遡ると、クロアチア（旧ユーゴスラビア）の首都ザグレブがある。
　近年でも、この川では舟運を巡る状況は大きく進展している。その第一は、西ヨーロッパを貫流して大動脈となっているライン川と東ヨーロッパの大動脈であるドナウ川が結ばれたことである。両河川を結ぶライン・マイン・ドナウ運河の構想は8世紀からあり、1921年に本格着工、1992年に完成した。この運河で、ライン川とドナウ川がライン川支流のマイン川を通じて結ば

写真1.18　スロバキア（旧チェコスロバキア）のブラチスラバ
（ドナウ〈ダニューブ〉川からの風景）

れた。これにより、東ヨーロッパと西ヨーロッパが舟運により結ばれた（**図1.3、1.4**）。

14　第Ⅰ部　舟運都市の現状

図1.3　ライン・マイン・ドナウ運河で結ばれたライン川とドナウ（ダニューブ）川（平面図。主要国と都市）

　ドイツのバイエルン州にあり、ドナウ川とマイン川を通じてライン川とも連絡している。この運河によりヨーロッパを横断し、北海と黒海の舟運が可能となった。構想自体は8世紀からあったが、本格的に着工したのは1921年。水路の整備から始められたが戦争による中断などがあり、1960年から両河川間の運河本体の開削工事が開始された。完成は1992年。運河は北はバンベルク町でマイン川（ライン川の支流）と分かれ、エルタンゲン・ニュルンベルグの町を経由し、分水嶺を越え、ドナウ川に繋がる。運河の全長は171km、マイン川方向の標高差は175.1m、ドナウ川方向では67.8m。このため運河には通航用の水閘門が多数ある。

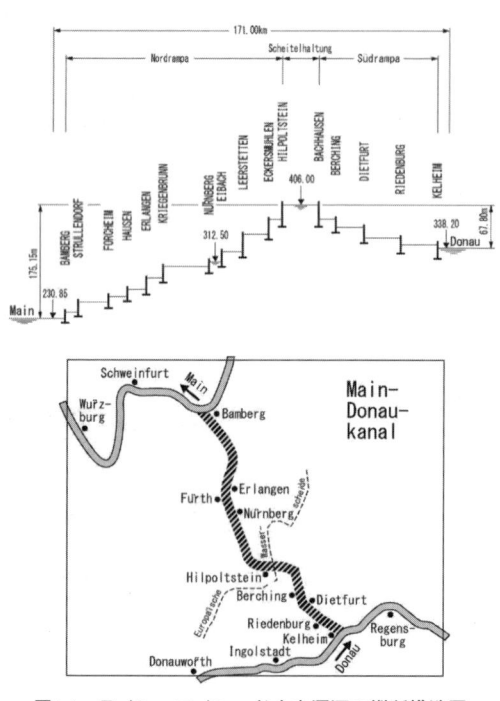

図1.4　ライン・マイン・ドナウ運河の縦断構造図

あと一つは、ドナウ川の舟運の改善と発電を意図した堰（ガブチコバ堰）と運河の完成である。この堰は、共産体制下のチェコスロバキアとハンガリーで計画されたものであるが、結果的にはスロバキア側の堰・閘門（航行用のロック）と運河のみが整備された。ハンガリーのナジマロシュの堰は建設されず、計画不履行を理由としてスロバキア側が国際法廷に提訴して両国間での国際紛争となった。

このスロバキアにより整備された運河と堰・閘門により、舟運の条件は大きく改善された。このことは、ブダペストからブラチスラバを経てウィーンまで遡上するとよく分かる（写真1.19～1.28。写真の多くはブダペストとウィーンの間を航行する定期旅客船より撮影。2004年初夏）。すなわち、ブダペストからチェコの堰までの区間では、浅瀬を避けながら流れを遡上する必要があり、船長が航路を巧みに選択しつつ航行するが、この堰・閘門を越えて運河に入ると、十分な水深の緩やかな流れの上を航行することができる。そして、その上流にはオーストリアにより建設された堰・閘門と運河があり、ウィーンまでは良好な条件下で航行できる。

欧米のほとんどの川（航行可能河川）では舟運のための堰と閘門を設け、河川を運河化し、航行条件が改善されているが、このドナウ川を航行すると、自然の河川区間と運河化された河川区間での航行の難易性の違いを知ることができる。それと同時に、このような航行条件を改善する堰・閘門の設置と河川の運河化は、自然の河川の環境を大きく変貌させていることも知られる。

写真1.19　ブダペストの船着場の風景（ドナウ〈ダニューブ〉川）

写真1.20　ブダペストからドナウ（ダニューブ）川を遡上
（左：浅瀬を避けながら遡上する自然の川の風景。右：ブダペストに向けてドナウ〈ダニューブ〉川を下る船）

写真1.21　ブラチスラバ（旧チェコスロバキア側）の堰の風景
（左：堰の全景。中：閘門を望む。右：閘門の中の風景）

写真1.22　スロバキア側の堰上流の運河の風景（ドナウ〈ダニューブ〉川）

写真1.23　ブラチスラバの船着場の風景
（ドナウ〈ダニューブ〉川）

写真1.24　オーストリアの堰の閘門の風景
（ブラチスラバよりさらに上流の堰。ドナウ〈ダニューブ〉川）

写真1.25　旧チェコスロバキアの堰上流の運河区間の風景

写真1.26 ウィーンのドナウ（ダニューブ）川の風景
（オーストリアの風景。運河化された川の人工的な河畔とそこを利用する人）

写真1.27 ウィーンの船着場の風景（オーストリア）

写真1.28 ウィーンのまち中のウィーン運河の風景（オーストリア）

このように、ドナウ川の舟運は、堰・閘門や運河の整備の下で、旅客を中心として行われている。この川の舟運では、ヨーロッパの中心都市と歴史、スケールの大きな自然を有する川、国土、そして航行条件を改善した運河と堰・閘門を見ることができ、その面で一度は訪れたい素敵な船旅である。

(b) エルベ川

エルベ川は、ドイツ北部のハンブルクや支流を通じてベルリンに、中流では旧東ドイツのドレスデン等の諸都市を通り、さらにその流れはチェコのプラハなどを通る東欧の動脈となってきた（**図1.5**）。川の至るところには航行条件を改善するための堰と閘門が設けられており、今日でも重量のある物資等が船で運ばれている。そして、主要都市では観光舟運も盛んである。

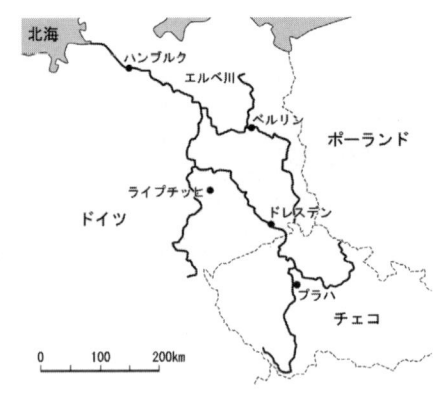

図1.5　エルベ川と主要な都市（ハンブルク、ベルリン〈支流ハーフェル川の支流シュプレー川河畔〉、ドレスデン、プラハ〈支流ブルタヴァ川河畔〉）

　都市部周辺での舟運の様子を、ドイツの歴史的な都市ドレスデンに見ることができる。この都市は、第二次世界大戦の末期の頃、連合軍の空襲により一夜にして破壊された。その後共産国の東ドイツとなったため、西ドイツの諸都市のように戦後すぐに都市を復元することは行われず、東西ドイツ統合後になって修復が始められた。今日（2005年時点）でも、修復作業が進められている（**写真1.29**）。修復が進むドレスデンのエルベ川の観光舟運は盛んであり、都市の風景のみならず、その上流の自然豊かな風景が楽しめる。この河川舟運の状況をいくつかの写真で見ると以下のようである（**写真1.30、1.31**）

写真1.29　エルベ川河畔のドレスデン
（左：ドレスデンの教会。中・右：水辺の船着場の風景）

写真1.30　エルベ川河畔に設けられた河畔通路と行き来する人々
（ドレスデンの風景。左：散策する人たち、右：サイクリングする人たち）

写真 1.31　航行するいろいろなタイプの船（ドレスデンのエルベ川）

　ドレスデンのエルベ川の舟運では、歴史がある都市の落ち着いたたたずまいとともに、河畔に整備された通路があり、そこを水辺を楽しみながら行きかう人々と相まって、ここにしかない心豊かな川と河畔の風景が楽しめる。
　このドレスデンから支流のブルタヴァ川を遡ると、各所に堰と閘門があり、物流としての舟運が行われている。そして、中世のたたずまいを現在も都市全体に残している観光都市、チェコのプラハに至る。プラハでは、ブルタヴァ川河畔に広がる中世の教会を含むコンパクトな都市とカレル橋ともに、舟運が観光の主役の一つとなっている（第 2 章で後述）。

(c)　チャールズ川（アメリカ・ボストン）

　川の水面利用の例として、アメリカ・ボストンのチャールズ川を見ておきたい。
　ボストンは、最も古い時代から開発され、現在につながるアメリカの歴史的な都市である。この都市の形成においては、チャールズ川の湿地を広範囲に埋め立て、土地の造成が行われた。今日見る都市の大半はチャールズ川の湿地やボストン湾（湾と呼ばれているが、チャールズ川の河口部分）の埋立地に立地している。
　19 世紀後半には、広大なチャールズ川の湿地（湾奥の湿地〈バックベイ・フェンズ〉）を埋め立てて都市が整備された。現在のボストンのパブリック・ガーデンと呼ばれる公園から西につながる一帯であり、現在は住宅や高級商店等が立地しているバックベイと呼ばれる地域である。野球のボストン・レッドソックスの本拠地フェン・ウェイ球場は、その名の示すとおり、フェン・ウェイ（湿地の道）にある球場で、かつて湿地が埋め立てられてできた地にあることが分かる。この埋め立てによる土地造成の際には、チャールズ川右岸側の河畔に公園と河畔通路が整備されている。チャールズ川の対岸（左岸）からこの河畔公園とビーコン・ヒルの奥に見えるボストンの中心市街地、そしてこのバックベイ地区の街並みを眺めた風景は、ボストンでも好まれる風景の一つである（**写真 1.32**）。また、チャールズ川を挟んで北側でも湿地の埋め立てが行われ、

写真 1.32　チャールズ川とボストンの中心市街地およびバックベイ地区の風景
（2006 年冬の風景）

そこにマサチューセッツ工科大学（MIT）が立地している（**写真1.33**）。

このチャールズ川は、春から夏、そして秋にかけてはヨットやレガッタなどでにぎやかに利用されている。**写真1.34**はMITのボートを係留する船着場の風景である（2006年冬の風景）。

ボストンではチャールズ川の水面利用とともに、ボストン湾のウォーター・フロントでの湾域の利用も盛んである（**写真1.35、1.36**）。

このボストンの水面利用、舟運の特徴は、いわゆる観光的な舟運もあるが、それにもまして、ボストンに暮らす人々が水辺の住居近傍にヨットやクルーザーを所有して利用するなど、都市住民がそれを楽しんでおり、その利用風景がまた、観光や都市間競争という面でもボストンという都市の魅力を高めていることである。

ボストンでは、都心（ダウンタウン）と水辺（ウォーター・フロント）とを分断していた高架の高速道路（中央高速道路、セントラル・アーテリー）が地下化され、水辺と都市との関係が再生された（**写真1.37**）。また、かつて物流の拠点や倉庫等として商業的に利用されてきた湾岸のウォーター・フロント地区の建物は、今日では住宅を中心に一部はオフィスに転用され、利用がなされるようになっている。そのような民間による再開発においては、市民の水辺利用を可能にするように、水辺にはハーバー・ウォークを整備することが義務

写真1.33　チャールズ川の北岸(左岸側)に立地するマサチューセッツ工科大学
（マサチューセッツ工科大学〈MIT〉）

写真1.34　マサチューセッツ工科大学(MIT)の船の係留施設
（2006年冬。ボストン）

写真1.35　ボストン湾のウォーター・フロントの船着場
（ハーバー・クルーズの船。霧につつまれた冬のボストン）

写真1.36　ボストン湾のウォーター・フロントの係留施設
（住宅とハーバー・ウォーク〈水辺の散策路〉、ヨットの係留施設。2006年冬）

づけられており、その整備が進められてきた（**写真 1.38**）。もちろん、公共による公園や水族館の整備においてもリバー・ウォークが整備されている。その整備は 2006 年時点で概ね**図 1.6** に示すようである。

19 世紀中ごろからの埋め立てによるダイナミックな土地造成とチャールズ川右岸側の水辺の整備、チャールズ川に流入するマッディ川の再生と整備、さらには 20 世紀末から 21 世紀にかけて行われた湾岸の水辺と都心を分断する高架の高速道路の撤去（地下化）など、ボストンは、都市再生において水辺の開放と整備、利用をダイナミックに進め、広範囲に水面が利用されている都市として興味深い。

写真1.37 高架の高速道路の撤去前と撤去後
（左：撤去前、ビルの谷間を高架式の高速道路が走り、交通が渋滞している。そして、この高架式の高速道路はダウンタウンとボストン湾のウォーター・フロントを分断していた。右：撤去後（2006年冬。跡地の公園整備の工事が進められている））

写真1.38 水辺の散策路（ハーバー・ウォーク）
（左：最近整備されたハーバー・ウォークの例（冬季）、右：ハーバー・ウォークのサイン）

図1.6 ハーバー・ウォークが整備された地区（太い線で示した所。2006年時点）

(d) テムズ川

ロンドンはテムズ川との係わりをなくしては語れない都市の一つである（**写真1.39〜1.41**）。

写真1.39 ロンドンのテムズ川の風景
（左・中：ウエストミンスター付近。右：ウエストミンスターの下流を望む）

写真1.40 テムズ川から見たロンドンの風景①（ロンドン塔付近）

写真1.41 テムズ川から見たロンドンの風景②（ドックランド付近）

　テムズ川の観光舟運は現在でも盛んである（写真 1.42）。ロンドンから下流のグリニッジ、あるいは暖かい時期には上流のハンプトン・コートまでの舟運が楽しめる。
　テムズ川は産業革命以降には大変汚染された時代があった。工場からの排水や都市からの排水でどす黒く汚染され、悪臭を放っていた時代があった。その時代には、テムズ川河畔にある国会議事堂では、その悪臭により議会を閉会したとの記録もある。
　その後、工場の閉鎖や移転、下水道整備や排水規制などにより水質の改善がなされてきた。

写真1.42　テムズ川を行きかう観光船の風景

　そしてこの川では、水害の面でも対策がなされた。すなわち、ドーバー海峡から西に吹き寄せる高潮災害から都心部を守るため、グリニッジのすぐ下流にはテムズ・バリアー（1970年建設を決定、1982年完成）と呼ばれる防潮水門が設けられた。この防潮水門は、普段は川底にもぐった形のゲートと門柱に特徴がある（写真1.43）。
　イギリスには産業革命の頃より国中に運河

写真1.43　テムズ川の防潮水門（テムズ・バリアー）

が張り巡らされた。今日でもその運河が残されており、当時のナロー・ボートと呼ばれる船で利用されている。時間を気にしないでのんびりとイギリスを旅することも楽しみとなっている。その運河での観光舟運がロンドンの北西部のリージェント運河（グンランド・ナショナル運河につながる運河）で運行されている（写真1.44～1.46）。

写真1.44　ロンドン市内の運河の風景
（リージェント運河。リトル・ベニス付近）

写真1.45　ロンドンの運河での観光舟運
（リージェント運河。運河からの風景）

写真1.46　運河を航行するナロー・ボートの形

1.2　アメリカ大陸の舟運

（1）　アメリカ合衆国の舟運と運河
（a）　ミシシッピ川

　アメリカ合衆国では、今日でも大河川等での舟運が盛んである。その河川等での舟運は、州をまたいで行われることから、河川・水路の整備と維持管理は、歴史的に連邦の陸軍工兵隊により行われてきた。陸軍工兵隊は、州をまたがる河川の管理などを行っている。アメリカでは、憲法により、連邦政府は地元州の要請により州際通商に関することに関与することができると定められているが、州の間をまたい

で行われる舟運は、このケースに該当し、連邦組織である陸軍工兵隊が対応している。また、古くより陸軍工兵隊は土木等の工学の技術を有してきたことも、舟運のための河川や運河整備と管理に工兵隊が従事した理由でもある。この舟運には、約13,000人（1996年時点）もの陸軍工兵隊の職員が従事し、その費用の一部にはガソリン税が充当されている。なお、同じ連邦制をとるドイツでも、州をまたぐ舟運は歴史的に連邦政府の直轄管理が行われており、同じ時点で、連邦職員約17,000人が舟運の管理に従事している[1]。

ミシシッピ川は、その代表的な河川であり、アメリカ合衆国の中央部を南北に縦断している（図1.7）。延長の長いミズーリ川の方でみると、ミネソタ州北部から南流し、メキシコ湾に注ぐ延長約6,000kmの流路である。途中では、これも大河といえるオハイオ川が合流する。それらの流路は舟運に利用され、物流の動脈となってきた。

図1.7　アメリカ中東部のミシシッピ川を含む舟運ルート[2]

写真1.47　ミシシッピ川の閘門

ミシシッピ川の沿川地域は、コーンベルトと呼ばれる穀倉地帯である。穀物等の輸送には、大量輸送に適する船が利用されてきた。

イリノイ・ミシガン運河の開設で、シカゴとミシシッピ川が1848年に接続されたことで、五大湖や東部沿岸の都市とミシシッピ川の沿川地域が舟運で結ばれることとなった。

このアメリカを南北に縦断するミシシッピ川の水路と運河では、穀物のみでなく、石炭や石油、鉱物等の原材料が輸送されるようになった。この川の舟運は、シカゴ等の五大湖周辺の内陸工業地帯の都市とミシシッピ川の沿川の都市の経済成長に重

要な役割を果たした。また、ミシシッピ川の舟運は、物流のみならず旅客輸送も担ったが、現在でも都市でのリバークルーズ等の観光舟運が行われている。

(b) **海岸と並行する運河**

このミシシッピ川の舟運とともに、アメリカ東部と南部には海の沿岸に長大な運河が設けられ、利用されてきた。東部海岸に並行するアトランティック・イントラコースタル運河（A・I・W）とメキシコ湾に並行するガルフ・イントラコースタル運河（G・I・W）である（図1.7参照）。

これらの運河も、その多くが陸軍工兵隊により管理されている。これら運河と前述のミシシッピ川等の大河川を含めると、約 19,200km の内陸水路と 233 の閘門、約 300 の商業用港、600 以上の小規模港が陸軍工兵隊の管理下にある。

(c) **エリー運河**

アメリカ東部の都市と西部を結ぶための運河が必要であった。そのために設けられた運河の一つがエリー運河である。ニューヨークを流れるハドソン川と五大湖の一つのエリー湖を結ぶ運河である（図1.8）。モホーク低地の渓谷を開削して結んだもので、1817 年に着工し、1825 年に完成している。運河の幅は上部で 40ft（フィート）、底部で 28ft、深さは 4ft であり、83 基の閘門と 10ft 幅のトゥーパス（船を曳くための通路）が設けられた。

この運河の開通で、それまでの馬車輸送から船による輸送に転換し、東部と西部への人と物資の輸送能力が飛躍的に向上し、西部開発を促進する原動力となった。1863 年には、それまでは 70t 積みであったが、250t 積みの蒸気船が通行できるように改良され、さらに 1918 年にはバージによる輸送ができるようになり、輸送能力が増強された。

その後、鉄道や道路の整備が進み、輸送の主力がそれらに移行したことから、1950 年の年間 500 万 t をピークに輸送量は減少し、物流を担う機能は失われていった。1990 年代以降は、レジャー面での利用がなされている。

エリー運河には、延長 363 マイルで、57 基の閘門があり、ハドソン川とエリー湖の標高差 568f を乗り越えて航行できる運河である（図1.8）。

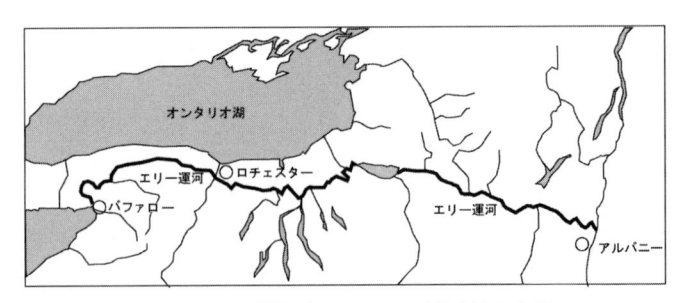

図1.8　エリー運河（ニューヨーク州資料より作図）

(d) 物流

アメリカ合衆国では、舟運に利用されている河川や運河の延長は約 44,600km に及ぶ。年間約 6 億 t、国内貨物取扱量の約 17% の物資がこの河川や運河により輸送されている。その主要なものは石炭、石油、化学薬品、穀物、金属加工品、セメント、砂礫などであり、液体と一次製品で量のかさばるものである。穀物と菜種輸出量の 60% 以上、石炭の約 20%、国内石油輸送の約 28% は舟運により輸送されている（図 1.9）。

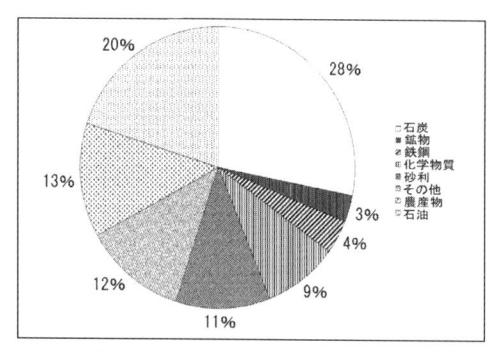

図1.9　輸送品の割合（アメリカ陸軍工兵隊資料より作図）

（2）カナダの運河

（a）ヒューロン湖とオンタリオ湖を結ぶトレント・セバーン運河

トレント・セバーン運河は、図 1.10 に示すようにヒューロン湖のジョージアン・ベイからオンタリオ湖をつなぐ全長 386km に及ぶ運河である。オンタリオ湖の北には、氷河で削られた南北に細長い湖が大小多数点在している。運河は、西からシム湖、カワーサ湖、ライス湖など 20 の湖と、セヴァン川、トレント川はじめ 16 の河川を結んだ水路で、人工的に開いた運河は 32km にすぎない。分水嶺はバルサム湖（カークフィールド）で標高 256.3m にあり、オンタリオ湖に出るクイント湾へ約 182m 下る。一方、ジョージアン・ベイのポート・セバーンへは約 80m 下る。その高低差を 42 カ所のロック（閘門）と 2 カ所の水圧リフト（ピーターボロウとカークフィールド）およびビッグシュートと呼ばれるインクラインで克服する。運河の縦断面図を図 1.11 に示す。18,600km² に及ぶ流域には、125 カ所に発電を兼ねた水位調節用のダムが設けられ、運河としての機能が維持されている。

運河は、1833 年から 1887 年にかけて建設されるが、この地域はカナディアン・シールドと呼ばれる硬い原生代岩石層で覆われていて、開削区間が短かったとはいえ難工事であった。全ルートが完成するのは 1920 年である。それまではクリアー湖の南端レイクホールから分水嶺となるカワーサ湖までが利用されていた。当初は木材の筏流しであるが、それに並行して早くから湖でのレガッタ、釣り、狩猟などのレクリエイションへの利用が始まる。1870 年代には蒸気船による湖の遊覧とピクニックがブー

ムとなり、観光産業が運河沿いの町に定着する。それを下支えしたのが北方への鉄道の進出であった。鉄道の普及が運河利用に火をつけた稀有な例である。隆盛を極めた蒸気船に取って代わるのがガソリンエンジンの登場である。自動車の普及は道路の普及を促し、湖畔に点在するリゾート地を直結した。20世紀初頭にトレント・セバーン運河は交通路としての機能を失い、観光とレジャーのクルージング、スポーツとレクリエーションに特化され、1917年にパークス・カナダ（公園省）に移管された。

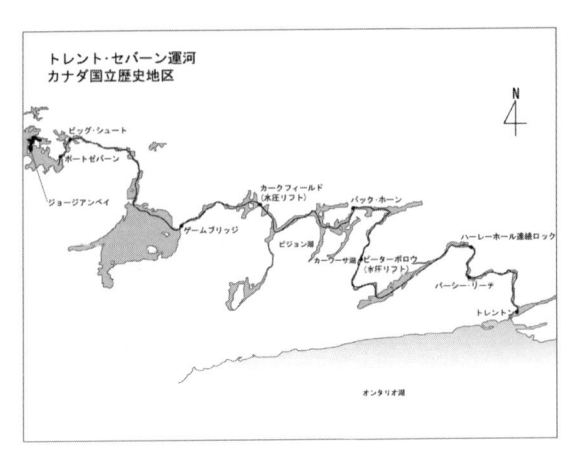

図1.10　全長386kmのトレント・セバーン運河

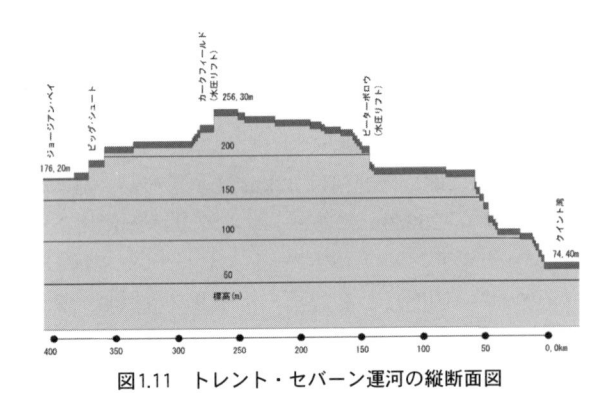

図1.11　トレント・セバーン運河の縦断面図

運河全体の沿岸の長は4,500km、水面は500km^{2}に及び、現在でも公開される5月から10月の145日間、世界中から観光客を集め、クルージング、釣り、水上スポーツ、歴史・環境教育の場として大いに賑わいを見せる。この間に運河を利用する船は観光、業務合わせて125,000艘に達する。運河を管理するパークス・カナダの職員は、閉鎖される期間に浚渫を始めロック、護岸、植栽、キャンピング施設などの維持管理にあたる。その管理は良い意味で厳しい。したがって良好な自然環境

下で春から秋のシーズンが楽しめる。運河利用は自己責任が原則であり、40馬力以下のボートなら 16 歳以上であれば誰でも操船可能で、旅行者もハウスボートが簡単な講習で借りられる。有料であるが、指定された地点であれば係留、上陸、キャンプは自由である。水場、トイレはどこにも完備され、いたって清潔である。ただ釣りとなると厳しい制約があり、旅行者はライセンスを持つ人、したがってカナダ人の同行が必要で、しかも釣果は 3 匹までで後はリリースが義務付けられている。ちなみに、この内陸水域に漁を職業とする人はいるが、いわゆる漁業権は存在しない。湖の魚はカナダ国民の公共資源という捉え方である。

　トレント・セバーン運河の西端にある二つの小さい湖、ティーレークとグルーセスター・プールの高低差 17.7m を克服し、同時に地方道（Upper Big Chute Rd.）を横断するインクラインがある（**写真 1.48**）。ベルトで船を吊り上げた台車が傾斜角 5°のレール上を走行するドライ方式である。積載幅は 7.5m、長さ 30.5m、積載可能重量 99t で、小型船であれば 1 回で 9 艘が運べる。この施設は 1977 年に完成したもので、1917 年以来利用されてきた古いシュート（積載可能重量 40t）は、いつでも稼働できる状態で保存されている。

写真1.48　トレント・セバーン運河のインクライン：ビッグシュート

　この運河の最高地点バルサム湖の西約 10km、カークフィールド村に設けられたのが、鋼構造のカークフィールドの水圧リフトロックである。12 年にわたり石灰岩を掘削するという難工事を経て 1907 年に完成したリフトは、2007 年に 100 年という節目を迎えた。現状を**写真 1.49** に示す。高低差 14.9m を約 7 分で昇降する。水槽の幅と長さは、それぞれ 10.1m、42.4m である。

写真1.49　100年の歴史を経たカークフィールドの水圧リフトロック

　写真 1.50 に示すもう一つの水圧リフトは、ピーターボロウ市の郊外にあるリフトロックである。無筋コンクリート構造で背が高く城のような風格が備わっている。カークフィールドと異なり湿地帯の地盤で基礎工事を始め、施工は困難を極めたという。1896 年に建設が始まり 1904 年に完成する。高低差は 19.8m

写真1.50　世界一の高低差を誇るピーターボロウの水圧リフトロック

でカークフィールドより 5m ほど高く、このタイプでは世界一である。水槽の幅と長さは、それぞれ 9.7m、42.4m である。カークフィールドより幅が少し狭いが、ボートハウスを 6 艘収容できる。

　ピジョン湖、バックホーン湖、ローアー・バックホーン湖、クリアー湖を巡るクルーズを試みた。このあたり一帯を総称してカワーサの湖と呼ぶが、カワーサ（Kawartha）とは先住民インディアンの言葉で輝く太陽（shining sun）の意味で、今は北米一のリゾート地である。航行速度は時速 10km である。一日走っても移動距離は 80km 程度で、まさにスローライフが実感できる。デッキで缶ビールを飲んでいるのを警察のパトロールに見つかると罰せられる。ハウスボートでの宿泊では、東京では絶対に見られない、満天から降ってきそうな星を眺め、流れ星の多いことに驚き、清浄な大気と漆黒の闇に包まれる。**写真 1.51** は早朝の靄に包まれるモノトーンで幻想的な湖畔である。水辺には雛をつれた鴨、青サギ、大空には鷲、鷹が舞う。所々に高い電柱のような柱が立っている。鷹の営巣のためだという。よく見ると頂部に巣が作られている。水中には多様な水草が繁茂している。これが時折スクリューに絡み、エンジンのオーバーヒートを招く。後進して取り除き、取りきれないのは手作業となる。ちなみに、4 人乗りボートハウス（32ft）のレンタル料は、ウイークデイ 4 日間でカナダドル＄1,000 程度（2000 年当時、以下同じ）である。ロックの通過料金は船長 1ft 当たり、一日利用＄1.55、6 日間＄4.85、シーズン通しで＄8.50、ハウスボートは＄12.60、営業ボートは＄27.70 である。係留料は船長 1ft 当たり、1 泊＄0.85、シーズン通しで＄9.90、営業ボートは＄18.55 である。

写真1.51　朝靄に包まれるクリアー湖の湖畔

　広大な面積に点在する湖を狭い水路でつないだ運河では、水の管理が重要で難しい。上流の湖の水位が上がれば、狭い運河では航行に危険な流速となる。下の湖の水位とのやり取りが管理上欠かせない。さらに生態環境への配慮はもちろんのこと、安全で行き届いたサービスをいかに提供できるかということに意を注いでいることがよく分かる。パークス・カナダの基本方針は、利用者の自己責任で運河を利用してもらうこと、そして運河を万人が楽しく安全に利用できるよう管理すること、だという。利用させてやるという公共の名を借りた権威主義も、利用してもらうという媚もここでは感じられない。利用者側にも利用してやるという驕（おご）りも、利用させてもらうという遜（へりくだ）りもない。お互い至って気持ちがいい。

(b)　オンタリオ湖とオタワ川を結ぶリドー運河（170 周年を迎えた歴史遺産）

　1783 年アメリカ独立承認の後，モントリオールとキングストン間の物資、兵員輸送路として用いられていたセントローレンス川は、対岸が米国領となり、ひとたび開戦

に至れば容易に寸断される恐れがあった。イギリスの植民地にとどまるカナダは、常に米国からの軍事的脅威にさらされていた。英仏戦争(1793～1814年)、米英戦争(1812～1814年) の余波を受けたカナダは、キングストンとモントリオールにつながるオタワ川を結ぶ運河の開削を計画する。1816年のJ.ジェブ技術中尉による最初の踏査以来、数次にわたる調査が重ねられた結果、1924年になって土木技術者S.クロウスによって長さ30m、幅7.3m、水深1.2mの閘室を基本とする計画が提案される。当時既に蒸気船が航行していることから、長さ41m、幅11m、水深1.5mを主張するJ.バイ技術中佐の意見に従い1827年に建設が始まる。6年の歳月をかけて1832年に完成するリドー運河の総延長は202.1kmであるが、リドー川とキャタラキ川およびキングストンの北東部に広がる大小の湖をぬいながら45カ所のロックでつなぐ水路であり、人工開削の運河はわずか19kmである。そのルートを図1.12に示す。工事本部が置かれたのが今の首都オタワで、当時は工事責任者の名を取りバイ・タウンと呼ばれていた。

　建設は水と岩石と病との闘いで凄惨を極めた。建設に従事した兵士の中にはアフリカで蚊の媒介により流行していたマラリアに被患したものもいた。蚊の発生を防ぐ目的で、大掛かりな森林伐採も行われるが、1826～1837年にかけ女性と子供を除いて1,000人を超える死者が出たというほどの犠牲を伴った。

　2007年、リドー運河は開通170周年を迎えた。多数の犠牲者へのミサも企画されているが、地元の期待は世界遺産としてUNESCOの認証を得ることである。歴史の短いカナダにとって、歴史遺産として国際的に認められることは、これまで大切に維持管理してきたことの証明であり、国を挙げての念願である。防衛目的で建設されたこの運河は、その目的で使われることはなく、レクリエーションとスポーツ、観光と環境教育のメッカとして華麗な転身を見せた。年間（といっても夏場の5カ月間）で約7万艘のボートがクルージングを楽しむ。ロックの側壁はもちろんのこと、目にすることはできないが、底板まで石造りである。一部木材を利用した底板

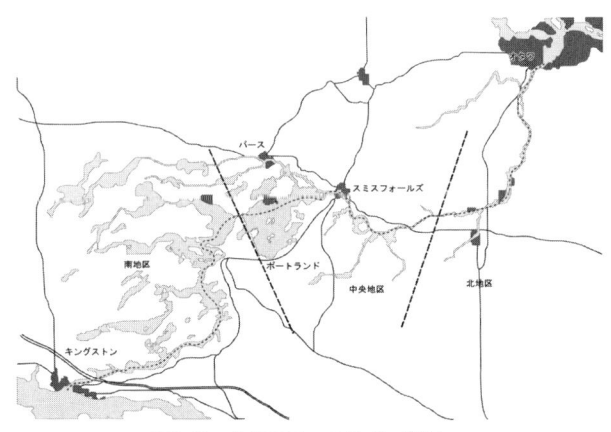

図1.12　全長202kmのリドー運河

はコンクリートに打ち変えられた。ロックゲートはほとんどが木製であり、カナダ産もしくはアメリカ産の杉の一種、ダグラスファートが使われる。開閉装置のウインチクラムはトレント・セバーン運河と違い、ほとんどが手動で当時の面影を残している。その形状がリドー運河のシンボルマークとなっている。

　写真 1.52 はオタワ川から高台へ 24.1m 上る美しい 8 連続のロックである。登った所から 4km 街中を通る運河は、冬季に世界一広大なスケートリンクに変身することで有名である。オタワからリドー川を利用する運河は、97.4km を 31 カ所のロックで 83.3m 登るとアッパー・リドー・レイクに至る。ここが運河の最高点で標高は約 124m である。島が湖に点在し、観光客に最も人気のあるところである。湖畔には瀟洒な別荘が点在する。ここからキングストンまで 104.7km を 14 カ所のロックを通過して 50.4m 下る。キングストンの標高は 73.5m となる。リドー運河の全行程を航行すると急いで 4 日間、ゆっくりとクルージングを楽しむと 6 日間を要する。その間 24 カ所にロックハウスがあり、シャワールームやキャンピング施設が整っている。もちろん停泊ができ、近くにはホテル、インも立地している。

　キングストンに近いジョーンズフォールズには高さ 18m、長さ 106m の石積み（砂岩）のアーチダムがある。1829～1830 年に建設されたもので、当時北米一の規模であった。一つずつ丹念に砂岩を矩形に切り出し、テーパーをつけ組み上げた美しいダムである。目地には粘土が詰められた。現在でも水位調節と発電に利用されている。これ以外に管理区域には 73 のダムがあり、28 カ所の橋、119 棟の建物などが、運河本体とともにパークス・カナダにより管理されている。護岸の管理は船（最近流行りの水上バイクを含む）の引き波で破損され、その管理に頭を痛めているが、ここでも岩、植樹による近自然工法による修繕で、生態系に悪影響を与えないよう配慮している。最も好ましくない構造がコンクリートによる直立護岸であり、古いものと新しいものの共存のためには、現場の知識と豊富な経験が必要である、と管理者は強調する。

　湖の多いこの運河は島影が近く、秋の紅葉時期ともなれば、四方八方見とれるような風景に埋め尽くされよう。水辺には睡蓮の可憐な花が浮かんでいた。21 世紀は水の世紀といわれて 10 年が経つ。カナダは清浄な豊富な水に恵まれた国である。

写真1.52　オタワの8連続のロックは首都の名所となっている

そのカナダですら 10 年前に湖の汚染が進み、その再生に取り組み、現在では改善の方向にあるものの、低質に蓄積されたダイオキシンも確認されており、そのモニタリングが続けられている。

(c) ナイヤガラの滝を越えるウエランド運河

エリー湖とオンタリオ湖を結ぶのは有名なナイヤガラの滝である。氷河期の痕跡である北米の 5 大湖の水の一部は、西のスペリオル湖からスーセントメリー運河を経て、ヒューロン湖からエリー湖へつながり、ナイヤガラの滝を避けるウエランド運河によってオンタリオ湖に出た後、北東に流れるセントローレンス川と結ばれ大西洋に出る。5 大湖沿岸の鉱工業の産物、豊富な農産物は 5 大湖の舟運によって東部に運ばれ、セントローレンス川を下り世界各地に搬出された。5 大湖の舟運でアメリカ東部工業地帯とカナダ・オンタリオ州の沿岸諸都市が形成されたといっても過言ではない。その喉元が図 1.13 に示すウエランド運河である。

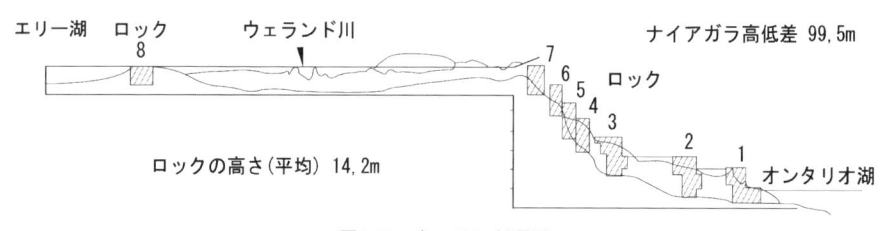

図1.13 ウエランド運河

現在、年間 4,000 万 t の貨物を 3,000 艘に及ぶ船舶が図 1.14 に示す長さ 43.5km、高低差 99.4m の運河を 8 カ所のロックで越え、8～12 時間かけて登り下りする。貨物船だけではない。プレジャーボートも船長 6m 以上で 3 人の乗組員が乗船していれば、カナダドル $80 で通過できる。ロックの大きさは長さ 261.8m、幅 24.4m で、貨物船は排水重量によるが $19,000～$38,000 である。

現在の運河となるまでにはルート変更を含め 4 回の変遷があった。通過船舶の革新と土木材料と土木技術の進歩による結果である。

1824 年、W.H.メリットは運河によるナイヤガラ越えを計画し、政府からの出資も得てウエランド運河会社を設立する。彼は水車施設の所有者であり、ウエランド川に安定した流量を期待していた。メリットの計画は、図 1.15 に示すように、エリー湖からの水を引く一方で、オンタリオ湖のポート・ダルージからポート・ロビンソン間を開削し、ナイヤガラの滝の上流に河口をもつウエランド川につなぎ、チパワでナイヤガラ川、そしてエリー湖と結ぶものであった。当時の技術（道具と人力）と資材（木材）で挫折を繰り返しながらも、1829 年には帆船 2 艘が 2 日がかりで上流に向け通過した。運河を通過したものの、待っていたのはナイヤガラ川の激流であった。ルートの変更が余儀なくされた。

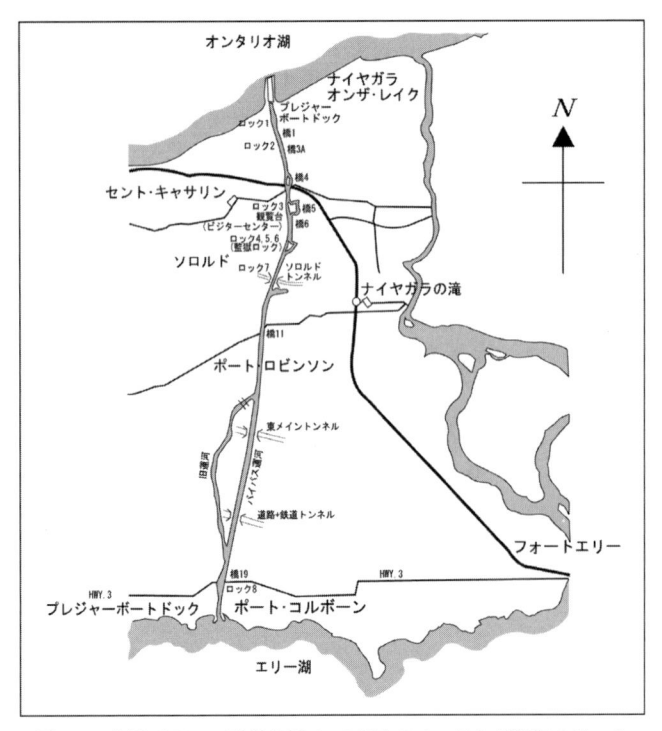

図1.14　全長43.5km、高低差99.4mの現在のウエランド運河のルート

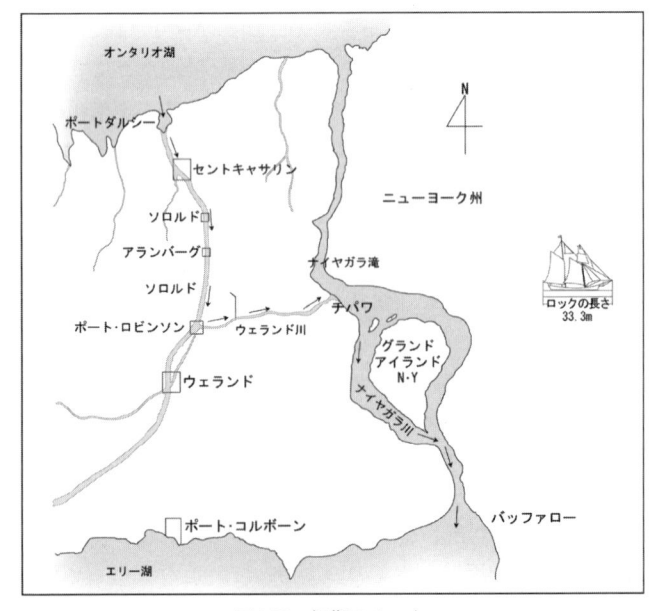

図1.15　初期のルート

第 2 期は、図 1.16 に示すコースで、1931 年から 3 年の歳月をかけ、ウエランドからポート・コルボーンの開削を行い、エリー湖に直結させるものである。結果ルートは 16km 短縮される。さらに、下流部のセントローレンス川のロックの基準に合わせるため、運河本体の改良が行われる。木製で崩壊の危機にあった旧ロックは石構造物となり、拡張されると同時にその数も 27 カ所に減った。その結果、5 大湖からのビート、木材のほか銅、鉄などの鉱物資源が直接セントローレンス川に輸送されるようになった。

第 3 期は、図 1.17 に示すように、ポート・ダルージ付近で若干のルート変更をしながら運河の拡張・改良が行われた。この時点でカナダにとっては穀物と製鉄産業の重要な輸送路となっていた。2,700t 級の大型蒸気船の出現もあり、ロックの拡大と深さの増大が求められていた。その規模は表 1.1 に示すように初期と比べ倍増している。1889 年には約 2,000 艘の船舶が通過しており、そのうち蒸気船が 820 艘を占めていた。船舶の大型化は早く、1912 年には 15,000t 級への対応が迫られるような状況であった。

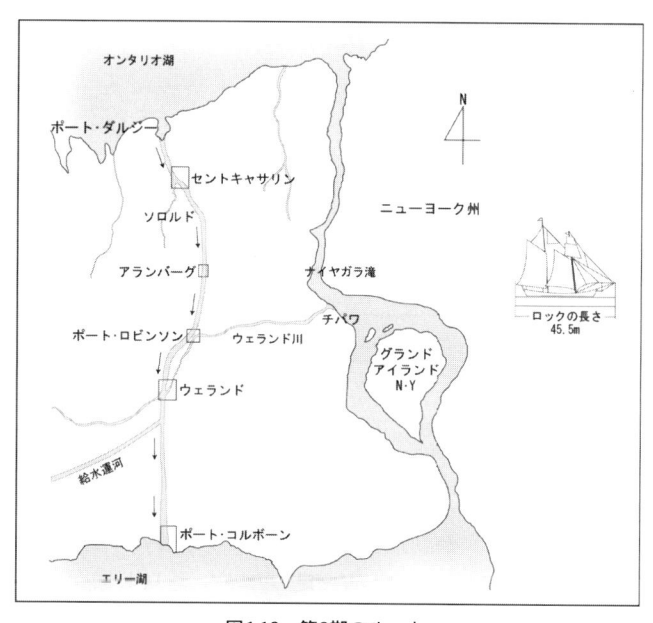

図1.16　第2期のルート

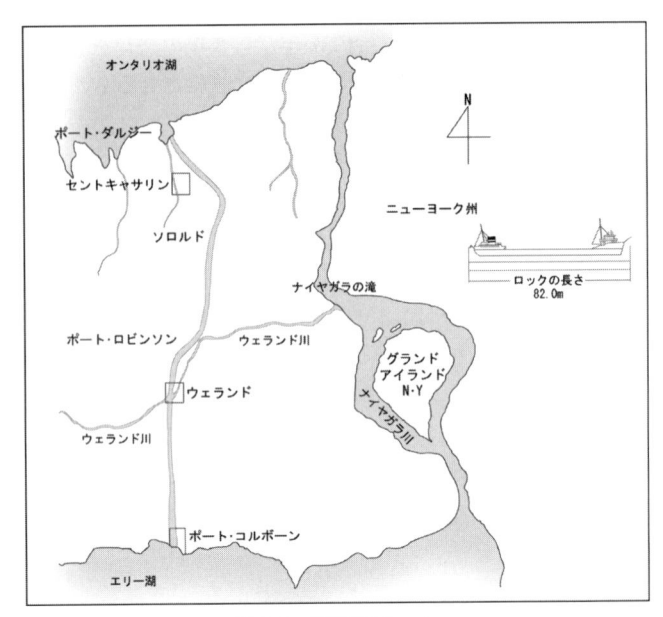

図1.17　第3期のルート

表1.1　ウエランド運河の変遷

ウエランド運河	1期 (1829〜1844)	2期 (1845〜1886)	3期 (1887〜1931)	4期 (1932〜現在)
ロック数	40	27	26	8
ロックの長さ (m)	6.7	8.1	13.7	24.4
ロックの幅 (m)	33.5	45.7	82.3	261.8
運河の深さ (m)	2.4	2.7	4.3	8.2

　第4期は、現状の運河規模への改良である。ロック長さは約8倍となり、運河の深さも3倍以上に深くなった。8基のロックのうち7基（水位差14.2m）は運河の北側（オンタリオ湖側）1.6kmに集中している。南側27.8kmは人工的に開削した平坦な運河であり、エリー湖との接点に水位制御用のロックが設けられている。3番ロックにはビジターセンターが設置されており、歴史と技術が紹介されている。併設されるロックの観覧台は多くの観光客を集めている。**写真1.53**に見られるように、大型船の運河の通過は真にダイナミックである。なお、昨今の利用状況から見ても運用の限界とのことで、更なる改良計画も検討されている。

(a) ウエランド運河のロックを出る大型船　(b) 運河の航行で跳ね橋が豪快に上がる

写真1.53

1.3　アジアの河川

(1)　長江の舟運

　中国では、古くから水上交易が盛んであり、渤海を含む東シナ海沿岸の港と朝鮮半島や日本との間でも交易が行われた一方、内陸部との交易は長江、大運河が大いに利用された。中でも長江は内陸部への基幹交通路であった。

　長江は中国最大の大河であり、全長 6,380km に及ぶ。チベット高原を水源地域とし、上流部は金沙江、下流部は揚子江とも呼ばれ、成都、武漢、重慶などの工業都市に接し、三峡の景勝地と巨大なロック（閘門）とリフトを備えた三峡ダムを経て、南京などの商業都市を流れ、最後に上海から東シナ海に注いでいる。長江の舟運は、外洋船と同等の1万t級の船が就航し、物流を主体としたもののほか、景勝地をめぐる大型の観光船が就航している。当然、地域の生活の足としての舟運が活躍している（**写真 1.54、1.55**）。

写真1.54　上海港に停泊する貨物船

写真1.55　長江クルーズの観光船（提供：都築隆禎）

長江の特徴は、その川の規模もさることながら、沿川に港湾重工業都市や商業都市、文化都市が点在し、一つの流域経済圏を確立しているところにある。

(a) **多様な都市**

　四川盆地にある成都は四川省の省都であり、中国西南地区における科学技術、商業貿易、金融、交通、通信の中心地である。人口は960万人。昔から「天府の国」と称されてきた成都は物産が豊富で、過ごしやすい気候に恵まれている。名所旧跡に恵まれ、伝統工芸品は広く国内外に知れわたる。中でも成都市から西北へ約50kmにある「都江堰」は、中国西部のチベット高原の山々に源流を持つ長江の支流、岷江にある。古代の岷江は、氾濫の絶えない「災禍の河」として人々に恐れられていたが、紀元前277年、勢力を伸ばし、他の6国（斉、楚、燕、韓、趙、魏）との統一を企てた秦国は、蜀（今の四川省）の豊かな資源に注目する。始皇帝の曽祖父に当たる秦の昭王は、軍師の李氷を蜀郡の太守（長官）として現地に派遣する。李氷は成都平原の地理を利用し、民を率い8年をかけ難工事の末、岷江を分水させ、舟運の便を開き、治水と防災の設備となる都江堰を建設する。紀元前256年のことである。2000年12月、都江堰は世界文化遺産に登録され、峨眉山、楽山、九寨溝、黄龍などに次いで四川省の5番目の世界遺産となった。現在でも理想的な治水・利水システムのモデルとして、多くの利水技術者が見学に訪れる（**写真1.56**）。

写真1.56　都江堰から成都を経て長江につながる宝瓶口（提供：都築隆禎）

　四川盆地の東南、長江と嘉陵江の合流点にある重慶市は、中国の南西地域における最大の商工業都市であり、長江上流の経済の中心地である。人口は3,100万人で、上海に次ぐ都市である。1997年から中国の4番目の中央直轄市に指定された。古代に巴と称され、都市として既に3000年以上の歴史があり、自然と人文の観光資源が豊富である。

　武漢は湖北省の省都である。市街は武昌、漢陽と漢口の三鎮（町）からなっている。長江と漢水はここで合流する。優れた地理的位置に恵まれ、昔から「九省に通じる所」と称えられるように、交通の要衝である（**写真1.57**）。

写真1.57　武漢市内の長江（提供：都築隆禎）

(b)　物流経済の要

　長江沿川の7省と2直轄市で、中国GDPの42%を占める。長江沿川の経済活動に必要な原料のうち鉄鉱石の80%、原油の72%、発電用石炭の83%が長江を利用して輸送されている（写真1.58）。中国交通部・長江航道局では、長江の河川整備の結果、航行条件が大幅に改善され、2006年の長江本流での貨物輸送量が前年比15%増の9億9,000万tとなり、ライン川やミシシッピ川を超えて世界一になるとしている。流域の江蘇省南京、南通、蘇州3市の港の貨物取扱量は2006年12月末で1億tであり、重慶市では貨物取扱総量に占める舟運の割合が62%に達し、長江の舟運が物流輸送の主流になっている。

　近年、中国でも航空機や道路等の交通インフラの整備が拡充しているが、舟運が占める割合が大きいことは、これまで臨海部の都市の成長に牽引されてきた中国経済が、長江周辺の内陸部の経済成長を促進することを意味している。

　特に三峡ダムの整備によって、（南京までは2万t、武漢までは5千t、臨湘までは3千t、重慶までは1.5千t級の航行が可能に）、輸送コストも低下し、三峡航路の活性化が促進された。

　2003年の三峡における貨物輸送量は累計1億t、旅客輸送は述べ600万人を超え、三峡ダムによる都市の水没、130万人ともいわれる住民の移転などによる地域産業の衰退、景観への支障が懸念されたが、ダム自体が新たな観光の名所になることで、新たな経済効果を生んだ形となっている（写真1.59）。

写真1.58　上海の沿岸工業地帯と砂利運搬船

(c)　観光発展

　長江での観光の目玉は、三峡のクルーズで

写真1.59　移転した都市と連絡船
（提供：都築隆禎）

ある（**写真 1.60**）。長江の三峡は、瞿塘峡、巫峡、西陵峡の総称であり、西に重慶市奉節県の白帝城から、東に湖北省宜昌市の南津関までの全長 192km である。船に数泊しながら、上り下りの船旅を楽しむことができる。途中には巫山にある小三峡および小小三峡等の魅力ある所など、名勝古跡が数多く見られる。特に四川盆地から湖北省へ向かう大峡谷が続く景勝地のクルーズが有名である。重慶から

写真1.60　峡谷を行く三峡下り
（提供：都築隆禎）

武漢までのロングコースからハイライト的に途中の観光地を巡るクルーズもある。三国志の古戦場などを巡り、古代の歴史ロマンを堪能でき、李白や三国志に出てくる張飛や劉備ゆかりの白帝城等を巡ることが可能である[3]。外国人の多くは、このようなクルーズを利用するが、中国人は旧正月等に貨客船やフェリー等を利用している。

(d)　三峡ダムの誕生

　三峡ダムは、中国の電力危機等に対応するものとして建設されたもので、完成すれば 1,820 万 kW の発電が可能で、世界最大の水力発電ダムとなる。建設の過程で 130 万ともいわれる住民を移転させ、また、各地に残る名勝旧跡を水没させることになり、長江の環境を大きく変化させた[4]。

　約 660km 上流の重慶にまで及ぶ大貯水池は、長江の舟運（**写真 1.61**）に大きな利便性をもたらし、水力発電の莫大な電力を他の火力や原子力で代替することを考えると環境負荷の軽減につながり、マイナス面よりプラス面が多いとも言える。

　一方、ダムには、ダム湖の富栄養化や長江の浄化能力の低下による水質の悪化、下流域での水不足などの影響も懸念されている。

写真1.61　三峡ダムの閘門の中で待つ船
（提供：都築隆禎）

(e)　舟運拡大

　中国交通部は、第 11 次 5 カ年規画の対象期間となる 2006～2010 年に、長江舟運のインフラ整備に 150 億元を投じる方針である（中華人民共和国交通部長江航道局）。中央政府は自らが資金を投入するだけでなく、流域の地方政府の投資を促していくことにより、投資拡大を図っている。

　長江を幹線とする舟運の整備は 2006 年から始まっているが、このプロジェクトは 17 年の工事期間を予定しており、投資総額は 160 億元である。雲南省から上海までをつなぐ一大水運ラインを建設する計画で、その全長は 2,838km となっている。

また、長江の上中下流から北部の西北地区と華北地区の各地区に導水する南水北調プロジェクトも推進されており、北部への導水だけでなく舟運による物流を行うことによって、内陸部の経済発展にも寄与していくこととしている。

なお、2007年5月には中国で3番目の規模を誇る閘門が、広西クワン自治区・広東・香港を結ぶ運河建設ルートに完成した。

2007年4月に日本を訪れた温家宝首相は、今後国内の環境問題に積極的に対処していくことを表明した。中国の主要な環境問題は水質と大気の汚染である。交通インフラとしても長江のような河川や大運河とそのネットワークの物流は、他の交通機関と比べて環境面で負荷が少ないことや、投資コストが道路や鉄道に比べて低いこと等がある。

（2） メコン河の舟運
（a） メコン河の姿

メコン河は4,800km（あるいは4,500km）とも言われる世界10指に入る長さを持ち、アマゾン河・コンゴ河につぐ植物と動物の多様性を保持する大河である。常にその地域に住む人たちにとり、食料・水・交通の中心的役割を果たしてきた。21世紀を迎えてこの地域は急速に変化しており、河川の利用の仕方も変化しつつある。

メコン河は中国（雲南省）に源を発し、ミャンマー、ラオス、タイ、カンボジア、ベトナムと6カ国を流れ下っており、流域面積は約79万5千km^{2}である。中国領内では瀾滄江（ランツァンジャン）と呼ばれる。メコン河下流域内の各国の森林の割合は1997年には、ラオス40%、カンボジア54%、タイ16%、ベトナム・デルタ0%、ベトナム・中央高原43%となっている。タイは、1980年代に森林伐採が進んだ。ベトナムのメコンデルタではマングローブの回復事業が進められていると聞く（図1.18）。

メコン河下流域ではモンスーンの影響によって季節ごとに風の方向が変わり、5月から10月までの夏のモンスーンは南西からの風で暖かく湿っており、11月から翌年4月までの冬のモンスーンは北東からの風で冷たく乾燥している。モンスーンは雨期と乾期の区別が明確であるが、雨期においても大変に激しい干ばつが起きる場合がある。小さな乾燥期が6月から7月にかけてあるし、乾期にも雨の降る日がある。台風が洪水を引き起こすことがあり、北緯15度付近が台風の影響が最も大きい。9月と10月が台風のピークシーズンである。

メコン河は毎年4,500億m^{3}の総流出量があり、流域人口の一人一日当たりにすると20m^{3}である。イラワジイルカ、プラー・ブック（メコン大ナマズ）、赤頭の鶴などの大型のほ乳類、魚類、鳥類も生息している。メコン河の流況は毎年、乾期と雨期が繰り返して比較的安定しており、クラチエ、プノンペン（カンボジア）、チャウドック（ベトナム）の水位は年間にそれぞれ15m、10m、4mほど変動する。流量は

平均的にはクラチエで最小が毎秒 2,000m³、最大が毎秒 5 万 m³ 程度である。2000 年にはメコン河水位がプノンペンで警戒水位を 2 カ月余り上回り、下流ベトナムのタンチャウでは警戒水位を 5 カ月近く上回る事態になった。メコン河下流域で死者・行方不明者 800 人余、被害額 400 万ドルの大洪水が発生した。引き続いて 2001 年にも死者・行方不明者 300 人余、被害額 100 万ドルの洪水が発生した。死者・行方不明者の多くは子供であった。

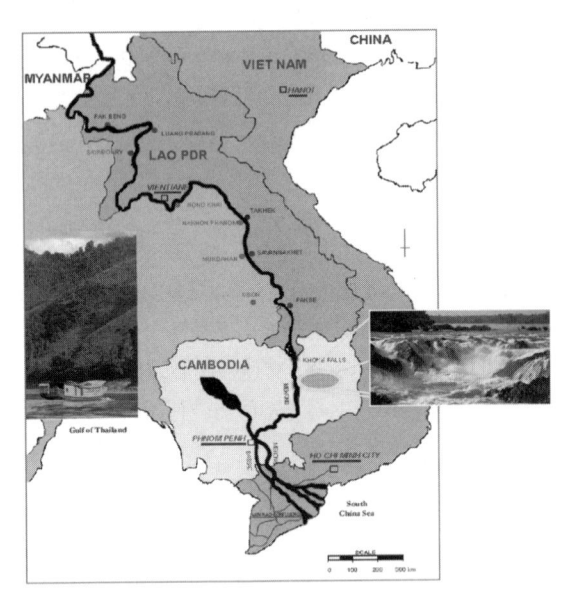

図1.18　メコン河下流域概要（メコン河委員会舟運プログラム資料より作図）

(b)　**メコン河の舟運：上流から下流まで**

　ⓐ　ランツァン・メコン河の商業航行についての4カ国協定

ラオス・タイ・中国・ミャンマーのメコン河上流国で2000年4月「ランツァン・メコン河の商業航行についての4カ国協定」が結ばれ、雲南省とラオスのボケオ県間のメコン河航行を改善し、貿易や観光などの交流を推進することになった。中国は乾期でもメコン河を300～500t級の大型船が航行できるよう段階的開発を提言、上流で早瀬・岩場の開削が進められた。一方、地元の漁師や環境保護団体、タイのマスコミは、「事前の環境影響評価が不十分であり、地域住民の声を反映させていない」「魚の生息地である早瀬の爆破開削はメコン川の生態系に悪影響を及ぼす」と強い反対を表明した。

メコン河委員会もラオス政府から環境調査を要請され確認と調査を行い、「2002年7月6カ国が集まり確認したところ、3段階の事業のうち第1段階（100～150t 級）しか現在のところは行わない。またそのための事業では顕著な環境影響が見ら

れない」としたが、舟運プログラムの環境調査の中でも明確な基準作りを行うとしており、動勢を見守る必要がある。

ⓑ　チェンセン

8世紀、タイ族が南中国から現在のタイ、ラオスの地域に南下し、国を作る。チェンセン（中国名「清盛」）はその首都として13世紀まで栄えた。16世紀から18世紀、この地はビルマに占領され完全に破壊された。そのチェンセンが位置するタイ最北部の辺境チェンライ（「清莱」）県が、近年、国際河川メコン河を介して中国への玄関口になっている。チェンライ県は、観光地としてより交易都市として一層輝きはじめた。このあたりは、ゴールデントライアングル「金三角」といわれている。

チェンセン港はメコン河流域でも最もにぎやかな港で、2005年の国際貨物取扱量は80万tである。季節によっては、中国からはリンゴや梨、タイからは白い果肉のロンガンが運び込まれる。メコンには物資を満載した貨物船が浮かび、岸辺沿いのビルには看板が真新しい貿易会社が林立している。また、雲南省西双版納（シーサンパンナ）の景洪からタイのチェンセンまでのメコン河下りコースはタイ、中国、欧米の観光客に人気を呼んでいる。

図1.19　タイ、ラオス、ミャンマー、中国国境付近位置図

ⓒ　ルアンプラバン

ラオスの古都ルアンプラバンから上流に向けて、日帰りの観光船が就航している。ルアンプラバンはお寺の多い街で、市街地自体が文化遺産としてユネスコの世界遺産（ルアン・パバンの町）に登録されている。水路はタイ国境のフエイサイから通じている。

ⓓ　ビエンチャン

ラオスの首都で、2004年のASEAN会議開催のために、川沿いに新しいホテルが建設され、静かな町も様変わりしている。メコン河を挟んでタイのノンカイ県の国境に面していて、ビエンチャンの郊外から対岸のタイ領へ行く船が出ており、ビエンチャンの住民はビザ無しでノンカイまで行くことが国際協定によって許されている。ノンカイとビエンチャンの間にはオーストラリアの援助による友好橋があり、ラオスとタイをつないでいる。

写真1.62　メコン河対岸に沈む夕日（ビエンチャン）

ⓔ　タケク

　ビエンチャンとサバナケットの間に位置するタケクは，古くからメコンの交易で栄えてきた。対岸はタイのナコーンパノムで，タイ・ラオス・ベトナムを結ぶ交易の中継点である。タケクから見るメコンの川幅は 500m。大きな船が対岸と行き来しており、近くには船着場がありフェリーも運行している。川沿いの道路には大型トラックが並んでいる。船付き場に下りていく斜面にも大きな丸太や荷物を積んだトラックが待機していて，タイとの経済的な強い結び付きが感じられる。

ⓕ　サバナケット

　タイとラオス国境のメコン河にかかる国際橋、第2メコン橋が完成し、2006年12月20日現地で開通式が行われた。橋の建設には約80億円の日本の円借款が供与された。第2メコン橋は全長1,600m。タイ東北部ムクダハンとラオス中部サバナケットを結ぶ。両国間を流れるメコン河にかかる橋としてはノンカイ橋に引き続き2本目である。

ⓖ　チャンパサック

　チャンパサック県は南西ラオスに位置し、県都はメコン河とセドン川の合流地点に位置するパクセー。ボロベン高原の一部をなすこの県は豊かで肥沃な土地を有し、米作が盛んで、ラオスの中でも米どころである。ラオスの南部、タイとカンボジアの国境付近に位置するチャンパサックは、5〜15世紀にかけて繁栄した都市である。プーカオという山の中腹にワット・プー寺院遺跡がある。ワット・プーはもともとクメール人によって築かれたヒンドゥー教寺院遺跡で、現在は仏教寺院としてラオスの人々の信仰を集めている。「ワット・プー」のワットは「寺」、プーは「山」、チャンパはラオスの国花（プルメリア）を意味している。

写真1.63　チャンパサックのフェリー

ⓗ　コーン瀑布

　フランスの植民地当局は、1863年までフランスの保護領となっていたカンボジアに駐在していた植民地監督官エルネスト・ドゥダール・ドゥ・ラグレーを隊長とするメコン河への遠征艦隊派遣を決めた。1866年に、遠征艦隊は2隻の蒸気機関の砲艦でサイゴンを出発し、クラチエでそれらを乗り捨ててカヌーを使った。サンボールの急流地帯を通ってゆっくりと前進した彼らは、ストゥン・トゥレンに至り、その後コーン瀑布に到達したが、そこで彼らは「巨大な建設工事をしなければ」延長11kmのこの大瀑布は「誠に克服し難い航行の障害物」という結論を出した。

　そこから彼らは陸路と河川を使って中国に入り、雲南省のチンホン（景洪）で、現地ではランチャンジャン（瀾沱江）と呼ばれているメコン河と再会した。ドゥダ

ール・ドゥ・ラグレーは 1868 年初めに中国で死亡したが、ガルニエを含む一部の隊員は更に北上して、メコン河の水源に近い最後の大型集落であるダーリー（大理）まで何とか到達した。

それから 20 年間、フランスがベトナムの植民地を拡大し、中国と戦争状態になっている中でメコン河流域の追加の調査が行われた。この期間の砲艦外交の間に、フランス海軍は蒸気船の航行の限度を試験していた。1884 年に、小さな蒸気船がストゥン・トゥレンに近いサンボールへの航行に成功した。1887 年に、一部水路の岩石を爆破した後、2 隻の蒸気船がコーン瀑布へ到達した。フランス海軍はコーン瀑布を航行可能とする試みを何度も繰り返して失敗していたが、1894 年までにフランスの最初の砲艦が、臨時に敷設した鉄道線路の数 km 先まで進んだ。

その後この鉄道は、1920 年にコーン瀑布からケット島への橋梁の建設に伴ってさらに上流へ延長された。さらに大量の岩石が除去され、水路に標識が設置され、川底がサンボール急流域で浚渫された。これらの開発工事にもかかわらず、1935 年に旅客がサイゴンからルアンプラバンへ行くためには、少なくとも 37 日間かけて 7 回船を乗り換える必要があった。

ⓘ　クラチエ

カンボジアのクラチエの直上流に、淡水イルカの生息場所がある。その周辺には、フランス時代の古い航路標識が目立つ。現在でも、フランスがカンボジアとラオスの航行水路に設置した巨大なコンクリート製の水路標識が約 600 基残っている。これらは今も航行する船によって利用されているが、その高さに制限があるために増水期には水没してしまい、それ自体が航行上の危険物になっている。

ⓙ　トンレサップ湖

カンボジアのトンレサップ湖は淡水湖であり、乾期には 2,500km²、雨期には 13,000km² に広がり、最大の貯水量は 800 億 m³ 余りになる（琵琶湖が 670km²、275 億 m³）。6000 年余り前、トンレサップ河によってプノンペンの所でメコン河とつながったと言われている。多様な生物を保持し、その地域に住む人たち

写真1.64　コーン瀑布

写真1.65　クラチエの港に浮かぶ、プノンペンに向かう高速船

写真1.66　コンポンチュナン対岸の山
（女性が伏せて横たわっている姿との伝説がある）

の75％以上のタンパク質を提供している。メコン河の洪水を平滑化している。そしてその水を乾期に放出してベトナムにかんがい用水を供給し塩水の遡上を遮っている。

ⓚ　シムリアップ

9世紀から15世紀にかけて、カンボジア（クメール）の王たちはアンコールの町（現在のシムリアップ）からメコン河流域のほとんどを支配していた。トンレサップ湖に流れ込む支流群に囲まれて作られたアンコールの町で、人々は輸送手段として、恐らくは象や馬よりも舟に頼ったと思われる。中国の使節、周達観（しゅうたつかん）は、1296～1297年にアンコールを訪れた際、中国人の商人がいたと記しており、商業的水運が引き続き重要であったことを示唆している。

トンレサップ湖に近かったということは、アンコールがベトナム中部の国チャンパ（林邑）からの侵略を受けやすかったことを意味する。ある時、チャンパのチャム族は首都アンコールを攻略するために、膨大な数の戦闘用カヌーを使ってメコン河とトンレサップ湖を遡上した。トンレサップ湖におけるクメール族とチャム族の戦闘の模様はアンコールの各寺院に生き生きと描かれている。しかし王国の最終的な終焉は、現在のラオス、ミャンマー、タイの3国国境が交差するメコン河北部のチェンセンから出現したシャム族のチェンマイにおけるランナー王国によってもたらされた。ランナーとは100万の水田を意味する。ラオスのランサー王国や南部のアヨドヤ王国ともネットワークを持ったが、16世紀になると内紛により衰退し、ビルマのトゥング一朝に服属した。

写真1.67　アンコールトムの南大門

写真1.68　シムリアップ郊外
（トンレサップ湖の村チョンクニアの船上生活者）

シムリアップをトンレサップ湖の方に山を目印にして向かうとチョンクニアである。ここは、漁業を主体とした水上生活者の村として有名であるが、港でもあり、プノンペンの間には高速船が運航している。

①　プノンペン、コンポンチャム、コンポンチュナン

1431年にシャム族に攻略された後、カンボジアの王朝はアンコールを放棄して、メコン河の二つの大きな支流が合流、分派する交易の中心地であったプノンペンに新しい王朝を設置した。東南アジア最大の王国の王室を300km下流へ移動させるのは容易な水運事業ではなかった。アンコールにおける人々の生活に関する中国人使

節の記録、残された絵画、およびカンボジアの年代記に基づいて、オーストラリアの歴史家ミルトン・オスボーンは当時の様子を想像して次のように述べている。「この移動は間違いなく大事業だった。王は王室のはしけに乗り、その周りを兵士と従者たちの護衛船団が取り囲んだ。また伝説によるとアンコールで最も神聖な仏像を新しい首都に設置し直すための特製の運搬船も作られた。色とりどりの衣服をまとった宮廷人が船体を金色に塗ったはしけの上に旗幟を掲げて船出する時は太鼓やほら貝の音が鳴り響いたであろう」。

その後、すぐに、ストレイサートを中心とするメコン河水系とロンボークを中心にするトンレサープ川水系の二つの勢力に分裂した。16世紀のポルトガルの史料は、スレイサートとロンボークとを同格の都市とみている。

日本は1992年初めに専門家チームをカンボジアへ派遣した。このチームは、同国の再建と中長期的な開発の見通しに関する調査報告書を作成し、「カンボジアの港湾と内陸水路が、長引いた内戦ならびに資金、資格を持つスタッフ、新規技術の欠乏のために"非効率的な状態にある"」と述べ、「にもかかわらず、同国の海上／河川輸送システムは内戦で破壊された経済の再建および将来の経済開発で極めて重要な役割を果たすと期待される」と結論づけた。

このチームはプノンペンの港とコンポンソムの海上港を改善する必要性を強調した他、プノンペンより上流のコンポンチャムとコンポンチュナンの双方にも中期的に「高い優先順位」を与えるべきだという結論に達した。コンポンチャムの既存の港は「本格的な農村開発が進めば農産加工品の集配で引き続き一定の役割を果たし、ますます重要な存在になるであろう」としている（コンポンチャムには、メコン河本川に日本の無償援助により絆橋が2001年12月完成した。総事業費64億円）。また、コンポンチュナンは「トンレサップ湖における漁業活動を推進する上で戦略的に重要な場所になり得る」と港湾施設の必要性を述べている。ちなみにコンポンとはカンボジア語で港のことである。チャムはチャム人（国）、チュナンは土鍋を意味する。カンボジアには他にもコンポン・トム（大きい）などコンポンの付く地名が多い。

写真1.69　プノンペン港

1995年に日本の無償援助や世銀の支援でプノンペン港が改修され、1万t級の船が着岸可能である。メコン河を利用する際、カンボジアとベトナムの越境手続きの簡略化の調

写真1.70　コンポンチャムの船着き場と絆橋

停を行い、プノンペン、カントウ、ホーチミンの三都市の連携を密にして共栄することが期待される。

プノンペン地域は別名フランス語でカトルブラといわれる。これは、メコン河上下流、トンレサップ川、バサック川の四つの川が4本の腕のように見える場所を意味する。プノンペン市の埋め立てによって、バサック川の分派口が狭められ、対岸では浸食が起こっている。

ⓜ　ネアックルン

カンボジアの国道1号線ネアックルンのメコン河の渡し地点に、新たに日本の無償援助の橋が計画されている。ベトナムがオーストラリアの援助でメコン河にミトワン橋（2000年完成）をかけた際、1万t級の船が通れる高さ37.5mをカンボジア側からの要請でとらせた経緯もあり、同じ規模の橋を架けることが期待されているが、無償援助の予算規模との整合が課題と聞く。また、この渡し場は両岸とも商店・物売り等で連日賑わっており、彼らの生活のすべを見つける努力も必要であろう。

写真1.71　ネアックルンのフェリー

ⓝ　カンボジア〜ベトナム

1998年のカンボジアとベトナムの二国間水上輸送取り決めに基づき、税関と入国管理の手続きが軽減され、国境通過を容易にするための何らかの枠組みが設定されるはずであった。航行の中断を少なくして、二国間の水上輸送が他のルートに比べて競争力を持てるようになると期待されていた。しかし実際には、取り決めと議定書の内容はあまり改善の余地を残していなかった。

写真1.72　ベトナムからカンボジア（プノンペン）に向かう貨物船

両国はどの水深を維持できるかを約束しておらず、航路通行料である渡船料が提供されるサービスと関連づけられておらず、さらに、この取り決めにはヴィンロンを経由するメコン河よりも良好な航路である海洋とヴァムナオ水路を結ぶバサック川が含まれていない。運営上および財政上の責任の割振りを定めた新しい水上輸送協定ができれば、内陸水上輸送と河川〜外洋輸送の双方で大幅な交通量の増大を生み出すであろう。これはカンボジアの繊維輸出産業にとって出荷コストの大幅な削減をもたらすであろう。

第1章　世界の河川舟運と運河の風景　　49

⃝ ベトナム、メコンデルタ

メコンデルタは米の大生産地であり、その輸送は小型船に頼っている。デルタには、灌漑排水の役割とともに、輸送のために水路が縦横に走っている。ナマズの輸出は、アメリカとの間に貿易摩擦を起こした。

写真1.73　ベトナム（チャウドック）、ナマズなど淡水魚の養殖船

写真1.74　ベトナム、チャウドックでの米の販売船

ⓟ 展望

カンボジア、ラオス、タイ、ベトナムによって1995年4月5日にチェンライで調印された「メコン河流域の持続可能な開発のための協力協定」は、これら4カ国がメコン河本流での航行の自由を初めて認めたものとなった。この1995年の協定に基づき、政策の立案と決議を行う閣僚会議ならびにそれら政策／決議を実施できるようにするための4カ国の高級官僚による共同委員会（メコン河委員会）が設置された。4カ国および援助国からの専門家をスタッフとする常設事務局は、技術上および管理上の支援を担当する。この協定は、タイの最北端から南シナ海まで2,372kmの区間を流れるメコン河下流域における水およびその他資源を開発／管理するための国境を越える協力について規定している。この協定の対象範囲には航行、洪水管理（治水）、漁業、農業ならびにエネルギーと環境が含まれる。

バンコクにあるUN-ESCAP（国連アジア太平洋経済社会委員会）の協力のもとに、メコン河委員会によって航路標識の統一化が行われた。委員会とESCAPによる勧告に基づいて、6カ国すべてがコーン瀑布の滝を境に北と南で二つの航行システムを採用した。2001年まで、メコン河には浮標やビーコンなどの水路標識について六つの異なるシステムがあったが、安全性を改善し、国境を越える輸送を推進するために、ラオス、ミャンマー、タイは2001年後半にバンコクで開催された会議で、中国のシステムに基づく航路標識を採用した。コーン瀑布より下流のカンボジアとベトナムは、国際航路システムを使うことで原則的に合意している。

このような流域内の国際協力が進められ、地域の発展がもたらされることを望む。

(3) チャオプラヤ川、バンコクの舟運

　タイのチャオプラヤ川は、現在でも、世界で最も舟運が盛んな河川であるといえるであろう。物流の面で見ると、土砂等の重量のある資材を上流から下流のバンコク首都圏に運ぶ船が、そして上流に向かうその帰り船が引っ切り無しにチャオプラヤ川を行き来しており、見ていても飽きることがない。また、バンコクの市内では、市民の足となっている通勤・通学の水上タクシー（大型で多数の人が乗れる船）が行き来し、都心部では多数の観光の船が至る所で見られる。現在でもこれほど水面が利用されている河川や都市は少ないであろう。
　バンコクは世界を代表する水辺の都市（メトロポリス・オブ・ウォーター）である。
　かつてのバンコクを含むタイの平野部では、主要な交通手段は船であった。稲作農業を行う上でも船が利用され、また物資を運び、人々が移動する手段も船であった。そして、洪水時には浸水を想定して高床式の家屋を河川や運河（クロンと呼ばれる水路）沿いに建て、水面を移動しながら生活をしていた（**写真 1.75**）。

写真1.75　かつてのタイの交通手段としての船と高床式の家屋

　その後、首都バンコクが急激な都市化とモータリゼーションを迎えることとなったが、その問題が顕在化したのは 1980 年代の初めの頃であった。未整備な道路状況の下で車が急激に増加して大気の汚染と騒音、交通渋滞が日常化した。そして、未整備な治水施設の下で、水害の危険性がある地域で都市化が進み、それに加えて地盤沈下も急激に進展した。以前のように水害を想定した住まい方から浸水を許容しえない都市的な土地利用へ変化したことにより、いわゆる都市型の深刻な水害に見舞われるようになった。1983 年の水害では、地盤沈下が進行した周辺部では、浸水が 3 カ月も継続し、社会問題となった[11),12)]。かつての 1940 年代の大水害時の風景と 1983 年洪水時の写真を比較してみると、その様子が知られる（**写真1.76、1.77**）。すなわち、1940 年代の水害時には、王宮等の都市域は浸水したが、人々は舟を利用して問題なく生活している。一方、1983 年の水害では交通が麻痺して社会生活が混乱した。この洪水では浸水が長期化し、交通の途絶、家屋等の浸水被害に加えて、汚染された水を介して皮膚病等が蔓延するなど、深刻な水害となった[12),13)]。

写真1.76　水害時の交通手段でもあった舟運
(1942年バンコク都心部の浸水。水害も移動上は苦にならなかった時代の風景)

写真1.77　都市化、車の発達と水害
(モータリゼーションの進展した時代の水害の風景)

　この時代（1980年代）のバンコクの水辺を見ると、チャオプラヤ川河畔には、水の都バンコクを象徴して、当時は世界で最も魅力的なホテルとされていた当時としては高層で高級なオリエンタル・ホテルが河畔にあった。上流のアユタヤからこのホテルの近くまで下る観光船が高価な観光の一つとなっていた。チャオプラヤ川の河畔には、洪水期の浸水を前提とした高床式の家屋と船が行きかう風景があった（**写真 1.78**）。人々は、日常の生活でチャオプラヤ川はもとよりそこに流入する運河（農業用水路等。クロン）を船で移動していた。そして、この時代も重たいものを運ぶ船がチャオプラヤ川を行き来し、その船で水上生活をする人々も見られた（**写真 1.79**）。

　その一方で、バンコク市内の運河（かつての農業用水路で、移動の手段となっていた水路。クロン）では、下水道の未整備等により、水質の汚染が深刻化しており、黒い悪臭を放つ水が流れていた。そして、乾季で川の水量が減少する時期には、チャオプラヤ川本川の下流の感潮域でも水質汚染が深刻化していた。

52　第Ⅰ部　舟運都市の現状

写真1.78　今も残る伝統的な（1980年代の）河畔の建築物
（左・中：河畔の町並み。右：寺院。町の中心には人々の寄進による寺院がある。今日でも人々に寄進による病院の建設なども行われている）

写真1.79　1980年頃にチャオプラヤ川を行き来していた当時の大型の船
（現在は使われていない船の写真）

　そのバンコク首都圏は、今日では道路網の整備も進み、都市化とともに高層の建物が数多く建設され、人口1千万人に近い大都市となった。チャオプラヤ川河畔の風景も一変し、河畔には高層の高級ホテルが数多く立地し、かつて世界で最も高級で人気があったオリエンタル・ホテルも小さく見えるようになった（**写真1.80**）。しかし、バンコク市内のチャオプラヤ川の水面を見ると、当時以上に観光船が浮かび、通勤等の水上タクシーが高速で走っている（**写真1.81～1.85**）。

写真1.80　チャオプラヤ川河畔のホテル等の高層建築
（オリエンタル・ホテル〈写真中央の河畔の建物〉も小さく見えるようになった）

写真1.81　バンコク市内のチャオプラヤ川を行き来する観光の船（高層のホテルからの鳥瞰）

写真1.82　バンコク市内のチャオプラヤ川を行き来する観光の船（水面からの風景）

写真1.83　アユタヤからバンコクに下る観光船
（現在の船。1980年代とあまり変わりがない）

写真1.84　いくつかの観光船（チャオプラヤ川）

写真1.85　通勤・通学等に利用されている水上タクシー（チャオプラヤ川）

　また、チャオプラヤ川の物流は今日ではさらに盛んになり、物資を積んで下るより大型化した船、荷を降ろして上流に帰る船が行き来している。その風景を**写真1.86、1.87**に示した。複数の荷を積んだ船をつないでタグボートで曳航している。

この風景は 1980 年代と同様であるが、船そのものを比較すると、荷を運ぶ船が大型化し、近代的な船となった。

写真1.86　チャオプラヤ川の物流を担っている船（荷を積んで下っている風景）

写真1.87　チャオプラヤ川の物流を担っている船（荷を降ろして上流に帰る風景）

バンコク市内の運河（クロン）の舟運も、渋滞して時間が読めない車と比較して定時的であり、現在も通勤・通学に使われている（**写真 1.88**）。

バンコクでは、観光等としての水面利用（舟運）とともに、チャオプラヤ川河畔や運河（クロン）に通路を整備することも進められつつある。水害を防ぐためにチャオプラヤ川の河畔には公共および企業・個人により堤防が建設され、川と町とが分断されることとなったが、その堤防前面に河畔通路を設けることが一部ではあるが進められている（**写真 1.89**）。また、クロンの水質も以前よりは改善され、もっ

写真1.88　市内の運河（クロン）を高速で走る水上タクシー（バンコク）

ぱら治水面で管理されてきたクロンを都市の散策や移動の場として整備することが議論され、クロン・フォー・ザ・パスウエイがテーマとなってきている（図1.20、1.21）。

写真1.89　チャオプラヤ川の河畔の通路
（河畔に水害を防ぐ堤防が建設されており、その前面に通路を整備している）

図1.20　運河の通路（クロン・フォー・ザ・パスウエイ）のイメージ図

図1.21　バンコク市内の水路網
（バンコクにはこれほど多くの川や運河〈クロン〉があった）

このように、チャオプラヤ川およびバンコク市内の舟運は、物流を担い、都市内で人々の移動を支え、そして観光を担い、さらには水の都市バンコクのイメージを景観等の面で形づくる重要なものとなっている。この面で、チャオプラヤ川とバンコク市内の水面での舟運は、世界で最も活気があり、都市や地域に溶け込んだものであるといえる。また、バンコクの都市形成（再生）において、水辺の空間の価値を高めるという面でも重要なものとなっている。

このチャオプラヤ川等の舟運について、タイの河畔の風景を満喫できるアユタヤからのバンコクへの川下り、さらにはバンコク市内での観光、水上マーケットでの買い物等に舟運を利用してみるとよい。水の都市バンコクを満喫できることであろう。

（4）　隅田川の舟運

かつて、隅田川の吾妻橋から下流新大橋付近までを大川と呼んだ。古くは住田河、宮古川とも称されていた川である。江戸時代、橋は街道と通じる吾妻橋・両国橋・新大橋・永代橋・千住大橋の5カ所で、千住大橋から下流では、「駒形の渡し」や「勝鬨の渡し」等、20の渡しが存在し対岸と結んでいた。その他、農民が行き来する百姓渡しもあったが、橋が架けられるようになり、渡しは次第に姿を消していった（図1.22）[14]。

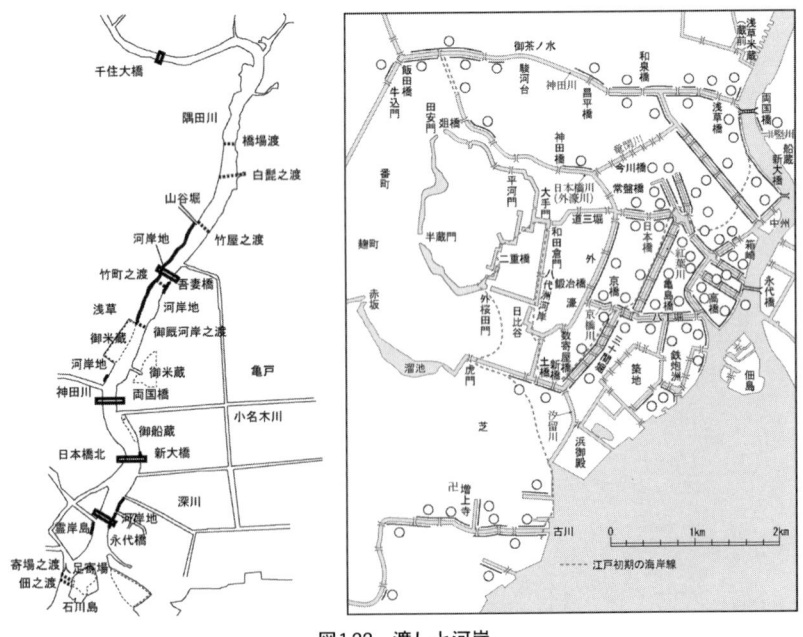

図1.22　渡しと河岸

浅草山谷堀から霊岸島までの間には、花川戸河岸や駒形河岸など約30余の河岸と御船倉、幕府の御米倉が立地し、各地からの物資の荷揚げや搬出で活気を呈していた。水辺は人の集まる場となり、遊興の場が出現した。春の花見、夏の川涼み、秋の月見、冬の雪見など、四季折々の行楽の場として江戸市民に親しまれてきた[14]。

その代表が両国である（**図1.23**）。江戸時代、両国は下総への出発点であり、大川端は屋台や出店で賑わい、料亭や船宿も大川に面して繁盛を極め、商いの場であり、山谷堀沿いの吉原に代表される遊びの空間であった。平岩弓枝原作の「御宿かわせみ」や池波正太郎の「鬼平犯科帳」に出てくるような船宿は、逢瀬や宴会を楽しむ武士や商人、町人で賑わった。その面影が現在の浜町付近の治作や浅草橋柳橋の亀清楼に見られる（**写真1.90**）。もう一つの賑わいの場所が浅草であった。鎌倉時代から江戸湊発祥の地であり、浅草寺の門前町として栄えた街である。娯楽として見せ物小屋、芝居小屋で賑わう歓楽街でもあった。明治以降も見せ物小屋や映画館等で賑わい、今でもその元気は変わらない。

現在の隅田川は、夏の風物詩の花火と屋形船、水上バスとタンカー、休日にはプレジャーボートも見られるものの、沿川の日常的な賑わいは浅草あたりに残るだけである。

大川端には御用米の河岸があったため、米や塩を輸送する舟、小型の猪牙舟、屋根舟、屋形船、物売り舟など、多くの舟が往来していた（**図1.24**）。

江戸住民100万人の有価物であった屎尿を田畑の下肥として活用させるため、地方に輸送したのも多くは葛西船と呼ばれた舟運であった。帰り舟は、江戸を支えるエネルギーであった薪炭のほか農作物が運ばれ、理想的な循環社会を形成していた。1700年代当時江戸市民から排出される糞尿は一人当たり1.8リットル、100万人であれば約657,000m^{3}であったと推計されている[14]。まさに舟運は隅田川を通して江戸市民の生活を支えていた。

図1.23　両国橋大川端
（歌川広重「名所江戸百景」国立国会図書館所蔵）

写真1.90　高潮堤で遮られた料亭

図1.24　両国橋
（江戸名所絵図、国立国会図書館所蔵）

屋形船は現在も続いており、中には江戸時代から続く船宿も多い。船宿に残された資料があれば、江戸以降の舟運の歴史の一部が明らかになろうが、ほとんどの資料は関東大震災と東京大空襲で焼失したという。屋形船の利用は、1事業者平均で年間約2万人の観光客が利用している（写真1.91）。

写真1.91　屋形船（提供：新倉雅隆）

　隅田川に流入する川が日本橋川・神田川、小名木川などである。小名木川は下総や行徳から江戸へ米や野菜、薪炭や塩を運ぶ水の道であった。川関所として中川に舟番所があり、関東や東北地方から江戸川や中川を経由して入ってくる物資や旅人の管理を行っていた。明治以降、特に荒川放水路が整備された大正期以降は江東区の産業発展に重要な役割を担う輸送路であった。最も隆盛を極めた昭和初期の小松川閘門を通過する船舶は、1カ月1,200艘、輸送量は12万tに及び、小名木川沿いの工場や隅田川沿いの工場への物資輸送に活躍した。

　日本橋川は天保改革以前には将軍御成の水の道であり、街道と併せて川が重要な役割を担った[15]。日本橋を中心に活気あふれる河岸が連なり、木更津河岸のように無頼人の往来を許可する河岸も見られた。御茶の水の峡谷部を除き、神田川も江戸の洪水防御と同時に、物資輸送路としての役割を担った。

　隅田川に初めて蒸気船が登場したのは1855年である。薩摩藩主島津斉昭がオランダの資料から建造させた雲行丸であった[16]。その後、隅田川に商用船である通運丸が出現したのは16年後のことである。以降舟運は、鉄道が東京を中心に放射状に整備されるまでの間、独占的に人とモノを輸送する手段となった。隅田川は客船や貨物船が行き交う賑わいのある川へと変わり、次第に墨東地区に発展した工業と鉄道駅とを連結した交通体系へと変わっていった。

　明治期に鉄道が整備されるにつれ、利根川や江戸川の舟運は衰退の一途をたどるが、隅田川では、両国や南千住で物流のためのドックが整備され、総武線や常磐線と結節し、貨物輸送を担っていた[17]（図1.25）。明治後期には近代化の波に押され、隅田川も変貌を余儀なくされた。

　隅田川の水辺は緩やかな時間を過ごす場所ともなっていた。「春のうらら

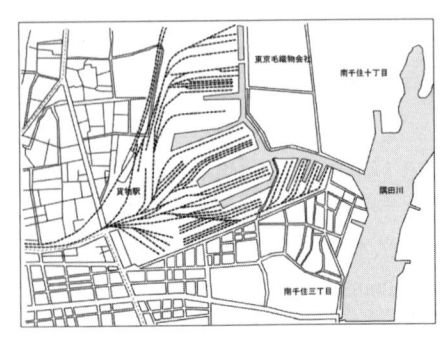

図1.25　明治40年の南千住駅とドック
（大江戸博物館資料より作図）

の隅田川」の歌い出しで始まる武島羽衣作詞・滝廉太郎作曲の唱歌『花』は、隅田川の風情を優しく包み込むように歌いかける。

戦後、高度経済成長の時代には水質汚濁が進んだが、その中でも水上バスとしての利用や、艀（はしけ）による物流の動脈として活用されてきた。現在は浅草とお台場等を結ぶ洒落た水上バスによって、新たな都市の活気を生み出している（写真1.92）。

『花』に歌われる長堤はコンクリートの直立高潮堤へと変わった。親水性が求められ始めた1980年代以降、川沿いにはテラスが設けられ、墨田区役所付近のスーパー堤防による治水対策と併せた親水空間や、石川島播磨重工業があった佃島はリバーシティ（写真1.93）となって変貌する。さらには白髭橋から千住大橋までの「川の手新都心」の整備による親水空間づくりによって、新たな隅田川の胎動が始まっている。

将来、第二東京タワーが墨田区押上付近に建設される。これに合わせ、これまで静かに活躍の時を待っていた江東内部河川が再注目されるに違いない。

写真1.92　吾妻橋の水上バスと隅田川を行く最新の水上バス

写真1.93　生まれ変わった佃島・リバーシティ21

（5）大阪・大川の舟運

大阪は、淀川デルタ地帯の低平地に位置し、洪水の被害を頻繁に受ける土地柄であったため、中世大阪の発展には治水普請が重要な仕事であった。

大阪は京の都への玄関口でもあり、沿岸航路伝いに来た船は大阪の津に船を泊め、川船で京に上る必要があった。当時は商人自治による自由都市「堺」が隆盛を極め、大阪は中継地であった。

大阪発展には、低地の排水と土地のかさ上げによる治水対策が急務であったことから、割川が掘られた。計画的な堀川は、豊臣秀吉が大阪城築城に際し、外堀として掘った東横堀川であり、その後1598年から1698年にかけて道頓堀川などの11の堀川が開削された（図 1.26）。その堀川に架かる「八百八橋」と呼ばれる多くの橋で結ばれた道路が天下の台所を支える基盤となった。

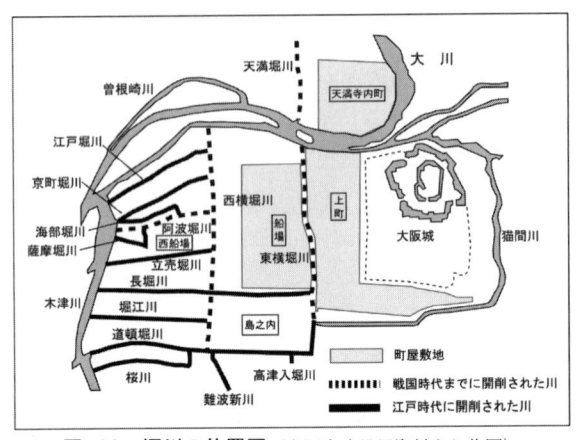

図1.26　堀川の位置図 （大阪市建設局資料より作図）

　江戸時代、江戸に比べ大阪への幕府の投資は少なく、豪商淀屋や河村瑞賢などの商人による投資によって、大阪のインフラ整備が進められた。民間資本による堀川などの基盤整備によって舟運が発達した。江戸時代には全国の米の相場を決める堂島米相場と商人が集まる船場の賑わい、市内を堀川で網状に結んだ流通体系により商業都市へと発展していった。これらの堀川は舟運のみならず、下水道や水道用水としても使われる多目的用途を担っていた。網状に結ばれた堀川に沿って蔵屋敷や商店、町屋が形成され、まさに大阪は水の都であった。

　船場の地名は、もともと船が着くところを語源としている。大阪の船場は、東西南北を土佐堀川、長堀川、東横堀川、西横堀川に囲まれ、豊臣秀吉の時代からの商業地区である。料亭、両替商、呉服店、金物屋などが建ち並び、経済・流通の中心地であった。西船場は、海に近かったこともあり、堂島や中之島同様に諸藩の蔵屋敷が建ち並び、物資の集積地として舟運が盛んであった。船場は今日の大企業を多く輩出した地である一方、道頓堀付近は歓楽街となり栄えた。

　東の大川（隅田川）、西の大川（旧淀川）も共に商業と遊びの空間であった。新町は京都の島原、江戸の吉原と並ぶ日本屈指の遊郭であり、舟運によって全国各地から物資を輸送してくる豪商や地元の豪商たちの交遊の場でもあった。

　また、大阪の商人や町人も江戸と同様に川涼みや花見、月見、雪見等の舟遊びも好み、屋形船を仕立てて大川での遊興に興じた（図 1.27、1.28）。

図1.27　摂州難波橋天神祭の図
（大阪府立中之島図書館資料）

図1.28　堂島米あきない
（出典：浪花名所図絵、国立国会図書館所蔵）

　船場には近松門左衛門の「心中天の網島」との関わりのある堀川があり、幕末の緒方洪庵の適塾も北浜に居を構えていた。幕末・明治期の指導者を輩出した土地でもある。

　大川は、もともとは淀川の本流であったが、1907年に放水路として新淀川が開削され、淀川大堰と毛馬閘門で分岐された。大阪市内を流れ、毛馬閘門から中之島東端までの区間を大川と呼び、市民に親しまれている。

　大阪に近代的な観光船が就航したのが1936年で、名前は「水都」であった。定員は40人、船内は豪華なソファーが並ぶサロン風で、後部には小さなオープンデッキも備えていた。現在の水上バスと比べて、船遊びの嗜好が高かったとも思える。毎日午前9時と12時の2便が就航し、約2時間をかけて、土佐堀川・堂島川から大阪港を経て木津川を回るコースが運航されていた。淀屋橋からは市営観光バスと接続し、大阪城や四天王寺を巡り、大阪市内を水陸から立体的に観光ができるものであった。

　第二次世界大戦後、戦災のガレキ処理が急務であったことや、その後の下水道の整備に伴い、天満堀川や曽根崎川、薩摩堀川など、多くの堀川が埋め立てられた（図1.29）。

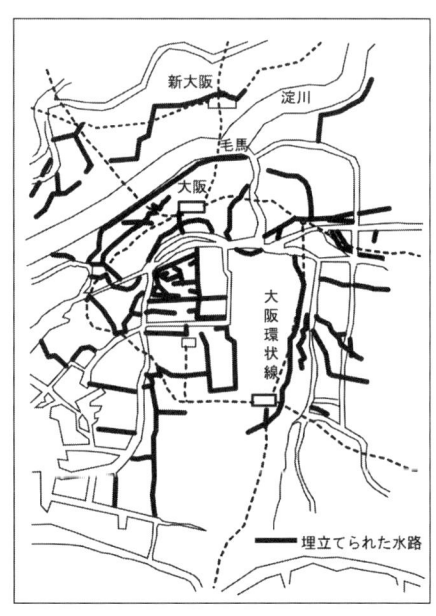

図1.29　埋め立てられた掘割
（大阪市建設局資料より作図）

　なお、堀川を周遊する観光船のほかに、木津川、尻無川、安治川には大阪市営の

無料の渡船場が 8 カ所あり、地域の生活を支えている。明治 10 年には 31 カ所に渡船場があり、約 5,752 万人の利用者数があったが、平成 12 年には 8 カ所 197 万人までに減少してきている。舟運を維持するため橋の架けられない場所では、渡船も都市の中の重要な交通手段となっている（図 1.30）。

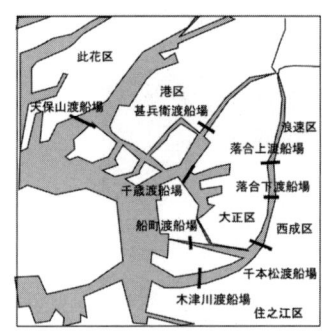

図1.30　現存する渡船（大阪市建設局資料より作図）

[参考文献]
1) 吉川勝秀：人・川・大地と環境、技報堂出版、2004
2) EUROMAPPING：inland waterways map and index, NORTH AMERICA, 2005
3) 及川陽：異国の運河探訪③、NTT 出版、2002
4) ダム技術センター、ダム技術、No.246、2007
5) 加本実：メコン河委員会の活動と課題　水文・水資源学会誌　Vol. 17, No. 2　pp.181-199, 2004
6) メコン河委員会：『母なる大交通路　メコン河水系における過去、現在、将来の水運』、メコン河　開発シリーズ第 3 集（2004 年 4 月）
(Mekong River Commission; THE PEOPLE'S HIGHWAY: PAST, PRESENT AND FUTURE TRANSPORT ON THE MEKONG RIVER SYSTEM Mekong Development Series No. 3 〈Phnom Penh, April 2004〉)
7) メコン河委員会：『MRC 舟運戦略』（プノンペン、2003 年）
(Mekong River Commission; MRC Navigation Strategy 〈Phnom Penh, 2003〉)
8) メコン河委員会：『メコン河流域の姿 2003』（プノンペン、2003 年）
(Mekong River Commission; State of the Basin Report 2003 〈Phnom Penh, 2003〉)
9) ミルトン・オスボーン：『メコン川：激動の過去と不確実な未来』（シドニー、2000 年）
(Osborne, Milton; The Mekong: Turbulent Past, Uncertain Future 〈Sydney, 2000〉)
10) 堀博：メコン河　開発と環境，古今書院，1996
11) 吉川勝秀：人・川・大地と環境、技報堂出版、2004
12) 吉川勝秀・本永良樹：低平地緩流河川流域の治水に関する事後評価的考察、水文・水資源学会誌（原著論文）、水文・水資源学会誌、第 19 巻第 4 号、pp.267-279、2006.7
13) 吉川勝秀：都市化が急激に進む低平地緩流河川流域における治水に関する都市計画的考察、都市計画論文集、日本都市計画学会、Vol.42-2. pp.62〜71、2007.10
14) 林英夫編：川がつくった江戸、隅田川文庫、1990
15) 高村直助編著：道と川の近代、山川出版社、2003
16) 石渡幸二：あの船 この船、中公文庫、1998
17) 鈴木理生編著：江戸・東京の川と水辺の事典、柏書房、2003

第2章　河川、運河舟運の再評価と新たな展開

2.1　ゆっくりの大切さ

（1）　運河の時間・道路の時間―無駄の効用

　乗り物に揺られながら移りゆく風景を楽しみ、見知らぬ土地での未知との遭遇に感動し、見知らぬ人々と言葉を交わし、その土地の酒肴、料理を愛でながら、時間と空間を五感で受けとめるのが旅の醍醐味である。そこには新たな発見が必ずある。このことは、危険度、冒険度で違いはあろうが、昔も今も変わらない。

　19世紀末、馬車がエンジン付きの自動車になり、旅の行動範囲は著しく拡大した。馬による遠乗り（ロングライド）は自動車によるドライブになった。アメリカでは公園の散策に代わって、ドライブを楽しむ自動車用のパークウエイまで出現し、公園を中心にした都市計画の設計思想にまで影響を及ぼすことになる。

　人間は空を飛ぶ機械も発明した。各国とも、その進歩の速さは自動車の比ではない。理由は簡単、国と国との争いで戦略的にも、戦術的にも、これほど有力な武器はなかったからである。その航空機の発達で地球は小さくなった。ダイムラー・ベンツ社が誕生した1926年頃、横浜港からヨーロッパの玄関だったマルセイユ港まで1カ月余りを要した。マルセイユからは鉄道でヨーロッパ各都市に散った。それが今や半日でヨーロッパの各都市に降り立つことができる。確かに地球は狭くなった。冬の朝日本を発てば、その日のうちに夏のオーストラリアだ。季節まで瞬時に飛び越えることができる。

　人が遠方へ移動する限り、航空機ほど速くて経済的なものはない。ロンドンやニューヨークへ400人ほどの旅客を運ぶジャンボジェットは1回のフライトで150tほどのジェット燃料を消費する。ジェット燃料は灯油に近い溜分で比重は0.8程度、乗客一人当たりにすれば約470Lである。1万kmを飛行したとすれば乗客一人で考えるとリッター当たり21kmの燃費になる。料金はビジネスクラスで片道40万円、エコノミークラスならば10万円も出せば、ワインを飲み食事をしながら14時間後には花のパリに降り立てる。

　クイーン・エリザベス号や飛鳥号のような豪華客船の船旅ではこうはいかない。豪華客船というホテルの一室を100日も借り上げ、20数カ国30以上の港に立ち寄

りながら、3食おもてなし付きの旅ともなれば中間クラスの船客に甘んじても、世界一周で800万円の費用がかかる。1日当たり8万円となれば、庶民には無縁の話である。飛鳥号のように3万t近い巨大な客船には船長以下270人のクルーが乗る。それに580人ほどの客を乗せての世界一周だ。パーサーやメイド、医者や看護師まで付けての旅だから高価になるのも当然である。世界一周5万km（航行日数90日）で消費する重油は約4,000t（400万L）、旅客1人頭で考えると1日当たり77Lとなる。船上でホテル生活を楽しみながらの世界一周に要する燃費は乗客1人でリッター当たり約7kmとなる。我が国の国民1人当たりの消費エネルギーは1日当たり石油換算で約11Lだから、やはり贅沢な旅である。

（2） 時間と速度

　自動車に比べ、船の速度はいたって遅い。「この忙しい世の中、船を使って旅をするなど愚の骨頂だ。第一、金と時間を無駄にするほど経済的にも精神的にもゆとりがない」と考える人が大半だろう。

　「タイム イズ マネー」。この言葉を知らない人はまずいないだろう。ところがマネーは大切にしてもタイムはさして大切にしない。健康でさえあれば、無限に手に入ると錯覚しやすいし、どう大切にしたら良いか分からないのが凡人の凡人たるゆえんである。

　さて、「タイム イズ マネー」といった人はどこの誰だろう。高利貸しの一味か、資本家の手代か、はたまた時計屋の回し者かも知れない。「時間は宝だ」といってくれればまだ救いがあるが、怠け者にとっては身震いする言葉だろう。奴隷に鞭打つようなこの言葉を残したのは、なんとアメリカ独立宣言の起草者の一人、ベンジャミン・フランクリンだから始末が悪い。

　特急列車に乗ると特急券の分だけ時間が短縮される。確かにタイム イズ マネーに違いない。短縮される時間を買うわけだ。短縮された分だけ仕事ができ、観光の時間が長くなるから価値があるという理屈だ。そこで先を急ぐ。時間を短縮したところで、その分だけ長生きできる保証はないが、なぜか人は先を急ぐ。生き急ぐ。

　若いときほど時間の流れは遅いようだ。子どもの頃、「もういくつねると おしょうがつ」の唄のように、楽しいお正月や夏休みは待ちどおしいものだった。そして歳をとるごとに、誰しもが実感することだろうが、時の流れは速くなる。どうも人生は対数目盛のようだ。だんだん時間の間隔が狭くなり詰まってくる。

　一方で若者は高速を好み、それに耐えられもする。反対に歳をとるに従い、体力の衰えもあって、「ゆっくり」が体のリズムに合ってくる。速い乗り物ほど、疲労感を覚える。船の速度はそうした意味で高齢者に向いている。

（3） 動物の移動速度

　私たち人間の移動速度は、たかだか時速 4km である。秒速にして 1m。この速度を 1 時間維持するとなるとそう簡単ではない。無目的なぶらぶら歩きの散歩ではその速度は半減する。かつて、筆者（三浦）の教え子で日本全国を歩いて一周した強者がいた。もちろん海峡は船で渡った。大学院卒業後しばらく助手をしていたから、26、27 歳の血気盛んな年頃である。その青年、青森県鰺ヶ沢出身の富田名重君によれば、10kg の荷物を背負って、1 日に 40〜50km 程度を歩く。時間は平均して 8 時間半というから、時速 4〜5km の速さだ。それでも舗装の割れ目から芽を出す雑草や、歩行環境を阻害する道ばたの装置や仕組みに目を向けることができたという。周囲に目配りのできる速さは、やはり歩行速度が限界で、ジョギングでも時速 10km 以上となると周囲の観察精度は、頻度を含めてかなり落ちるという。

　鍛え上げた選手によるマラソンの記録でも時速に直せば 18km 程度だ。カール・ルイスの 100m スプリントですら時速 36km はなかなか出せない。秒速に直すと前者が 5m であるのに対し、後者は 10m である。改めて 42.195km を走るマラソン選手の耐久力に驚くと同時に、人間の瞬発力がいかに小さいかを知らされる。

　人間以外の動物、それも陸上のほ乳類は四つ足で人間よりはるかに速い。もっとも速いといわれるチーターで時速 110km、百獣の王といわれるライオンで 80km 程度である。彼らに捕食されるガゼルやシマウマは時速 70 から 60km 程度という。速い野獣はやはり持久力に欠ける。耐久力と敏捷さにものをいわせ、追いかけっこでうまく逃げおおせたガゼルやシマウマは餌食にならないですむわけである。

　本川達雄氏の名著「ゾウの時間ネズミの時間」[1] によれば、動物の最高速度は体重に比例するそうだ。しかしながら体重 55kg のチーターより大型となると反対に速度は遅くなるという。水の中の動物でも同様で、時速 100km を誇るマグロあたりが最高速度という。本川氏によれば、ほ乳類が通常移動する速度は、最高速度の 3%だそうである。身の安全のために周囲に注意を払い、餌を求めながらの移動速度である。人間ならば時速 1km ぐらいということになる。都会であればウインドウショッピングをし、途中茶店で喉をうるおし、郊外であれば風景を眺め、路傍の草や木に目を移し、家族でおしゃべりをしながら歩けば、人間にもこの説が当てはまりそうである。とにかく人間のパワーは小さいし、移動速度は決して速くない。

　そこで知恵のある人間は家畜をつくり、その力を借りた。遅いけどパワフルなのがウシとその仲間で、パワーと速さをうまく兼ね備えたのがウマであった。耐久力と牽引力増強のために 2 頭立て、4 頭立てとウマの数を増やしもした。西部劇でお馴染みのステージコーチ、駅馬車は 6 頭立てが普通だ。ウマの数を増やしたところでスピードアップにはつながらない。さらに長距離となればウマとて限界がある。そこで、ゆっくり休養したウマと交代させるための「駅＝うまや＝ステージ」が作

られる。人間もひとときの休みを取る。そこに宿場が生まれまち並みを作った。

　わが国でも律令時代の7世紀、大化の改新で唐の制度に習い駅馬、駅伝の制を定めている。以来江戸末期に至るまで1200年の長きにわたり、ウマを使っての早打ちによる公用の旅と、人間の継飛脚による緊急の輸送と通信に使われた制度である。12世紀末、京都・鎌倉間の飛脚に要した時間は7日であったという。1日10時間走ってつないだとして時速8.5kmほど、峠越えをし、谷を越え、川や海を渡った当時の街道の状況を考えるとかなりのスピードだ。江戸時代、江戸・京都間の飛脚は並便で25日を要したが、ウマで繋いだ時付け便では3日に短縮されたという。今日、タスキをリレーし選手交代をして長距離を走破するわが国創始の国際的スポーツ、「エキデン」の原点はここにある。

　それにしても、平安時代以降高位高官の乗り物であった牛車を除いて、わが国には家畜に車を引かせる輸送システムは生まれなかった。徳川吉宗の享保時代には大八車が幅を利かせるようになるが、動力はあくまでも前で引き、後ろで押した人間である。徳川綱吉の「生類憐れみの令」のはるか昔、仏教を背景に8世紀中葉には牛馬の殺生を禁じている。観音さまのおひとり、馬頭観音がウマの守護神として広く信仰を集めたように、また社寺に奉納される絵馬に代表されるようにウマを家族同様、あるいはそれ以上の大切な、そして神聖なものとして扱っていたからに相違ない。

　1870（明治3）年、人力車と乗合馬車が営業を開始するまで、特別な事情を除いて人の移動は、17世紀中葉に始まる諸国大名の参勤交代はもちろんのこと、庶民の旅も、たとえウマに乗っても馬子に手綱をとらせた人間の歩く速度による移動であった。したがって旅すがら周辺の物事がよく見えたに違いない。「土佐日記」をはじめとして「奥の細道」など優れた紀行文学が生まれたのも、人間の移動速度と無縁ではないだろう。動物の移動速度という本能に立ち返って、たまにはゆっくり歩いてみてはどうだろう。きっと今まで見えなかったものが発見できるに違いない。

（4）　速さを競った近代—蒸気機関からエンジンへ

　今や人間は、科学技術の力でとてつもなく早い移動速度を手に入れた。その原点は18世紀末英国におこる産業革命で、ジェームス・ワットによる蒸気機関の発明が引き金になる。もちろんワットの発明以前にも、人馬に代わる動力の発明には、当時既にエネルギー保存の法則を予知していたと思われるレオナルド・ダ・ヴィンチをはじめ、17世紀中葉から多くの哲学者や職人が取り組んできた。当時動力の主たる需要先は炭坑での排水作業であったが、交通機関に利用する発明家もかなりいた。

　まずは1765年フランス人ニコラス・ジョセフ・キュノーの蒸気自動車の発明で

ある。1770 年にはパリで大砲を引く蒸気 3 輪車を作り、勇猛に突進し壁に衝突して壁を壊したものの蒸気 3 輪車は無傷だったという。次いで 1804 年、リチャード・トレビシックの発明による蒸気機関車である。トレビシックも「煙を吐く悪魔」といわれた自動車の発明も成し遂げたが、運転の不自由さと当時の悪路が実用化を阻み、重たいボイラーを支える鉄の軌道を持った鉄道を選ぶ。

巨大な装置を必要とする蒸気機関にとって都合の良いのが船だった。据えつけの場所も広く、重さは船の大きさでカバーでき、何よりも悪路に悩む必要がない。1807 年アメリカ人ロバート・フルトンは実用的な外輪蒸気船の建造に成功し、ニューヨークとアルバニー間に就航させた。蒸気機関で自走する輸送機関が誕生した。

蒸気機関が鉄道として実用に至るのは 1825 年のことで、ジョージ・スチブンソンにより蒸気機関車の改良が行われ、英国のストックトンとダーリング間 21km を走った。時速 16〜19km の速さだったというから、ちょうどマラソン程度のスピードだ。それでも人々はその力強さに驚嘆した。1830 年リバプール・マンチェスター間 45km が開通したときには、早くもフランスやアメリカへと技術が移転されていた。パリに亡命したドイツの詩人ハインリッヒ・ハイネをして鉄道の出現はものの見方も概念も、時間と空間の基本概念すら変えてしまうと驚嘆させた出来事であった。

こうしてローマ時代以来、馬車交通のために営々と築かれてきた舗石道や砕石道は 1 世紀にわたり見捨てられることになり、鉄道狂の時代を迎える。西部開拓が華やかだったこの時代のアメリカでは、道路のマイルストーン（距離標識）や架橋に用いた石材までが鉄道建設資材として流用されることもあった。手動ブレーキのこの時代の鉄道は時速 30km 程度で、馬に乗る悪党の一団が列車を襲う光景は西部劇でお馴染みである。

わが国に鉄道建設の話が持ち込まれるのは 1866（慶応 2）年になってからである。それもフランス領事からだった。負けじとばかり、元祖のイギリスにアメリカも加わって利権の争奪戦があった。3 年後、維新政府自らが建設することとし、イギリス人技師エドモンド・モレルの指導のもと 2 年の歳月をかけ 1872（明治 5）年新橋・横浜間に鉄道が開通した。お雇い外国人から知識を吸収し、技術と技能を自ら身につけたことはまことに賢明な選択であった。こうして欧米から遅れること 40 年、わが国も鉄道狂の時代を迎える。

空気ブレーキが一般化し高速運転が可能となり、特急「つばめ号」が東海道を走ったのは 1929（昭和 4）年のことで、速度は時速 60km ほどだった。この年、東京から九州まで旅客機が飛ぶが、飛行機はごく限られた人の乗り物で、多くの人たちは蒸気機関車の引く列車に乗って、後へ後へと飛んでいく風景を回り灯篭の絵にたとえて楽しんだ。この時代まだまだ貧しかったが、車窓からの風景は美しかったに違いない。

以来、太平洋戦争に敗れた1945年には、自らの技術力を駆使して建設した国鉄の営業延長は2万kmに達する。太平洋戦争で焦土と化した国土の復興が速やかに立ち上げられたのも、全国に敷き詰められた鉄道網と、それを支えた技術・技能者のお陰だった。そして現在、新幹線「のぞみ」は東京・大阪間を2.5時間、博多までを5時間で結んでいる。大阪までの平均時速は220km、大阪・博多間では平均時速250kmに達する。

こうした速度となると、もはや人間の時間・速度の感覚に適合しないのか、ほとんどの乗客は、その多くが仕事での移動だから仕方がないことだが、車窓を流れる風景に目を向けることなく、書物に目を落とすか、睡眠をむさぼる。旅を楽しむ人たちは外の景色には無頓着で、缶ビール片手に友人との談笑に余念がない。

（5） 蒸気機関から内燃機関へ

巨大な蒸気機関から高効率の小型の内燃機関への転換はそう簡単なものではなかった。以下「速さ」への挑戦の様子をE. ディーゼル他著、山田勝哉訳の「エンジンからクルマへ」[2]から簡略に抄録してみよう。

まずは、エチーヌ・ルノワールにより石炭の乾留から取り出したガスを燃料とする大気圧ガスエンジンが実用化される。1860年のことである。都市ガスの利用だから町工場での仕事には役だったが、交通機関としてのエンジンには不向きだった。

石油やアルコールなど液体炭化水素の蒸気が引火爆発することに注目したのが、ケルンの商人ニコラス・オーグスト・オットーであった。キャブレターと電気点火による吸入・圧縮・爆発・排気の4サイクルエンジンの発明者だ。大気圧ガスエンジンとの長い苦闘の末、ガソリンを燃料とするエンジンが完成するのは1885年のことである。オットーのエンジンを用いて自動車製造のパイオニアとなったゴットリープ・ダイムラーも一時期、彼とともに共同経営者としてエンジンの設計制作を手がけていた。

自動車の製作に情熱をたぎらしていたダイムラーはオットーと決別し、1882年、シュツットガルトに自らの会社を立ち上げ、自動二輪車やモーターボートを作りだした。1886年には1.1馬力の自動車を完成させた。マンハイムの路上を走ったその車の外観はまさに馬車であり、「馬なし馬車」と呼ばれるにふさわしいものだった。ヨチヨチ歩きの1号車から8年の歳月を経た1894年、3.5馬力となった自動車の最高速度は時速20kmで、自転車で既に達成された速度であった。

自動車の出力は向上の一途をたどる。1897年に6馬力、翌年には10馬力となり、1899年には23馬力と増大してゆく。ダイムラーの共同経営者エミール・エリネックの娘の名をとった1901年製の「メルセデス」は、今日の自動車の原型をなし、もはや「馬なし馬車」ではなかった。なお、ダンロップによる空気入りタイヤの発

明は 1887 年であるが、当時の写真から判断すると、この「メルセデス」が明らかに空気入りタイヤを装備している。それまでのものは馬車時代のソリッドタイヤのままだ。信頼性の高い空気入りタイヤが完成するまでには、やはり 10 年の歳月が必要だったに違いない。

　ダイムラーの 1 号車が走った頃、社会的使命感と科学技術に夢を馳せた鍛冶屋出身のカール・ベンツは、0.9 馬力の 4 サイクルエンジンを乗せた 3 輪自動車をダイムラー同様マンハイムで走らせていた。巡航速度は時速 16km 程度であった。1893 年になると耐久性、操縦性そして良い乗り心地を備えた 3 馬力の 4 輪車に改造され市販される。「ヴィクトリヤ」と呼ばれたこの車は長距離ドライブすら可能となった。当時の自動車旅行は当然冒険を伴ったであろうが、美しい景色をこれまでにない方法で楽しむドライブという遊びはこの時期に生まれた。エンジン出力は時代とともに大きくなり、3 馬力から 15 馬力まで各種各様の自動車が生産され、19 世紀末までにベンツの作った自動車は 2 千台を超えている。この時代に自動車の大量生産が始まったわけだ。

　ダイムラーとベンツは良きライバルであった。エンジンのみならず自動車全体のデザインを含め、技術開発で競い合い、世界各地で行われるようになった自動車レースで耐久力と速さを競った。エンジン出力は 1906 年に 60 馬力、1908 年には 150 馬力と年々向上し、翌年には「ベンツの光」と命名された 200 馬力が出現した。

　当然速度も上がり、1911 年には時速 228km を記録している。なお 1992 年に開催された伝統の自動車耐久レース「ルマン 24 時間」の記録はプジョーの出した平均時速 199km であり、最高時速は 351km に達している。こうして人類はとてつもなく速い速度を手に入れてきた。

　ドイツが国際連盟に加入した 1926 年、互いに誇りをもって競争し、激戦を繰り返したダイムラーとベンツが合併する。より高い目標を掲げたダイムラー・ベンツ株式会社から生産される自動車は、かつてダイムラーの名を高めた、かの「メルセデス」の名を冠した「メルセデス・ベンツ」となった。

　「メルセデス」が誕生して 1 世紀を経た 1998 年春、ダイムラー・ベンツ社がアメリカのクライスラー社と合併というニュースが世界を駆けめぐった。綻び始めた地球環境の中で迎える 21 世紀に向けて、自動車産業の新たな展開を予感させる出来事だった。ところが、クライスラー部門の北米不振はついに解消されないまま、2007 年 5 月クライスラーの株がアメリカの投資会社に売却され、当初期待された新たな展開は不幸な結末を迎えることとなった。

　化石燃料に限界が見え始めた昨今、地球は温暖化で危機を迎えようとしている。石油の高騰を背景に、バイオエタノール燃料が脚光を浴びる一方で、トヨタ自動車はハイブリッド駆動で世界をリードしている。いずれは水素燃料とバッテリーで走行する自動車が主流となるだろう。いずれにしても移動のためのエネルギーは速度

の二乗に比例するという法則から逃れることはできない。まずはゆっくり社会の形成が地球を救う早道ではなかろうか。

2.2 環境に配慮した輸送手段としての評価

（1） 舟運による輸送動向
（a） ヨーロッパにおける輸送の動向

ヨーロッパでは、河川舟運（欧米等では内陸水路：inland waterway）による輸送が拡大している。レクリエーション等の観光需要も高いが、一段と高くなっているのが河川や運河を利用した物流である。物流品目としては農業産品、食料品、石炭等の固形燃料、石油製品、鉱物資源、金属製品、廃棄物、原油や建設資材、肥料、化学製品、機械製品と 10 に分類され、それぞれに合った舟運が行われている。これらは、自国国内だけでなく、ライン川等の国際河川を経由してヨーロッパ域内における輸送を担っている。

2001 年の EU 加盟 15 カ国全体における国内物流に、舟運の占めるシェアは 1.1%であり、ほとんどの国内物流は道路（94.3%）に依存している。しかし、輸送品目の分類内訳に着目すると、原油や化学薬品、鉱物資源等の危険物等を多く輸送している（図 2.1)[3]。一方、EU 加盟 15 カ国間の国際物流では舟運のシェアは 26%であり、機械や肥料および食料品等が輸送されている（図 2.2)[3]。固形燃料、石油製品、鉱物および金属廃棄物、原油および精製鉱物、建設材料、肥料などの輸送量が占める割合が高く、ロットの大きいもの、危険性の高いものが舟運によって輸送されていることが分かる。

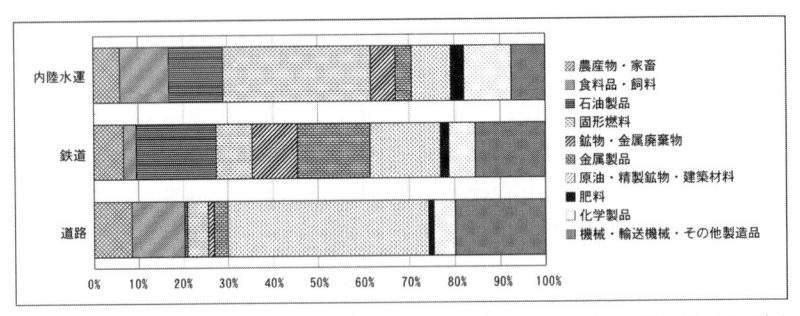

図2.1　EU加盟15カ国におけるNST/Rチャプターごとのモード別国内輸送量（2001年）
［単位：1,000t］
（出典：Panorama of transport-Statistical overview of transport in the European Union Part 2-Date 1970-2001, Eurostat, European Commission より作成）

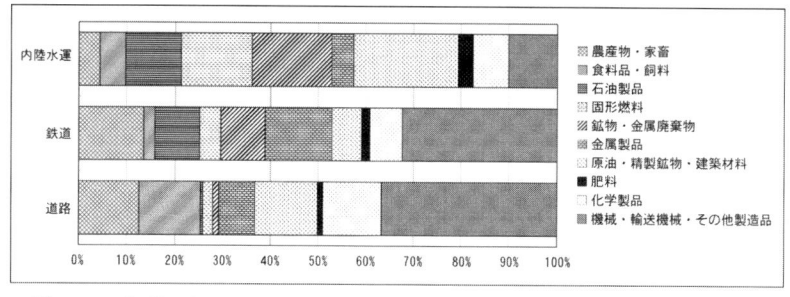

第2章　河川、運河舟運の再評価と新たな展開　71

図2.2　EU加盟15カ国におけるNST/Rチャプターごとのモード別国際輸送量（2001年）
[単位：1,000t]
（出典：Panorama of transport-Statistical overview of transport in the European Union Part 2-Date 1970-2001, Eurostat, European Commission より作成）

　国別に見ると、輸送品目のシェアに違いがある。国内輸送では、オーストリアやベルギー、ドイツが石油製品、原油および精製鉱物、建設材料の割合が高い。チェコ共和国では原油および精製鉱物、建設材料が94％を占め、フランスやオランダにおいてもその割合は高い（図 2.3)[4]。国際輸送では、ハンガリーとチェコ共和国では農産物および家畜のシェアが高く、ルクセンブルクでは石油製品、原油および精製鉱物、建設材料の輸送量が全体のほぼ2/3を占める（図 2.4)[4]。国内で生産・産出される資源を貿易産品として有効利用し、エネルギー資源に乏しい国ではエネルギーを有する国からエネルギー資源を得ている、また、中東欧のような発展途上国では農業産品が貿易品となっている。

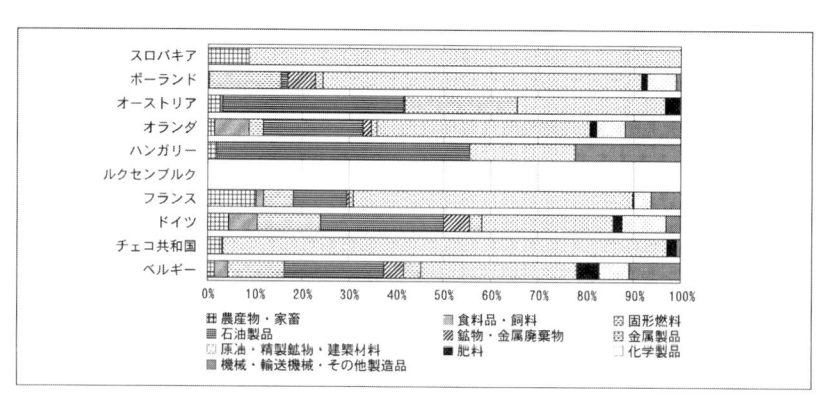

図2.3　EU加盟10カ国のNST/Rチャプターごとの舟運国内輸送量（2005年）
[単位：1,000t]
（出典：Statistics in focus-Inland Waterways Freight Transport in Europe in 2005, Eurostat, European Commission より作成）

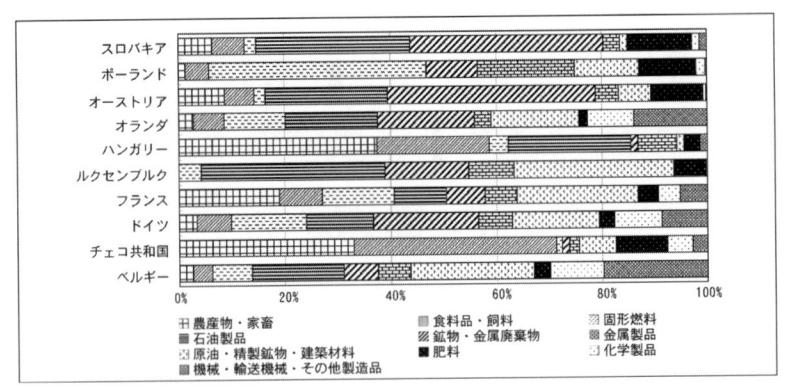

図2.4　EU加盟10カ国のNST/Rチャプターごとの舟運国際輸送量（2005年）
[単位：1,000t]
(出典：Statistics in focus-Inland Waterways Freight Transport in Europe in 2005, Eurostat, European Commission より作成)

(b) 中国における輸送の動向

　中国における陸上交通のインフラ整備は、今後ますます発展していくことが予想される。現状では大都市周辺のインフラ整備に重点がおかれているが、国土が広いために物資の輸送には、大量輸送を可能とする沿岸航路も含めた舟運の占める割合が大きい。中国政府の統計で2000年の中国全土での取扱い貨物量は、1999年に比べ7.1%増の4兆3,359億トンキロである。交通機関別では沿岸航路を含めた舟運が約50%を占めている。旅客輸送量は1999年に比べ7.9%増の1兆2,188億人キロであるが、沿岸航路を含めた舟運の輸送量は1%程度である。

　2006年の貨物輸送の合計は8.4%増の8兆6,921億トンキロ、重量ベースで8.9%増の202.5億tであった。そのうち、沿岸航路も含めた舟運は5兆3,907億トンキロ、重量ベースでは24.4億tの輸送量であった。

　2000年から2006年の間でも各交通機関ともに取扱い貨物が増えており、沿岸航路も含めた舟運の占める割合は60%弱と増加している。これらは中国の経済分野における発展に舟運の需要が高いこと、特に河川舟運では長江流域でのシェアが80%を占め、長江流域に大規模な工業・経済都市が内陸部に至るまで集中し、それらの都市の発展によるものである。

　輸送される物資も鋼材等の鉄製品や原油、農業産品等が多くを占めている。2006年には長江流域の取扱い貨物量が9億9,000万tとなり、ミシシッピ川を抜いて世界一となった。

(c) 日本における輸送の動向

　国内では可航距離が長い河川が少ないことや、戦後、特に高度経済成長期以降、高速道路主体の物流へと転換したため、舟運による貨物輸送は荒川や隅田川等のごくわずかである。レクリエーション等の観光舟運は各地域で行われており、復活の

兆しの見える地域も多い。

物流としての発展ができない理由は、消防法等の規制による新規の施設整備ができないこと等の要因から、成長より衰退の傾向にある。また、沿岸を輸送する内航海運も制度上や経済的な問題から近代化が進まないことや、就業者の高齢化等の要因によって年々減少傾向にある。

荒川や隅田川では、東京湾岸の港湾施設から輸送される石油製品や鋼材がほとんどである。隅田川や神田川では一部不燃物のゴミ輸送が行われている。

これらは気象条件に左右される舟運を荷主が嫌うこと、現行各種制度上の問題、河川沿いに規模の大きい工業地帯やターミナルとなる拠点がほぼ皆無であること等の理由が挙げられる。

(2) 持続可能な発展と地域経済
(a) 舟運政策

世界の河川と運河の舟運は、地球温暖化の軽減に資する持続可能な交通機関として注目されている。アメリカやアジア、ヨーロッパ等で、各地域に適合した取り組みが行われており、特に環境負荷軽減等の環境全体の負荷対策として、先進的に取り組んでいるのが欧州である。

ヨーロッパでは、2001年9月に白書「2010年に向けての欧州運輸政策：決断のとき」において、「マルコ・ポーロ」プログラムの名の下、実行されるプロジェクトの概要を規定した。また、交通政策として輸送モード間のバランスの是正、ボトルネックの解消、利用者中心の運輸政策、交通のグローバル化への対応を図ることとしている。

2002年には、交通量の増加に伴う道路混雑や地球環境への負荷の増大への対応として、ヨーロッパ各国は、道路や鉄道のみでなく舟運にも目を向けるべきであるとの結論を打ち出した（**表 2.1**）[5]。舟運の発展を妨げる障壁の除去、舟運ネットワークの質の向上、事業参画への規制緩和による市場の自由化、ライン川やドナウ川など国際河川の交通に関する規制の調整が明確化された。

表2.1　1,000トンキロ当たりの交通手段別コスト（出典：2002年マルコ・ポーロ資料より）

コスト要因	道路	鉄道	内陸水運	外洋航路
事故	5.44	1.46	0	0
騒音	2.138	3.45	0	0
汚染	7.85	3.8	3	2
気候	0.79	0.5	無視できる	無視できる
インフラ	2.45	2.9	1	1以下
混雑	5.45	0.235	無視できる	無視できる
全体	24.118	12.345	最大5	最大4
道路に対する収益		11.8	19	20
道路に対する1ユーロ当たりの輸送量		85tkm	52tkm	50tkm

2006年には、「舟運促進プログラム（通称 NAIADES ; Navigation and Inland Waterway Action and Development in Europe）」において、エネルギーの集約を軽減し、より環境に配慮した安全な貨物輸送体系の構築という目標を達成することとした。エネルギー負荷の緩和に尽力してきた舟運の市場潜在能力を十分に引き出し、魅力的なシステムとして活用するには、具体的な行動が必要である。そのため、舟運が国境を越える形態が多いことから、国内レベルおよびEUの共同体レベルでの行動をこのプログラムでは求めている[6]。

(b) 市場自由経済としての交通

海外貿易の増加と中東欧へのEU拡大の結果として、ヨーロッパ内の貨物輸送の取扱量は2015年までに30％以上の増加が見込まれている。道路交通に依存した場合、道路渋滞と大気汚染は深刻化し、貨物輸送のコストは2010年までに倍増し、それはヨーロッパ全体の年間GDPの1％になると予測されている。

鉄道輸送・海運と内陸の舟運を組み合わせれば、貨物輸送の持続可能性に寄与する。舟運の市場自由化の枠組みの中で、EUでは舟運の競争力を強め、推進していくことを目指している。過去20年の間に、舟運は海運コンテナの内陸輸送という新市場への参入に成功し、年間成長率2桁台を達成している。この内陸一般貨物輸送や短距離貨物輸送への市場拡大は、現代的な要求を満たすことのできる新たな物流システムの可能性を開くものとなっている。

舟運の拡大は、大幅な貨物輸送コストの削減につながる。低コストの舟運は、ヨーロッパの産業に重要な役割を果たすとともに、産業関連の雇用にも大きく貢献する。ドイツでは40万人の労働者が舟運関連の部門や会社に所属している。また、他の輸送形態よりも安全性が高く、欧州で舟運の割合が最も高いオランダでも舟運事故による年間死亡者数はゼロである。

舟運は環境にもやさしく、燃料をはじめとする外部費用は1,000トンキロに対して10ユーロである（道路輸送は35ユーロ、鉄道輸送は15ユーロ）。また、舟運から道路輸送に切り替えた場合、ヨーロッパにおける二酸化炭素排出量は少なくとも10％は増加すると考えられる。

(c) 新たな舟運の役割―危険物と廃棄物輸送

舟運は、コンテナやばら積みによる一般貨物や燃料および化学薬品の輸送によって発展してきた。ヨーロッパでは、「内陸水路危険物輸送に関するヨーロッパ協定（AND ; 1976年初版）」が、危険物の舟運に関する域内の共通規定を定めている。また、ライン川水運中央委員会などの国際機関や、各国が具体的な法制度や規程を定めている。さらに、2006年には「舟運促進プログラム」において、安全面から化学品や燃料などの危険物輸送に適していることを明確にしているが、産業界や輸送業者に対してこの利点が周知されていないことから、新たな市場開拓の可能性があることも示している。

舟運による危険物輸送は、沿川に都市や集落が多いことから、事故の発生に対する影響は大きく、海上輸送とは違ったリスク管理が必要になる。また、貨物輸送量の増加は、事故発生の可能性や想定される被害も増加させる。そのため、舟運による危険物輸送の多い欧米諸国では、リスク管理対策や研究が進められており、その対策が講じられている。

ヨーロッパでは、船舶の安全対策として、船体の二重構造化による危険物質の漏出防止や、爆発性あるいは可燃性物質の引火を防止する装置の設置がなされている。また、内陸水路航行のための交通および輸送管理情報サービスについて、交通情報サービスは危険物を積載した船舶の航行情報を提供し、航行情報はデータベースに格納されるため、事故の際に航行情報を再現して、対策や原因究明にも活用可能である。

法制度や規程による規制については、リスク低減対策として、国際機関の規程、各国の規制によって、危険物積載および積み下ろしの手順、船舶の規格、表示義務、許可申請・承認手順、検査体制、事故時の対応などの詳細が決められている。

このようなリスク管理を予防措置として行うことにより、舟運を交通体系に組み込み、安全な輸送機関として活用することができ、事故等のリスクに対して対処することを可能とするとしている。

(d) 危険物・廃棄物輸送の実施事例

ヨーロッパ各国は、危険物や廃棄物輸送に際して、各国の事情に応じた取り組みが行われている（**表 2.2**）。フランスのベチェーン近郊の運河では、フランス国内で2007年7月1日からの屋外投棄場が廃止されることに伴い、ゴミの処理・回収が義務付けられることを受け、新しい処分場への運搬を船舶よって行おうとする事業が進められている。

表 2.2　各国の取り組み状況

国	概　　要
イギリス	英国の廃棄物リサイクル・処理大手の Cory Environmental は、廃棄物輸送を陸上トラック輸送からテムズ川を利用した内陸水運への転換を進めている。これにより、1日400台（年間延べ100,000台）のトラック輸送を減らし、燃料の節約、道路渋滞の解消、排気ガスおよび振動の低減に貢献している。2005年3月には、Wandworth に 84,000t の処理能力を有する最新のリサイクル設備を開設した。 テムズ川沿い West London には、Powerday 社により年 160 万 t の処理能力を有する廃棄物リサイクル施設を建設、廃棄物の 88%を処理する予定である。これにより、100,000 台のローリーによる輸送をわずか 25 隻のバージ輸送への転換が可能となる。さらに、河川沿いに数十箇所の中継ポイントを開設することにより、建設資材など急を要しない物質の陸上輸送から、内陸水運を利用した輸送への転換を進める予定である。
オランダ	Rozenburg の焼却施設から一般廃棄物を輸送するために、内陸水運を利用した船舶が Delft からは毎日、Denhaag からはコンテナ船が週3便就航している。Rotterdam 港では産業廃棄物の輸送に内陸水運を利用しており、25km 離れた Dordrecht までコンテナ船が毎日就航している。 Flevoland 州および Zaanstad 周辺域からは、北アムステルダムの Alkmaar 廃棄物処理場までの廃棄物輸送に内陸水運を利用している。2001 年には同処理場の隣接地に港湾設備が完成したことにより、陸上から水上輸送に 140,000 トンが切り替えられた。週2、3回の水上輸送によって、1年当たり 11,000 個の廃棄物コンテナあるいは 5,500 台のトラック輸送量に相当する量が陸上輸送から転換された。 オランダの密な水路網は廃棄物輸送に適しており、陸上輸送から水上輸送への転換が、一般廃棄物処理場に近い水路港湾すべてにおいて検討されるならば、将来的に輸送量の大きな成長の可能性がある。

スイス	Rhenus Alpina グループは、ライン川バーゼル港の自社港湾を有し、同施設には年 50,000 トンの中古ガラスがトラックや列車より運び込まれている。ここで仕分けされた中古ガラスは、内陸水運によって Rhenus 再処理工場に Just-in-Time スケジュールで運び込まれ、リサイクルされる。この水運によって 2,000 台ものトラック輸送が水上輸送に転換された。
フランス	1999 年以来、交通渋滞に悩んできたリール市は、一般廃棄物の焼却設備への輸送を陸上から水上輸送に転換してきた。4 年間で 300,000 トンの廃棄物を 5,500 個のコンテナを利用して、定期船で輸送された。リール市では、さらに天然資源保護のために、一般廃棄物、産業廃棄物のリサイクルと価値の回復を検討している。2003 年夏にはガラス輸送のための定期船が就航して、廃棄物選別場からバージにより再処理工場に輸送され、陸上輸送の削減に貢献している。今後は、古紙、木材、電化製品まで対象を広げる予定である。 パリ港では古紙の内陸水運を利用した輸送を行っている。古紙は水路沿いの再生工場に輸送されてボール紙になる。これらは、さらに水運によって Le Havre や Antwerp に運ばれ、アジアに輸出される。パリは 70 箇所の港湾設備を有することから、水路周辺の一般および産業廃棄物の収集、水上輸送に理想的である。年 175,000 トンの焼却一般廃棄物が硬質レンガとして再生するために、また 55,000 トンの一般および産業廃棄物がリサイクルのために水上輸送されている。
ベルギー	マース (Meuse) 川に面する Liège では、より持続可能な廃棄物管理のために、50,000 トンの一般廃棄物が内陸水運で処理場に運ばれ、5,000 台のトラック輸送が転換された。同じくマース川に面する Namur 市においても、家庭廃棄物を、コンテナを利用して Liège 下流側の焼却設備へ内陸水運により輸送する計画を検討中である。 ブリュッセル港では、周辺域より 120,000 トンもの廃棄物の焼却により生成された硬質レンガがオランダに水運輸送するために集積しているが、家庭廃棄物のコンテナ輸送や建設がれきの内陸水運を利用した輸送を促進する協議が進められている。
ルーマニア	Genr der V th Reederei und Hafenbetriebe 社はライン・マイン・ドナウ川から黒海沿岸域にかけて、粉末状で陸上輸送が困難な飛灰 (フライアッシュ) 専用の輸送船を就航させている。また、Schaufler 社は、内陸水運を利用したくず鉄輸送を行っている。

リール市のゴミを処理するためのゴミ専用の船着場が整備され、ゴミ専用のコンテナで毎日リール市内より船舶で運ばれている（**写真 2.1**）。このゴミ処理方式は、リール市が 1 日に排出するゴミ 1,300t のうち、300t に対応できるものとなっている。コンテナは 10t 型のものを用い、1 隻に 6 個のコンテナで、5 隻の船舶で輸送することとなっている。また、船着場付近のゴミ処分場は、30 年間のゴミが処分できる処分場であり、50cm の防水の防水を施し、ゴミを 5cm、覆土 5cm で順次繰り返し埋め立てられている。ただし、このゴミは分別処理されておらず、今後の課題となっている。

写真2.1　リール近郊のゴミ専用の船着場とヤード

(e) **水資源の確保**

ヨーロッパの降水量は、総じてわが国のようなアジアモンスーン地帯と比べて少なく、水源となるのはアルプス山脈等の雪解け水や氷河からの水である。

運河を維持するためには、水が必要である。水の確保は重要な運河の仕事である。運河は勾配がない河川、あるいはプールである。山地や台地の上流から下流に向けて連続した閘門がある運河では上から下に水が流れていくだけである。その水の確

保は、貯水池、ポンプによる地下水の汲み上げや河川からの導水によって補給している。地下水や河川からの導水ができないような地域では、閘門開閉に伴う水の損失を補うために、下流側にポンプを設置して水を上流に汲み上げて運河の水を確保している（**写真 2.2**）。水は人工的に生産することが難しい自然物である。そのため、物流の大型化や運河の規模が大きくなるにつれ、限られた水資源を有効に活用していくことが不可欠であり、その水の確保が一段と求められている。

写真2.2　閘門下流のポンプ施設

（3）　欧米における環境負荷軽減対策

　舟運が他の交通機関よりも環境への負荷が低いことを述べた。しかし、アメリカやEUでは、より厳しい環境負荷軽減に向けて、二酸化炭素の削減だけではなく、舟運に関わる環境面の取り組みによって、国際的な環境対策をリードしようとしている。その多くの取り組みは、大気汚染対策、廃船リサイクル、船舶規制、環境投資等である[5]～[8]。

(a)　環境政策

　ヨーロッパ内の運河を通航するバージ船や貨物船のうち、古い船舶の多くは、ヨーロッパの厳しい基準に適合しないものがほとんどである。資本のある大手の海運会社では自力で現在の環境基準に適合した船舶の建造は可能である。しかし、資本のない中小零細の船会社では新しい船の建造は困難である。ドイツでは、2010年から、船舶に対して適用される新しいEU基準値を満たすこともできる船の建造を促進するため、「環境負荷削減のための投資プログラム」による融資を行っている。EU基準値を満足する船は、大気だけでなく河川や運河の水質にも大きく寄与するとともに、生態系への影響も軽減されるものとなる。

　また、ドイツでは、環境ラベル「ブルーエンジェル」を船舶にも適用している。ブルーエンジェルとは、環境保全や消費者保護等を対象としたエコマークである。厳しい認証基準を経て船舶にもエコマークが付けられることは、環境にやさしい乗り物であることを証明する。このような制度が日本にも取り入れられることによって、交通機関としての舟運に対する人々の見方も変わってくるであろう。

(b)　大気汚染対策

　アメリカではプレジャーボートによるレクリエーション利用が多い。EPA（アメリカ環境庁：US Environment al Protection Agency）は、2030年までに炭化水素やNOx排出量を70％、COを20％、燃料揮発量を70％削減する排出基準を2009年より強化することにした。

物流に使用されるバージ船等はディーゼルエンジンであるが、これらについても同様に浮遊粒子状物質（SPM）は 90％、NOx は 80％減少させるものとして排出基準を強化している。国家としては京都議定書を批准していないものの、個別には地球環境に負荷を与えない努力が続けられている。

また、EU でも物流に使用される船舶はディーゼルエンジンを動力としており、アメリカと同様に排出基準を強化している。これらの排気ガス対策では、エンジンを動かす燃料にも厳しい基準が EU では設定されて始めている。エタノールを含めた高バイオ燃料の使用、ディーゼルエンジンから排出される硫黄分については 2009 年以降現在の 1/5 まで削減することとなっている。

(c) 廃船リサイクルと規制強化の取り組み

環境に配慮し、安全な船舶リサイクルを目指して法的拘束力のあるルール作りが国際交渉の場で進められている。イギリスでは、自国の船舶が途上国等で安全基準や環境基準に則って、リサイクルされる場合の基準を策定した。欧州委員会では、EU 加盟国内での船籍の移籍を容易にするとともに、船舶の安全性と環境保護の確保を狙った規制強化策を打ち出している。

日本の場合、不要となった船舶はリサイクルよりは廃棄物処理の方が多い。リサイクルというよりは中古の転売である。係留施設があって適正な中古転売であれば良いが、不法係留の温床ともなっている場合も少なくない。廃棄物の処理費用も自費負担で高価であるため、不法係留を助長する要因となっている。

今後はリサイクル可能な素材での船舶の建造や、管理のしやすさ等が日本でも求められるとともに、船舶所有者の責務を明確にしたルールが必要となるであろう。

(d) 環境投資

ヨーロッパでは、様々な場面で環境を重視した保全・整備が行われている。イギリスでは、イングランドおよびウェールズにおける BWW（ブリティッシュ・ウォーター・ウェイ）の事業に対し政府から一定の助成が行われている。イギリス政府は、環境やエネルギー面からも舟運の復興を推進しており、2001 年には運河の持続可能な開発を推奨する「明日の水路（Waterways for Tomorrow）」政策を発表している。政府は、舟運と運河の可能性を拡大するとともに、運河固有の生物の多様性を保全・強化することを目指している（**写真 2.3**）。

また、運河だけでなく、運河沿岸周辺の環境投資も積極的に行っている。その代表的なものがコミュニティフォレスト事業である。これは運河沿いの地域に森や農地等の混在した自然の田園風景を創出する計画である。テムズ運河等の各地で地域住民のボランティア

写真2.3　自然の生態系に配慮したイギリスの運河

等によって行われている。

河川と運河における舟運を考えたとき、これまでは物資輸送やレクリエーション利用、水際の都市環境に目を奪われがちであったが、運河は数百年も経てば、人工物であっても地域の自然遺産ともなっていく。今は投資に対する意識を変えていく時代になってきている。

(e) **廃棄物の越境輸送の監視・罰則を強化**

廃棄物の問題は世界共通である。ドイツでは、廃棄物の越境輸送に関する規制を強化するため、廃棄物輸送法を改正した。廃棄物の違法輸出に対する罰金が引き上げられ、重大な違反には10万ユーロの罰金が科される。監視に関する権限がより明確に規定されている。具体的には、廃棄物輸送の監視は州の担当であるが、施設、企業および廃棄物輸送（陸上・河川・運河）による輸送について監視することが義務付けられた。船舶による輸送も含め、管理型の廃棄物輸送を確立し、廃棄物による環境悪化を防ぐことを目的としている。

(f) **適正な運河建設への是非**

ドナウ川と黒海を結ぶバイストロイ（Bystroye）運河は、ドナウ・デルタの中の世界遺産地区を通る。ラムサール条約の登録湿地でもあったことから、欧州委員会ではこの運河内の一部通航に際して反対の意見が出された。運河建設のための環境影響評価が行われていなかったため、公開による協議や包括的な環境アセスメントが終了するまで、工事を保留するようウクライナ政府に求めていたが、現在は工事が再開されている。

ライン・マイン・ドナウ運河等でも、生態系への影響を軽減しようと、運河と共生していくための様々なきめ細かな調査・研究を行い、その影響が少ないと確認、あるいは軽減措置等を講じた後に運河が建設されている（図2.5）。

アメリカも同様に河川・運河の建設等に際して、生態系等への影響を少なくし、十分な議論を尽くした後に、アメリカ陸軍工兵隊等によって建設されている。運河建設に際しては、このような環境アセスメントの実施、ミティゲーションによる改変による影響の代償補償等を十分にするなど、自然環境との調和を必要不可欠としている。

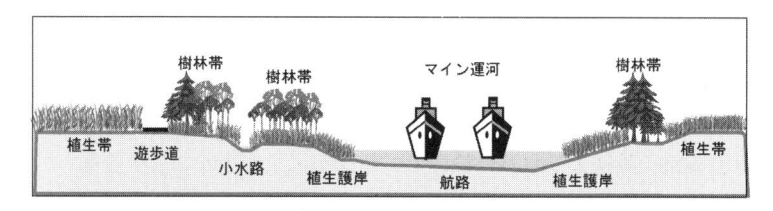

図2.5　生態系に配慮した運河断面（ドイツ、ライン・マイン・ドナウ）
（出典：Der Main Ausbau der Fahrrinne von Aschaffenburg bis Wurzburg, Wasser- und Schiffahrtsverwaltung des Bundes, Wasserstrassen-Neubauamt Aschaffenburg 1997 より作図）

(g) 国際協調

国際舟運については、通行協定や外交上の問題があり、効率的な交通を促進するため、国際的な規制の撤廃など、国際機関が共同で解決に向けた動きを行っている。

国際交通行政分野では、IMO（国際海事機関）や ICAO（国際民間航空機関）を中心とした国際機関により国際的な規制づくりが実施されている。PIANC（国際航路協会）は国際航行基準を制定している。また、メコン河委員会は、スムーズな国際航行が可能となるような制度の枠組みの構築に取り組んでいる。さらに、UN-ESCAP では、2000 年 4 月に持続可能な開発に関する決議を採択している。

ライン川では、あらゆる国籍の船、あらゆる種類の貨物が、自由に航行しているが、これは 1853 年にできたマンハイム条約で与えられた特権である。すなわち、ナポレオンがライン川の無差別、自由航行を提唱してから、より多くの議論がなされ、この国際条約ができるまで半世紀の年月を要している。EU では、オーストリア、ベルギー、オランダ、ルクセンブルク、ドイツ、フランスの 6 カ国において、1979 年に改訂されたマンハイム条約に基づき、ライン川の利用条件を規定している。

2.3　輸送手段別の環境負荷の比較

(1)　環境にやさしい交通
(a)　摩擦抵抗との闘い

人や荷物を移動させるエネルギーは、摩擦抵抗を無視すれば、その質量と速度の二乗の積に比例する。したがって、一定重量の荷を 2 倍の速度で運べば 4 倍のエネルギーが必要になる。逆に半分の速度で運べば、エネルギーは 1/4 で済むことになる。速度は距離を時間で割ったものだから、一定距離を移動させるには時間をかけるほどエネルギーは小さくなるという理屈になる。

ここで問題となるのが摩擦抵抗である。太古、巨石を運んだ修羅や「そり」、そして「ころ」の利用を経て、フェニキヤ人の発明とされる「車輪」が登場する。その後も車輪の軸受けや大地と接する車輪部の改良など、すべて摩擦との戦いであった。摩擦がなければよいというわけにもいかない。氷の上の自動車は簡単に発進できないし、走り始めたら制動がままならない。雪上の歩行に慣れない暖地の人は、わずかな積雪で転倒し少なからず怪我をする。つまり、ほどほどの摩擦抵抗がなければ人すら移動できない。

先人は、陸路の輸送より水路の輸送の方が摩擦抵抗が少ないことを知っていた。「そり」などの滑り摩擦や「ころ」などの転がり摩擦より、舟と水との粘性摩擦が小さく、重たく大量の荷を小さな力でゆっくりと遠方に移動させた。水の流れや帆を立てて小さな風の力をも利用した。人々は内陸部に至るまで水路を開き、馬や人の

力を借りて舟を引き、重たい荷物を移動させた。したがって、古い運河の脇には必ずといってよいほど小径がある。東京にも地名として残る曳舟は、まさしく曳舟川（今の曳舟通り）の船を人手で曳いた所だ。

(b) **地球温暖化の元凶―二酸化炭素の低減に役立つ舟運**

　自然任せの風や、人手、家畜に頼った力は内燃機関による動力に置き換わった。大きな力を得たエンジンは空気入りタイヤを駆動させ陸路を疾走させた。戸口から戸口へと高速で移動する自動車は魅力的であり、舟運はもちろん鉄道をも駆逐して、輸送機関の主流を占めた。トラック輸送の場合、1tの貨物を1km運ぶのに消費されるエネルギーは、1,102kcalと見積もられている。その時に排出される二酸化炭素と窒素酸化物の量は、それぞれ48.3gと1.06gである。一方船舶輸送の場合、1tの貨物を1km運ぶのに消費するエネルギーは、123 kcalで、トラックの約1割と少ない。したがって、二酸化炭素と窒素酸化物の排出量も少なく、それぞれ9.7gおよび0.67gであり、トラックの2割および6割に低減する。まさしく自然にやさしい輸送方法である。

　2007年に「気候変動に関する政府間パネル」（IPCC）は、地球温暖化の原因が二酸化炭素であるという確率は90％であると報告した。わが国で排出する二酸化炭素の総量は、年間約11〜12億tで推移している。国民一人当たり約10tという巨大な量だ。その2割が交通運輸部門である。交通運輸部門の中での主役は自動車で、88％を占め、以下内航海運の6％、鉄道、航空がそれぞれ3％という割合だ。つまり約2億tの二酸化炭素が自動車から排出されていることになる。さらにその内訳を見ると、その約4割が貨物で、6割は自家用乗用車やバス、タクシーなど人の移動で排出されている。自動車の大量生産を考え出したアメリカでさえ、脱自動車社会の構築を唱えるピーター・カルソープのような都市計画家が注目されるのも頷けよう。

　では、どのくらいの物と人が移動しているのだろう。不景気だった1998（平成10）年で63億9,790万tの貨物と840億7,000万人の旅客が輸送された。物なり人なりがどのくらいの距離を移動したかも重要な指標で、移動距離との積、つまりトンキロおよび人キロなる単位で示される。これで見ると貨物が5,515億5,000万トンキロ、旅客は1兆4,243億4,000万人キロとなる。つまり、荷物は平均86.2km、人は平均約17km移動したことになる。

(c) **運河の経済性**

　地球規模での環境が議論され始めて久しいが、河川や運河が如何に環境に優しく経済的であるか、アメリカ環境庁の例とEUの例を示してみよう。表2.3は、アメリカ環境庁が輸送手段別に1tの貨物を1km運ぶときに排出される汚染物質の量を調べたものである。舟運とトラック輸送を比較すると、炭化水素で1/6、一酸化炭素で1/9、光化学スモッグの元凶とされる窒素酸化物では、1/19となり、いかに舟運が環境にやさしいか理解できよう。

表 2.3 運輸モード別汚染物質排出量 ［単位：kg/t・km］（アメリカ環境庁）

	トラック	鉄道	舟運
炭化水素	0.18	0.11	0.03
一酸化炭素	0.54	0.18	0.06
窒素酸化物	2.88	0.52	0.15

　先に示した**表 2.1** は、EU12 カ国について輸送手段別に占める大気汚染等の社会的費用を比較したものである。ここでも舟運と道路輸送を比較してみると、大気汚染はトラックの 38％である。運輸にかかる社会的コストは EU12 カ国平均で 20％程度である。こうしたことから舟運の見直しが世界的に進められている。

(2) モーダルシフトの世界的な潮流
(a) モーダルシフトとは
　モーダルシフトとは、大辞林によると、輸送方式を転換すること。環境を保全し、また労働力不足を補うために、トラックから鉄道・船舶など大量一括型の方式への移行をいう、としている。
　わが国では、1997 年閣議決定された「総合物流政策大綱」において、地域間物流について「内航海運、鉄道およびトラックといった多様な輸送モードが自由に選択可能で、これによりモードの特性に応じて適切な役割分担がなされる交通体系の構築を目指して、マルチモーダル施策を推進する」こととされた（**図 2.6**）。このことにより、「環境面ではエネルギー消費量の増加が抑制されるとともに環境負荷の削減が図られる」とされている。また、同大綱の中で「都市内物流を効率化するため、それぞれの輸送機関の特性に応じて、鉄道貨物輸送による廃棄物輸送や国際物流の端末輸送等への活用等とともに、舟運の再構築を検討する」とされている。
　欧米では、このようなことは舟運が交通機関として活用されていたことから当たり前のことであった。EU では、先に述べたように京都議定書より一段と厳しい温室効果ガスの削減目標を打ち出している。2001 年策定の「ヨーロッパ交通白書」では、2010 年を目標として持続可能な社会に向けて環境に配慮したバランスのとれた交通体系への転換が提唱された。危険を伴い混雑する道路や鉄道を補う手段として、エネルギー効率の良い舟運に着目し、舟運路のネットワークの拡充や高規格化、市場の拡大、サービスの向上等の整備により、他輸送手段との連携推進などによる利用拡充が提唱されている。
　このモーダルシフトの概念がクローズアップされてきた理由は、このままの交通形態の継続が、大気汚染や危険物輸送による大規模事故等の発生、地球温暖化という世界規模の問題を大きくすると考えられているからにほかならない。

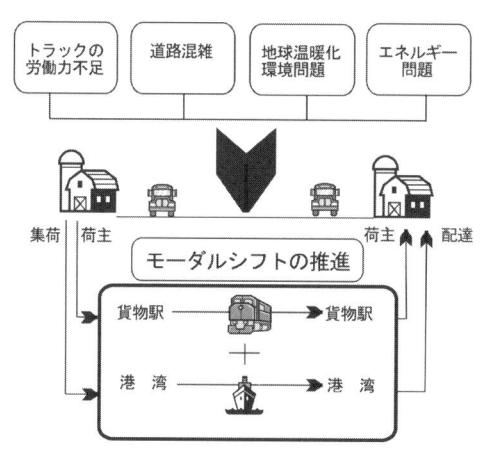

図2.6　モーダルシフトの概念（国土交通省資料より作図）

(b) 舟運への転換

　ヨーロッパでは、舟運がすでに貨物輸送全体の40%を占めている地域もある。ヨーロッパの今日の舟運は、12,500隻もの大型船で構成され、その積載能力はトラック44万台に匹敵する。また舟運は、コストや安全性および環境汚染の面でも道路よりも優れており、大容量の輸送が可能である。EU全体の舟運は、貨物輸送の6%程度にとどまっているが、米国ではミシシッピ川だけでも米国全体の貨物輸送の12%のシェアを占めている。

　物流における舟運の割合は、アメリカ13.5%、フランス3.7%、ドイツ13.2%、中国62.75%に対し、日本38.7%である（図2.7）。中国を除けば日本の物流部門における舟運の割合は比較的高いが、そのほとんどは内航海運であり、河川や運河での物流量は非常に小さい。

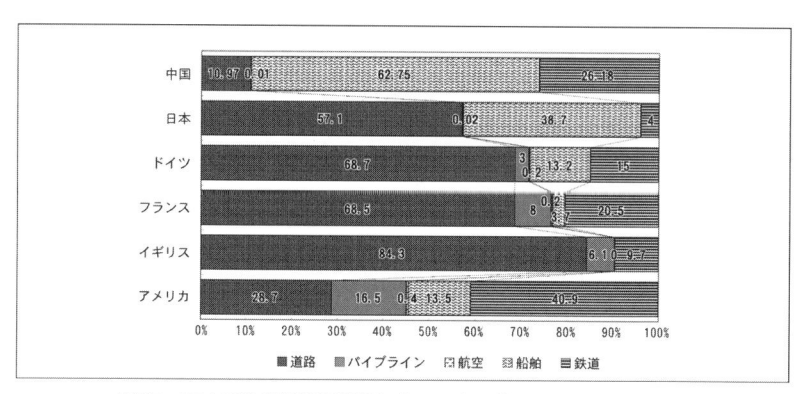

図2.7　国内貨物輸送機関別分担率の国際比較（トンキロベース）
（国土交通省海外統計15年度版等より作図）

EU（加盟25カ国中15カ国）における舟運の輸送量は、1970年から2000年までの30年間において増加傾向にあるが、鉄道や道路も同様に増加している。輸送量は増加している舟運であるが、シェアでは低下傾向にある。この要因として、舟運が輸送する貨物の性質が危険物や原材料、一次製品がほとんどであることや、他の輸送機関もインフラの整備や効率化を図り、競争力を高めていることが挙げられる。

2000年のEU加盟15カ国の統計では、舟運による輸送量はオランダ42.7％、ベルギーおよびドイツの13.1％、ルクセンブルクの9.1％、オーストリアの5.6％、フランスの2.1％となっている。また、1997年から2004年の間では、ベルギーでは50％、フランスでは35％増加している。オランダ、ベルギー、ドイツ、フランスのような内陸の運河網が整備され、環境問題に関心の高い地域や、地形上舟運に依存せざるを得ない地域では舟運への転換等が図られつつある。

わが国では、長距離雑貨輸送における海運・鉄道の比率を現在の40％から2010年に約50％に向上させることを目標としている。モーダルシフトを図るため、道路から鉄道や内航海運への転換に向けた社会実験による啓発や、民間企業での道路から鉄道への輸送の切り替え等が行われているが、転換への歩みは遅い。

環境問題は理解されつつあるが、モーダルシフトの推進には、船舶の老朽化、貨物量の確保、港湾荷役の近代化、荷さばきのハンドリング、業法の制度設計上の問題等の内航海運自体の問題の解決が必要である。また、保険や荷主の理解、さらには道路・鉄道部門との相互理解も必要である。これらに加え、河川航行の可航距離の延長などの潜在的な問題もあり、多くの問題を解決していく必要がある。これらの諸課題を解決していった先には、水陸一体となった交通体系が構築され、より安全な交通機関による経済活動や新たな産業創出のチャンスにもなり得る（図2.8）。

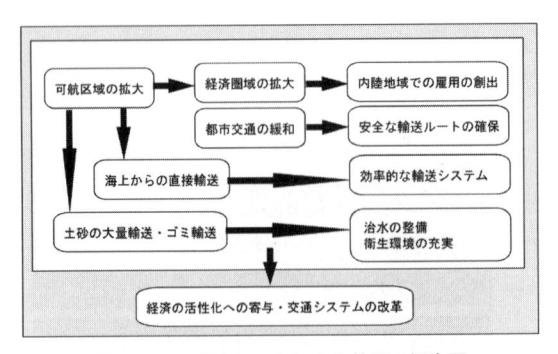

図2.8 モーダルシフトによる効果の概念図

(c) **静脈物流**

わが国では、20世紀末からこれまでの大量生産・消費・廃棄の社会から、物質の効率的な利用やリサイクルを進めることにより、資源の消費を抑制し、環境への負

荷が少ない「循環型社会」を目指している。

　都市や経済活動において発生するゴミは、4tゴミ収集車によって集積場所から焼却・廃棄場所へ輸送されるのが一般である。都市内の収集は渋滞等もあり、時間通りにはいかない。そして二酸化炭素等の温室効果ガスを大量に排出する。舟運は温室効果ガスの発生や省エネルギーの輸送を可能とするものである。ゴミ収集車に代わって、河川や運河を活用した静脈物流の構築も都市内のモーダルシフトの一つである。

　東京都では、都内23区のうち、河川に近い特別区の不燃ゴミを5カ所の中継所を経由して、京浜島・中防の処理センターへ輸送し、処理した不燃ゴミは海面埋立てやリサイクルに活用している。平成15年度の計画量は不燃ゴミ全体が5,890（百t）、舟運が1,644（百t）と不燃ゴミの船による輸送の割合は約28%である。神田川では、三崎町中継所から5隻の船で輸送、曜日によって4または5隻が運航している（写真2.4）。1日当たりの輸送量は約50t、1隻当たり15t、陸上小型プレス4t車は不燃ゴミ0.85t、可燃ゴミ1.6tを1回で輸送している。船舶1隻当たり陸上小型プレス車17.7台分の輸送能力である。

写真2.4　ゴミ船の輸送

　舟運によるゴミ輸送は、都市のモーダルシフトとしては有効ではあるが、現状のゴミ輸送ではブルーシートをゴミの上に掛け、見栄えも悪く、ゴミが河川等へ落ちていくことも考えられる。欧米に見られるように管理型のコンテナによる輸送を行うことによって、都市住民等への静脈物流としての舟運の認識は高まるものとなる（写真2.5）。また、沿岸地域では、港にリサイクルポート等の整備を行うことによって、より多くのゴミ処理やリサイクルが可能となっていく。

写真2.5　コンテナによるゴミ輸送（リール近郊の廃棄物）

(d) 土砂輸送の実験

河川の堤防は土砂でできている土の構造物である。荒川や隅田川では土運船が活躍している（写真2.6）。土砂を船で運ぶ実験が荒川で行われた際、到着時間はたまたま道路が空いていたのでダンプの方が早かったが、輸送量は約17倍、1km当たりの燃料消費量はダンプを1とした場合0.79、1t当たり10km輸送時の二酸化炭素量はダンプ360gに対して32gとほぼ1/10、コストはダンプ117円/t・km（トンキロ）に対して95円/t・kmとダンプに比べて負荷とコストの少ない輸送であることが示された。土運等の公共資材や建設資材の輸送にも優れたものといえる。

荒川の秋ヶ瀬から東京湾まで100万m^3の土砂を運搬する場合、ダンプでは約40億円もの費用がかかるが、舟運であれば関連施設の整備も含めて約35億円との試算もある。ダンプと舟運のエネルギーや二酸化炭素の排出比、ダンプによる市街地走行における危険性を考えれば、5億円の差はもっと大きいはずであり、費用対効果は大きい。

写真2.6 河川を行く土運船（隅田川・荒川）

（3） 環境負荷軽減による舟運の効果

(a) 新たな動力源を活用した舟運

燃料の燃焼による排出ガスである二酸化炭素や二酸化窒素等が空気中や水中に排出され、地球温暖化や大気汚染、水質汚濁等の要因となっていることから、これらを極力排出しない、あるいは排出することのない船舶の動力源が必要となっている。

現在の動力の主流は、軽油を使用するディーゼルエンジンかガソリンエンジンである。プレジャーボートでは、すでに2ストロークから4ストロークのエンジンによって排気ガスの低減を図りつつあるが、燃焼エンジンにも限界がある。これまでにも太陽光発電や磁場エネルギーを活用した実験船、風力を二次的に取り入れ、燃費を上げる船舶等の開発が行われてきたが、ほとんどが実験段階にある。

陸上交通でも燃料の燃焼と電気を組み合わせたハイブリッドカーや燃料電池等による動力が実用化され、世界的に普及しつつある。船舶でも同様のことが考えられ、内燃機関の専門家による研究が進められている[9]。

写真2.7は、バッテリーを動力とする電動ボートである。バッテリーを動力とす

る船は二酸化炭素等を直接排出しないが、バッテリーに充電するために電力が必要であることから、電力発電や供給時に少なからず排出される。注目すべきは、船自体からは温室効果ガスを排出しないため、その分だけは削減できることである。アメリカでは小型のプレジャーボートとして販売もされ、日本でも販売されている。また、現状では小型ボートのみであることから、将来的に大型の貨物船等へ導入できるような普及が望まれるところである。

写真2.7　日本橋川を行く電動ボート

　燃料電池によるエンジン動力もすでにアメリカでは開発されている。日本でも実用化に向けた実証実験が開始され、その実用化が期待される[9]。

　燃料電池は酸素と水素が化学反応によって発生するエネルギーを動力とし、排出されるのは水だけである。自然界の再生可能なエネルギーを活用し、自然環境にやさしいエネルギーといえる。燃料電池が注目されてきた背景は、通航中の排出のみならず、港に停泊中でもエンジンによる発電によって船内の装備を動かしているため、ガスが排出されていることが挙げられる。地球温暖化もそうだが、大気中に分散される排出ガスによる都市環境への影響が懸念されており、特に大都市ほどその影響は大きい。アメリカではカリフォルニア州で2008年から停泊中の船舶の発電が禁止となり、停泊中の電力として燃料電池が必要となっている。

　バイオエネルギーによる動力も今後期待されるエネルギーの一つである。バイオエネルギーは生物（植物）を原料としている。近年注目されているのがバイオエタノールによるエネルギーである。バイオエタノールは植物を原料として作られるエチルアルコールを総称したものである。エタノール自体は燃焼すれば二酸化炭素を排出するが、植物の成長段階で二酸化炭素を吸収しているため、収支はゼロであり、温室効果ガスの抑制に期待が高まる。すでに自動車にはバイオエタノールを混合したガソリンの供給が開始され、政府も2010年までに原油換算で50万kLの導入を目標としている。船舶への導入も望まれるところだ。

(b)　**船を活用した都市**

　オランダやドイツでは近年、河川や運河にフローティングハウスもしくはボートハウスを建築し、そこに住む人たちが増えている。船ではなく、建物である。建物

からの移動は自動車の場合もあるが船の場合も多い。船を活用した都市が造られ始めている。日本でも大阪でフローティングハウスを売り出している（**写真2.8**）。

一方、アジア諸国ではもともと水上生活をしていた地域も多く、船が移動手段であるとともに、船が都市を形づくってもいる。

現在の多くの都市は環境都市の創生を目的としている。

写真2.8　フローティングハウス（撮影：堀内康介）

それならば、河川や運河がある都市では、都市内交通をパークアンドライドのように転換していくことも必要ではないだろうか。そこに舟運を活用していくのである。朝晩は通勤、日中は環境学習や生涯学習等、使い方はいろいろあるだろう。船舶へのモーダルシフトによる物流の転換、行政活動に船舶が十分活用できるところでは、公用車からエコボートへの転換などによって、環境負荷の軽減ばかりでなく、財政や観光の再生にもつながるはずである。地域の独自性のある街づくりが可能となる。また、舟運によって都市の環境負荷が軽減されることは、隣接する都市の環境負荷も軽減していくことになる。

[参考文献]
1) 本川達雄「ゾウの時間・ネズミの時間―サイズの生物学」中公新書、1992
2) E.ディーゼル著、山田勝哉訳「エンジンからクルマへ」山海堂、1984
3) European Commission: Panorama of transport-Statistical overview of transport in the European Union Part2-Date 1970-2001, Eurostat
4) European Commission: Statistics in focus-Inland Waterways Freight Transport in Europe in 2005, Eurostat
5) European Commission: The MARCO POLO Programme, European Commission, 2002
6) European Commission: The Promotion of Inland Waterway Transport-An Integrated European Action Programme for Inland Waterway Transport; NAIADES; Navigation and Inland Waterway Action and Development in Europe, 2006
7) EPA (US Environment al Protection Agency) : Small Engine Rule to Bring Big Emission Cute, EPA, 2007
8) Der Main Ausbau der Fahrrinne von Aschaffenburg bis Wurzburg, Wasser- und Schiffahrtsverwaltung des Bundes, Wasserstrassen-Neubauamt Aschaffenburg 1997
9) シップ・アンド・オーシャン財団海洋政策研究所：人と海洋の共生を目指してⅠ、同Ⅱ、2005

第3章　都市再生における河川、運河舟運の新たな展開

3.1　河川、運河が生きている都市：ヨーロッパ、アメリカ

　世界の水の都市の中でも、最もその特徴を持続させ、豊かな水辺の環境を今も見せているのが、ヨーロッパを代表するヴェネツィアとアムステルダムである。

　海辺の湿地帯に技術や知恵を駆使して形成された両都市は、水害とも戦いながら、運河の巡る個性溢れる水網都市をつくり上げた。都市の内部の至る所が、荷揚げのできる港町の機能をもったのである。とはいえ、陸の時代と言うべき近代になって、舟運のあり方はこの両都市といえども、大きく変化した。だが今も、運河を大切に使いこなし、いろいろな船が行き交う活気ある水辺を示している。まず、最初にこの2つの水都を取り上げ、舟運のあり方の過去と現在を見ていきたい。

(1) ヴェネツィア
(a) 水とともに生きる都市

　アドリア海の花嫁と呼ばれ、東地中海にその勢力をのばしたヴェネツィアは、アマルフィ、ピサ、ジェノヴァと並ぶ中世イタリアの海洋都市であり、他の都市が衰退に向かう中で、一貫して繁栄を続け、今も水の都市としての輝きを放っている。まさにオリエントとヨーロッパの東西を結ぶ中継貿易の中心となって、舟運で都市を発展させ、巨万の富を集め、素晴らしい文化を築き上げた。

　その立地は独特のあり方を示す。ラグーナと呼ばれる浅瀬の内海にヴェネツィアは浮かんでいる（図3.1）。

　西側の本土からは何本もの河川が入り込み、土砂を運んで浅い海ができた。一方、東側では、アドリア海の打ち寄せる波の力で自然の防波堤のような細長い

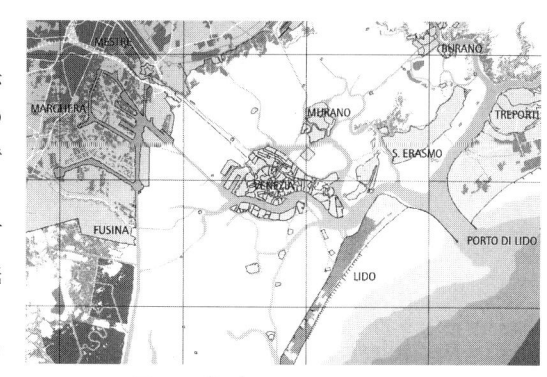

図3.1　ヴェネツィアとその周辺

島が形成され、そこに3カ所小さな海峡ができ、海水が潮の干満によって1日2回ラグーナに出入りして水を浄化する、エコシステムが生まれた。ラグーナの内部にも水が流れる運河が複雑に巡り、その筋だけが船の航行が可能なのである。そしてヴェネツィアの島状の古い都市は、周りをリオという小運河で囲われた数多くの小さな島が集まって、寄木細工のようにできている。同時に、魚のような形をした歴史的都市の真ん中を、逆S字型に大運河（カナル・グランデ）が流れ、町のどこからでも5分から10分も歩けばそこへ出られるようになっている。

　このヴェネツィアの町には、今も車は入らない。町の北西の一角に、鉄道駅があり、そこまでは列車で来る。1870年頃できた鉄道橋と並行して自動車橋も1930年代初めにつくられ、ローマ広場というバスターミナルまで車で入れる。現在、ヴェネツィア市民の中に自家用車をもつ家族は多いが、この周辺の新しい近代の埋立地の立体駐車場に車を置いている。

　島の内部を移動するための交通手段は、歩くか船による。ここでは、あらゆる種類の船が使われている（写真3.1）。水上バス、水上タクシー、荷物の運搬船、レクリエーション用の自家用船、郵便船、消防船、さらには霊柩船などもある。観光のゴンドラが有名だが、かつては、上流階級はどの家族も自家用のゴンドラをもっていた。ゴンドラばかりが知られるが、それに似た伝統的な小舟の種類は数多い。ヴェネツィアの市民は船を操るのが実に巧みである。

写真3.1　大運河を通る様々な船

(b)　**海洋都市の構造と舟運**

　かつてのヴェネツィアは、中世から近世にかけて、東方の海と深い結び付きをもつ海洋都市であり、都市の広い範囲に港湾施設が分布していた（図3.2）。荷揚げ場、倉庫、商館、市場、税関、船の修理場、宿泊施設などであり、今もその姿をとどめているものが多い。

図3.2　ヴェネツィアの鳥瞰図（1635年頃）

第 3 章　都市再生における河川、運河舟運の新たな展開　　91

　アドリア海からラグーナに入った大きな帆船は、ヴェネツィアの象徴的な中心、サン・マルコ地区から東側にのびるスキアヴォーニの岸辺あたりの沖合に錨を降ろして停泊していた。幹線水路である大運河の入口には、中世から税関があり（現在のものは 17 世紀後半の建物）、荷のチェックを受けた（図 3.3）。荷を積み替えた小舟は、大運河を進み、経済の中心、リアルト市場のある地区に向かって進んだ。

図3.3　大運河の入口と税関（ヤコポ・デ・バルバリの鳥瞰図：1500年）

　リアルトには、運河の両岸に公共の岸辺があり、使用料を払って荷揚げができたが、多くの船は、商人貴族の個人の商館に直接、横付けされ、荷揚げされた商品はそのまま倉庫に収められたのである。それには関税がかけられた。

　東方貿易が特に活発だった 12、13 世紀は、貴族の館はフォンダコ（商館）と呼ばれ、イスラーム世界の都市のフンドゥク（キャラバンサライと同様、隊商宿のように商人が宿泊し取引する施設）のイメージと重なる機能や役割をもった（**写真 3.2**）。また、東西世界を結ぶ中央市場の役割をもったリアルト市場の周辺の水辺に、外国人がヴェネツィアで経済活動を展開する拠点として、フォンダコを構えていた。ドイツ人、ペルシア人、トルコ人の商館が知られるが、ドイツ人商館は中庭型の構成で、まさにイスラーム世界のフンドゥクと形もよく似ている。ちなみに、この建物は現在、中央郵便局として使われ、水の側から船で郵便物が運ばれる。

写真3.2　2棟のビザンチン様式の商館（13世紀）

　大運河には、14 世紀以後も、それぞれの時代の最も豪華な貴族の館が建設され、水の都のメインストリートとなっている。中世には、東方からの物資を運ぶ船が賑やかに行き交う経済幹線だった大運河は、16 世紀のルネサンス、17 世紀のバロック時代には、華やかな祝祭、イベントの舞台となり、船のパレード、レガッタなどがしばしば催された（図 3.4）。船なしでは、この都市の文化も遊びも考えられない。ヴェネツィアはオペラを発達させた演劇都市でもあるが、劇場に行くにも、貴族は自家用のゴンドラを用いた。水の側からの

図3.4　女性のレガッタ（ガブリエレ・ベッラ画：18世紀）

入口がとられているのである。

　しかし、海洋共和国ヴェネツィアも、18世紀末にはナポレオンの支配下に入り、その輝く歴史に幕を下ろした。1860年頃、イタリアの統一が実現し近代化が進んで、鉄道橋が、そして自動車の橋が架かった。本土と西側で繋がり、都市の表玄関が大陸の側の西へ移動した面もある。それでも、今なお、共和国時代の表であるアドリア海の東側への意識は強く、海洋都市のスピリットを人々は失っていない。

(c)　海洋都市の資産を今に生かす

　ヴェネツィアの歴史的部分の南東に近代港がつくられ、貨物船がいつも入るが、東方貿易のような遠隔地との船による交易は今日、ほとんどない。大運河や主要な運河沿いの岸辺、あるいは個人の館の前で、遠隔地からの物資が荷揚げされることはない。都市内交通の物資、ワインや食料品、日常品などの物資が荷揚げされるのみである。だからこそ、現在では、貴族の館を転用したホテル等で、水際をアメニティーの高い快適なオープン・テラスに使うようなことが可能になっている。木杭を打って、優雅な水上テラスとしている所も少なくない。朝食をそこでゆっくり楽しむ気分は最高である（**写真3.3**）。

写真3.3　ホテルの水上テラス

　上流階級の住まい（パラッツォ）であるには、水に面している必要があったが、今日の一流のホテルにとっても、同じように船で直接アクセスできなければならない。水上タクシーでそのまま人も荷物もホテルに着くのである。当然、公共性の高い官庁、企業のオフィス、文化施設なども、水に面し、船でアクセスできることが必須である。

　国際会議やシンポジウム等で招かれる際にも、必ず、運河沿いのホテルに宿泊し、運河に面した会場（いずれも貴族の館を転用していることが多い）に水上ハイヤーで送られ、夕方には再び船でホテルに戻り、シャワーを浴びてからまた船でレストランに繰り出すといった、最高の持てなしを受ける。

　東方貿易はなくなったが、東地中海と結ぶ舟運は今なお、活発である。しかし、物資の代わりに大勢の観光客を載せてくる。地中海クルーズの大型船が、しばしばサン・マルコ広場の沖合をゆったりと進み、町の東南の近代の港に停泊するのである。まるで巨大な集合住宅のような豪華客船が水上を移動していく姿に驚かされることがよくある（**写真3.4**）。

写真3.4　地中海クルーズの大型客船

(d) 活発な都市内の船の交通

　実は、近代になると、1881年に初めてバポレット（蒸気船）が登場し、その普及によってヴェネツィアの都市内の水運も実に便利になった。以後、鉄道駅、ローマ広場（バルターミナル）、サン・マルコ、リアルト等を中心として、数多くの停留場が設けられ、市民の足として実に便利な乗り物となっている。陸上の鉄道よりもずっと時間に正確で、しかも終夜営業である点も優れている。急行、各駅止まりなど、幾つかの種別に分かれている。

　リド、ムラーノ、ブラーノ、トルチェッロ等の周辺の島へも定期便が頻繁に出ていて、便利である。近くなら普通のバポレット、少し遠いとやや大きい船が就航する。ラグーナを船で巡るのは気持ちがよい。かつて漁業しか経済基盤がなく、貧しかったラグーナの素朴な島の住民たちにとっては、近代に動力船が生まれ、短時間のうちに船で移動できるようになったことで、ムラーノ島のガラス工場やヴェネツィアのホテルやレストランで働くことが可能となった。こうした島々との舟運によるネットワークが共和国時代とはまた違った意味で、ヴェネツィアにとって重要になっている。

　都市内の公共交通としての船で忘れられないのは、大運河の対岸を結ぶ渡し船（トラゲット）である。1846年の地図には、17本の渡し船の存在が示されている。当時、大運河には橋はリアルト橋しかなく（現在、4本目が架かりつつある）、バポレットも登場していなかったから、対岸に行くのに渡し船は必需品だった。今でも、市営のトラゲットが5カ所あり、いつも大勢の人々が利用している（**写真3.5**）。通勤、通学時には、増発されるほど、混み合う。

　水上タクシーも便利である。飛行場から、あるいはローマ広場から、大きな荷物をもった観光客がホテルに向かうのに、よく利用される。流しのタクシーはなく、発着所に行って乗るか（**写真3.6**）、電話で最寄りの船着き場、あるいは自分の建物の水側の入口に呼ぶことができる。

　プライベートな船をもつ人々は数多い。普通の都市で車をもち、使用するのと同じ感覚である。路上駐車と同じように、岸辺に、あるいは自分の家の前に水上駐船している。ゴンドラ等は平底式で、伝統的に、館の一階のホールに持ち上げて保管することが多い。店

写真3.5　大運河の両岸を渡すトラゲット

写真3.6　水上タクシー発着所

を営む人たちは、卸売り市場に買い出しに船で行く。リアルト市場は今では卸売り機能はなくなったが、大勢が買いに集まるので、早朝の岸辺は魚、野菜や果物を搬入する小舟で水上はぎっしり埋まる。

　水の中から直接建物が立ち上がるデリケートな環境のヴェネツィアでは、運河ごとにその状況を考慮し、厳しい制限速度が設けられている。スピードを出して航行する船は波を立て、建物の基礎部分や周囲の環境にダメージを与えるからである。歴史的地区を巡る小運河（リオ）は時速5km、大運河は7km、ジュデッカ運河は11km、その外側では14km、ラグーナ全体では20kmとなっている。

　資源のない水上都市、ヴェネツィアにとって、本土のヒンターランド（後背地）との結び付きは重要だった。山間部から筏に組んで木材を調達するなど、河川交通は大切だった。ヴェネツィアのラグーナに流れ込む2本の重要な河川では、いずれも舟運が活発だった。

　パドヴァまで通じるブレンタ川沿いには、かつてヴェネツィア貴族たちが夏場、ブルキエッロと呼ばれる船で出かけた別荘が並んでいる。川沿いに道が付き、馬が船を曳く光景が絵に描かれている。今も、何カ所にも設けられた閘門で水位の差を調整しながら、ゆっくりと船でブレンタ川を上り、幾つかの別荘を訪ねる観光ツアーが人気を集める。一方、トレヴィーゾから流れるシーレ川には、1960年代まで船で貨物を運ぶ船会社があったが、今はそうした本物の舟運はない。しかし、その会社の経営者の息子が、父の遺志を継ぎ、船上でのパーティーや観光目的の船での川下りを企画する文化的な事業を行う船会社を経営しているのが嬉しい。家族経営で、マンマの手づくりの食事をワインと一緒に楽しみながら川下りをできるのは格別である。

(e)　舟を使ったイベントと遊び

　ヴェネツィアには、一年を通して、水上でのイベント、祭りが多い。それは共和国時代からのよき伝統である。大運河やジュデッカ運河でのレガッタは一年に何度も行われる。大勢の市民が自分たちの船を仕立てて繰り出し、岸に寄った位置で応援に熱狂する。9月の第一日曜日に最も重要なレガッタが開催されるが、それに向けて、ローカルなレガッタがあちこちの島を舞台に行われる。

　また、4月末のキリスト昇天祭には、「海との結婚」という共和国時代からの重要な祭礼が行われるが（写真3.7）、その日、市民マラソンならぬ市民レガッタが行われ、ラグーナの水面は何千艘もの手漕ぎの船で溢れかえる。水の都ならではの壮観な光景が見られる。

写真3.7　「海との結婚」の水上パレード

　7月末、イル・レデントーレ教会の祭りは、その前夜祭が盛り上がる。思い思い

の船を飾り立て、サン・マルコの沖合にぎっしりと集結して、水上の祝宴を楽しむのである。11時頃、花火が打ち上げられ、祭りの熱狂はピークを迎える。花火が終わっても、若者は家に戻らない。リド島に船で行って、夜を明かし、日の出を迎えるのが伝統なのだという。

　自家用の船をもつ人々は、ラグーナの島にピクニックや釣りに出かけるし、庶民階級の人たちは、仲間の漁師のちょっと大きめの船で繰り出し、水上で夏のヴァカンス気分を楽しむのである。

　ヴェネツィアに実現した最近の集合住宅には、1階の下に船が入れるように設計している興味深いものもある（**写真3.8**）。船の存在はこの都市の暮らしには不可欠なのである。

写真3.8　船が下に入る集合住宅

（2）　アムステルダム
（a）　現代版の運河の生かし方

　アムステルダムは、中世に既にアムステル川の一角にできたダムを中心に、都市の核をもったとはいえ、何重にも運河を巡らした幾何学的な美しい水の都市を築き上げたのは、17世紀のことである（**写真3.9、図3.5**）。ちょうど江戸の水の都市が形成されたのと図らずも同じ時期である。

写真3.9　アムステルダム鳥瞰 　　図3.5　1700年頃のアムステルダム

　かつてはゾイデル海に川が注ぐ位置にこの都市はできたが、時代とともに海域での埋め立てが進み、海は遠のいた。本来、東側から遠く回り込んで北海へ通じていたが、近代の大規模な運河の建設で、西側から直接、北海に船で出られるようになった。

　17世紀初頭に設立されたオランダ東インド会社の活動を中心に、アムステルダムは港町として目覚しい繁栄を遂げた。古い町の外の港には、大型の帆船がひしめき、荷を積み替えた小舟が内部の運河にどんどん入り込んだ。何重にも巡る運河には、

岸辺の道が並行してついており、どこからでも荷揚げができた（**写真 3.10**）。

　正面に妻を見せる建築が鋸の歯のように並ぶ独特の街並みが目を奪うが、どの建物も最上部に滑車を取り付け、荷を持ち上げられるように工夫している。水辺には、普通の住宅とは外観の異なる倉庫建築も多く見られ、現在、アトリエ、オフィス、ギャラリー、住宅などにコンバージョンされ、格好よいリノベーションのデザインで人気を呼んでいる（**写真 3.11**）。

　古い地区の運河には、ヴェネツィアと同様、もはや遠隔貿易の物資など入るはずもないが、それだけ運河の水面や岸辺の空間を現代的なセンスで利用できることになった（**写真 3.12**）。水際にカフェテラスが多く（**写真 3.13**）、また水上に浮かび接岸しているボートハウスで快適に生活する人々も数多い。船の利用も活発で、観光船ばかりか、プレジャー用の小型船がたくさん行き交う。特に週末は、水上が市民の船で賑わう。

写真3.10　舟運が活発だった頃の運河

写真3.11　リノベーションされた倉庫群とボートハウス

写真3.12　岸辺のベンチでくつろぐ人々

写真3.13　水辺のカフェテラス

　水位をコントロールする閘門が主要な運河の入口に設けられており、そこをゆっくり通るのがまた味わいがある（**写真 3.14**）。この閘門を活用し、潮の緩慢を生かして、水を運河に流して循環させ、水の浄化を定期的に行っている。

写真3.14　閘門に入る観光船

(b) ベイエリアの水の空間

　アムステルダムは、近代に港の北側において、埋め立てを進めながら、工業、港湾ゾーンを広大に建設した。北の対岸の地区には、工場で働く人たちの住宅地も形成された。その水面の向こう側の近代の町へは、駅の北側から、フェリーボートが何系統も頻繁に出ている。バイクも自転車もペットも乗せて、大勢の人々が水上を行き来しているのに驚かされる（**写真 3.15**）。船の交通がまだ活発なので、橋は通行の邪魔になるし、風景上もマイナスとなる橋を架けず、水の町の魅力を演出するフェリーにこだわっているという。

写真3.15　頻繁に発着するフェリーボート

　旧市街とその北の港湾ゾーンの間を突っ切る形で近代に鉄道が敷設され、駅もその真ん中にできている。その分断を解消する都市空間の改造が計画され、駅の北にはフェリー等が発着するマリンステーションの建設が見込まれている（**写真 3.16**）。水の都市の機能アップが図られる。

　いかにもヨーロッパらしく、国境を越えて流れる内陸河川を遡る船ツアーも活発である。アムステルダムの港の一角に、細長い形の大きな船が何艘も見られるが、週末を中心にライン川をゆったり旅するのだという。

写真3.16　マリンステーションの計画図

(c)　舟を生かした現代住宅

　水と戦いながら、水に親しい都市をつくり上げてきたオランダでも、近代にはやはり鉄道、トラックで運河や水の空間の重要性がやや低下した時期があった。だが、1970年代、新しい時代にとっての水の空間の価値が再認識され始めたという。水辺に親水空間を生み出し、水辺でのハウジングを積極的に推進するようになった。

　経済が低迷した1980年代にはあまり多くは実現しなかったが、そのアイデアが一気に1990年代に花開いた。アムステルダムのベイエリアでは、世界が注目する元の港湾・工業ゾーンの再生事業が計画性をもって幾つも推進されている。ランドスケープ・デザイナーのアドリアン・グースの斬新なマスタープランにもとづき実現したボルネオ・スポーレンブルグ地区では、倉庫や工場が建ち並んだ土地が完全にそのイメージを変えており、4階ほどの個人住宅が個々に異なるデザインで多様性をもちながら、楽しげに水際に連なる所もある。足下前面にテラスをもち、その

先の水上にどの家もボートを係留しているのである（**写真 3.17**）。ウオーターフロントにまさにふさわしいライフスタイル、その舞台としての住宅が実現している。

さらに、ベイエリアの周縁部に、新たな埋立地を造成しながら、アイブルグという地区が目下、建設されている。閘門で守られた内側の水面に囲まれたボルネオ・スポーレンブルグ地区とは異なり、海に直接面する区域だけに、土地を高く造成し、海面上昇があっても、水害に遭わないよう工夫されている。ここでも、内側に運河を引き込み、水門でコントロールされた水域では、水辺に低層の住宅を並べ、それぞれの家族がボートを使えるようになっており、楽しげな生活の場が生まれているのである（**写真 3.18**）。

写真3.17　ボルネオ・スポーレンブルグ地区の水辺の住宅群

写真3.18　アイブルグ地区の水辺の住宅群

近代には、物資を運ぶかつてのような舟運は大きく縮小された。だが、それに代わって、むしろ運河や水辺の新たな活用法が生まれ、今の時代の方が、むしろ人々が水の空間を楽しむ状況が実現しているとも言えよう。川や運河や海に、新たな意味や役割を与えていくことが重要である。

（3）パリ

現在のパリは、ヨーロッパでの位置的な利点もあり、世界の観光地としても知られる。

この都市は、かつてはローマの出先の砦の都市であった。その中心は、セーヌ川の中の島、ノートルダム寺院などがあるシテ島であった。

この都市も、産業革命が進み、都市化の時代を迎えると、水や大気の汚染、生活環境の悪化等の都市の問題を抱えていた。そのパリの大改造が始められたのは、ロンドンでの万国博覧会（1851 年）直後の 1853 年から 1870 年までの間であった。このパリの大改造はナポレオンの指示で、オスマン知事（国の任命による知事）が推進した。今日でも、その改造されたパリの街並みや川が、外見上はそのまま引き継がれてきている。

ヨーロッパの都市では、現在の都市の中にも歴史的な街並みが整然と調和している。そのことは、セーヌ川や運河沿いでもよく分かる。河川、運河、都市の建築物が、それぞれ都市のインフラであり、統一感があり、調和している（**写真 3.19、3.20**）。

第 3 章　都市再生における河川、運河舟運の新たな展開

写真3.19　セーヌ河畔の街並み

写真3.20　セーヌ川と河畔の風景

　セーヌ川や運河には、背後の都市からのアクセスが確保され、遊歩道があり、老若男女が利用できるようになっている（**写真 3.21、3.22**）[1)]。運河では、水上遊覧船は別として、ボート等は水辺の多くの場所に接岸でき、乗降が可能となっている。運河と川は、まちの構成要素となっている。

写真3.21　セーヌの護岸と通路

写真3.22　川の中の通路

セーヌ川の水辺は、19世紀に改造された都市の建築物やさらに歴史のある建築物と調和し、良好な都市景観を形成している。河岸は同一の部材で築造されているため、人工的ではあるが、都市を貫く広く連続した水空間にあって、都市の景観を構成している。河畔の多くの場所では植樹が行われ、あるいは緑地帯があり、市民のレクリエーションや憩いの場ともなっている（**写真3.23**）。

写真3.23　パリ市内のセーヌ川の河岸と川と一体化した街並み

1991年には、サン・ルイ島に架かるチェリー橋からエッフェル塔近くのイエナ橋までの約5kmのセーヌ河岸が世界遺産に指定されている。

パリでは、中世からある運河が今日でも役割を果たしており、観光を中心に利用されている。サン・マルタン運河等の歴史を有する運河である。この運河は世界遺産に登録されているが、今でも活用されている（**写真3.24**）。

写真3.24　サン・マルタン運河のトンネルから見た街

河川や運河に関する技術は日々革新され、成長している。新しい技術が生まれると、過去の遺物は破棄され、忘れ去られることが多い。サン・マルタン運河も、1970年代の初めには4車線の都市高速道路を建設するために埋め立てる計画が出され、危うく姿を消すところであった。オルセー美術館を提案したポンピドー大統領の時代、直ちにそれは見直され、現在では美しい運河のある公園として整備されている。

なお、セーヌ川では、シテ島付近には川の中に高速道路が設けられているが、夏のヴァカンス・シーズンにはその高速道路の通行を止め、人工的なビーチを造成して市民に開放することが毎年行われるようになっている（**写真3.25**）。

写真3.25　川の中の高速道路(左)と人工のビーチ(中・右)

（4） ブルージュ（ベルギー）

　ブルージュは、一度衰退した中世の都市が再生され、観光地となった都市である。かつてこの都市は運河舟運で北海ともつながり、ハンザ同盟の中心的な水の都として栄えたフランドル地方の中心的な都市であった。しかしその後、自然条件の変化したこともあって内陸の水の都としての機能が失われ、都市が衰退した。

　近年になって、中世の歴史を有する都市として、運河が再生され、舟運を観光の重要な手段とした観光地となっている。EU（欧州連合）の事務局があるブリュッセルからも近い、この国らしい落ち着いた観光地となっている。その風景は**写真3.26**、**3.27**に示すようである。

　ブルージュは、小規模ではあるが、都市の魅力を運河舟運が担っている都市である。

写真3.26　中世の都市が残るベルギーのブルージュの風景

写真3.27　ブルージュ観光の中心となっている舟運と河畔の通路（リバー・ウォーク）

　ブルージュは、かつて賑わったベルギーのフランドル地方の歴史的な街並みと舟運による観光地である。この都市では、都市を再開発するのではなく歴史的な建物を保全している。そして、当時の移動手段であり、経済の活力の源泉でもあった舟運を観光的に復活させることでベルギーの落ち着いた佇まいの観光を興している。

ベルギー、そして EU 本部を訪れる人々に憩いを与える。フランドル地方の歴史を知り、当時の街並みを散策し、舟運を楽しむ観光である。これにより、今日のブルージュの産業としての観光を興している。

(5) プラハ、ブダペスト

チェコのプラハは、まちの中心をブルタヴァ川（エルベ川の支流）が貫流し、左岸側の丘の上にはプラハ城があり、右岸側には統一された風情の中世の建物がある。川を中心に中世の都市が現在でも展開しており、その風景も観光のポイントとなっている（**写真 3.28**）。そして、この都市の観光の中心となっているのが河川舟運とカレル橋の散策である。

この都市は、中心を貫流するブルタヴァ川と、そこでの観光舟運、橋上での散策なくしては語れない都市である。

プラハは、中世のまち並みとブルタヴァ川とそこでの舟運、そしてカレル橋という歴史的、自然的な資産のある観光都市である。水辺の都市として、ヨーロッパでも最も景観のよい都市の一つである。この都市は、歴史的なまち並みを保全することで観光の資産としている。そして、その観光の中心に川があり、カレル橋からの川と町並みやプラハ城の展望、そしてブルタヴァ川の舟運が観光の装置となっている。舟運という手段で、現在の産業としての観光をさらに奥深いものとしている。

写真3.28　中世の風情を現在も残すプラハ
（色調も建物の高さや形式も中世のままであり、近代的な高層建築物はほとんどない）

ハンガリーのブダペストは、まちの中心をドナウ（ダニューブ）川が貫流し、右岸側の丘のブダには城などが立地し、左岸側の平野にはペストのまちが展開している。この都市は、ハンガリー・オーストリア帝国の拠点都市であった。その風景は**写真 3.29、3.30** に示すようである。ブダペストは、ほぼ同じ時代に都市が整備されたパリやウィーンに比較しても遜色のない堂々たる建物からなる街並みである。河畔に建設された国会議事堂は、当時はヨーロッパ最大の国会議事堂といわれた（川のスケールが大きく、小さく見えるが、実際は大きな建築物である）。また、この都市には、ヨーロッパ大陸で最初に地下鉄が建設されている。このこともまた、当時

のこの都市の繁栄を示すものといえよう。

第二次世界大戦以降、この国はソ連の統制の下で共産主義の時代があった。そして、そもそも確たる歴史もない共産主義の国による支配から脱却しようとしてソ連に抵抗し、制圧された。いわゆるハンガリー動乱と呼ばれる抵抗である（1956年）。その共産主義の時代に、景観に配慮することなく建設された河畔の幾つかのホテル等は、近年の現実の歴史を物語ってはいるが、ドナウの真珠といわれるブダペストの河畔の都市景観を損なっている。それを除くと、まちの真ん中を雄大なドナウ（ダニューブ）川が流れ、パリやウィーンに匹敵する堂々たる美しい都市であるといえる。そして、そのドナウ（ダニューブ）川には、規模の大きな旅客船が行き来しており、川の存在と舟運が生きたヨーロッパを代表する都市となっている。将来的には、歴史があり、落ち着いた都市の佇まいから、そして場所的にみても、東欧の観光の中心都市となってよいであろう。

写真3.29　ドナウ（ダニューブ）川のブダペストの風景
（左：右岸側の丘の上に大規模な城などがある。右：左岸の平野の町並み〈共産主義の時代に立地した建物は景観に配慮していない〉）

写真3.30　ドナウ（ダニューブ）川左岸の国会議事堂
（建設された当時はヨーロッパ最大の国会議事堂といわれた）

（6）　サンアントニオ

アメリカの南部のテキサス州にあるサンアントニオは、都市づくり、都市再生において川が生かされた世界を代表する都市といえる。ここではその経過等を詳しく見ておきたい。

この都市は、しばしば水害を被り、その対策として川を治水面から整備してきた長い歴史がある。1916年の深刻な水害後、河川整備の計画がなされ、実行されてきた。すなわち、水害後の1920年頃から、川の上流に洪水を調節するダム（普段は公園・緑地であり、洪水時のみに洪水流の調節が行われる）の建設、各所で蛇行していた川のショートカットによる直線化と川の拡幅、川底の掘り下げにより洪水の流下能力を向上させる対策が行われた。そして、まちの中心部（いわゆるダウンタウン。アラモの砦も隣接している）で大きく蛇行していた部分はショートカットされて洪水を流す空間ではなくなった（図3.6）。その部分に2カ所の水門を設けて水位を調整し、川の中にリバー・ウォークを設けた。すなわち、川の治水整備をするとともに、川の空間を都市の貴重な空間として整備し、人々の川へのアクセスを可能としてきた。

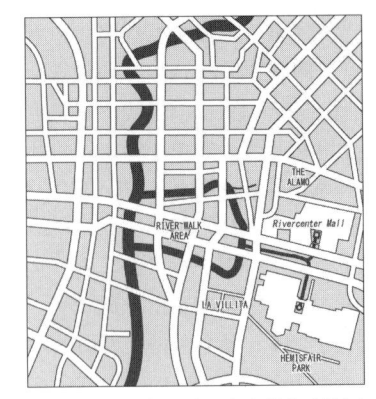

図3.6 サンアントニオの中心部分（ダウンタウン）で蛇行していたサンアントニオ川のショートカット
（テキサス州独立のシンボルでもあるアラモ砦も近接）

その後、このリバー・ウォークに面してレストランやホテルが立地した。また、このループ状の先端に川から外側に向かう新しい水路を開削して延長し、そこに様々なレストランやショップが入ったリバー・センター・モールを設け、隣接して大規模なコンベンション施設を建設するなどして、当時衰退していたこの都市を再生してきた。この都市の最も魅力的な場所は、リバー・ウォークが設けられ、観光船が行きかい、レストラン等が営業するサンアントニオ川の旧河川敷地の場所である。その風景を**写真**3.31～3.33に示した。

写真3.31 サンアントニオ川のリバー・ウォークに立地したレストラン

第3章　都市再生における河川、運河舟運の新たな展開　105

写真3.32　サンアントニオ川のリバー・ウォークを散策する人々
（左：新たに水路を設けた部分。中・右：旧河道をショートカットした部分）

写真3.33　サンアントニオ川の蛇行部分からさらに水路を掘り込み、その先に設けられた
　　　　　リバー・センター・モール（多くのレストラン、高級ショップ等が営業）

　1920年代に大々的に河川の治水整備が行われたが、その後も水害の問題に悩まされてきたこの都市では、1980年代になって、洪水流を都心部では地下に設けたトンネル排水路でバイパスさせる治水工事が行われた（図3.7、写真3.34、3.35）。

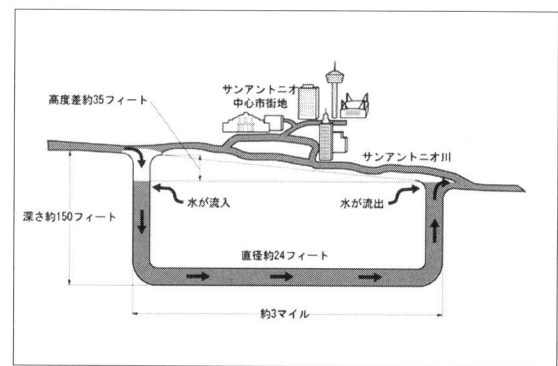

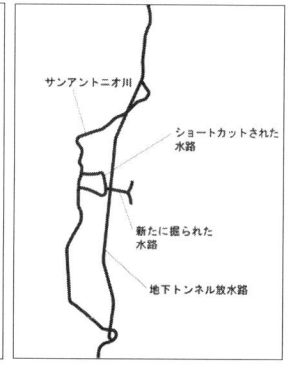

図3.7　洪水流をサンアントニオ市の中心部分では地下に設けたトンネル排水路で
　　　　バイパスさせる治水対策の概念図

写真3.34 サンアントニオ川の地下排水トンネルの上流側の飲み口
（ここから洪水流が地下のトンネルに入る。トンネル内では自然流下する）

写真3.35 サンアントニオ川の地下排水トンネルの下流側の排出口
（地下を流れてきた洪水流がここで川に湧き出る。排水ポンプはなく、自然流下で湧き出る）

このように、さらなる治水対策を講じつつ、リバー・ウォークの整備もさらに進めた。川の周辺での新たな都市整備（リバー・センター・モールやコンベンション・センターの整備等）も進み、アメリカ国内はもとより世界にも知られる川が生きた都市となっている。

この都市は、治水の目的での河川改修と同時に川の空間づくりを長年にわたって進め、周辺の都市整備も連動させて、多大な成功を収めてきた。サンアントニオは、世界を代表する川の空間と舟運が生かされた都市であるといえる。国内外からこのサンアントニオを訪れる観光客が年間1千万人という数字が、その成功を物語っているであろう（ちなみに、日本を訪れる海外からの観光客は、近年は徐々に増加して年間年約5百万人となったが、それを"観光立国日本"として2010年までに1千万人に倍増させることが政府のスローガンとなっていることと比較しても、大きな数字である）。

3.2　河川舟運と運河が支えるアジアの都市

(1) 上 海

上海は、長江（揚子江）河口の右岸側の黄浦江の河畔に広がり、東シナ海にも近い大都市である。海と川との結節点に位置し、唐代以降中国における貿易の拠点の一つとなり、日本や朝鮮半島、東南アジア諸国と、国内では長江を利用して内陸部諸都市との交易で栄えた。南京条約以降、欧米や日本の租界地となり、近代的な都市として変貌し続けてきた（写真 3.36、3.37）。現在でも海洋・河川交通の要の経済都市として繁栄を続け、中国国内でも個人所得が最も高い。その上海をハブとして、長江とそれに連なる沿岸の蘇州、南京、武漢などの諸都市も、舟運システムが支えて大いに発展している。

第 3 章 都市再生における河川、運河舟運の新たな展開　　107

写真3.36　上海の市街地の整備された水辺

写真3.37　福興島運河地区

　上海市内では、各種フェリーが黄浦江や蘇州河等の支流および複数の運河を使って通勤・通学や移動の足となっている。上海では一律20元でフェリーに乗り、どこにでも行ける便利なものとなっている（**写真 3.38**）。

写真3.38　自転車と一緒のフェリーとターミナル

　また水辺には、観光や市民生活の憩いの場として利用される空間が整備されている（**写真 3.39、3.40**）。なお、黄浦江などに流入する運河の入口には、水位調節のための水閘門が整備され、洪水による災害に備えている（**写真3.41**）。

写真3.39　水辺の街並み

写真3.40　水辺の憩い

写真3.41　閘門にひしめく船たち

（2）ソウル

　韓国は李朝鮮時代にすでに安興梁運河や金浦運河等の開削が試みられた。当時の技術では運河の整備までには至らなかったが、漢江や絡東江等の河川では舟運が行われ、朝鮮半島の経済や生活に欠かせないものであった[2]。戦前には、運河建設における日本との関係は非常に深く、衰退する舟運事業を洪水防止対策の一環として位置づけ、閘門あるいは築堤による河川改修と併せた統栄運河や江景運河の建設や京仁運河の計画等が行われている[3]。

　現在では、ソウル市周辺の漢江での観光遊覧（**写真3.42**）や、ソウルと仁川を結ぶ堀浦川放水路整備（**写真3.43**）と併せた京仁運河の建設による物流、廃棄物資輸送、観光利用が計画されている。また、新都市建設において積極的に河川や

小規模運河を整備し、水網都市の建設も着手している。その代表が仁川近郊の埋立地を再開発する新羅地区における都市建設である。さらに李明博前ソウル特別市長は大統領選に向けてソウルと釜山を結ぶ京釜運河構想を掲げ、韓国内陸都市の活性化と清渓川復元と併せた観光国家を目指している。一方、現政権は北朝鮮との間に漢江河口と接する臨津江に南北運河の建設を提案した。今後の推移に注目しておきたい。

写真3.42 ソウル漢江での観光遊覧

写真3.43 堀浦川放水路と京仁運河の整備

（3） バンコク

河川や運河が生きている都市として、アジアの川のその他の例としては、かつてから連綿として水の都にふさわしいタイの首都バンコクのチャオプラヤ川、そして都市再生において川を再び生かしている都市としてシンガポールのシンガポール川、中国・北京の転河（高梁河）、日本では東京の隅田川、北九州の紫川、大阪の道頓堀川、徳島の新町川などが挙げられる。その中から、タイのバンコクと日本の徳島の例をここでは述べておきたい。

バンコクについては、筆者（吉川）は約 25 年前から、このバンコク首都圏域およびそこを貫流するチャオプラヤ川の治水への技術協力（バンコク首都圏の洪水防御、チャオプラヤ川の治水対策）の仕事を通じて現地を見てきた [4)〜6)]。そのような時間スケールで見ても、チャオプラヤ川の舟運は年々発展してきた。すなわち、かつてより、タイは豊かな農業国であり、バンコクはそれに支えられた"食"と水の

都市として東南アジアを代表する観光都市であった。その後都市化が急激に進展し、バンコク首都圏はその人口が約1千万人という大都市になったが、今日においても、水の都市としての観光地であることには変わりがない。そして、観光面での舟運もますます盛んである（第1章の**写真1.81～1.84**参照）。

そしてバンコクでは、観光面のみならず、日常的な市民の通勤・通学等の移動に舟運が利用されているとともに、この大都市を支える物流という面でも舟運がさらに盛んになってきている（第1章の**写真1.86～1.88**参照）。今日においても、河川、運河舟運が生きている世界を代表する大都市（メトロポリス・オブ・ウォーター）であるといえる。

都市の魅力という面から見ると、バンコクからチャオプラヤ川やクロンという水路そのものと、そこを利用した舟運を取り除くと、魅力が消失してしまうであろう。それだけ、河川、運河舟運が生きている都市といえる。

バンコクは、水の都として知られる。大都市となった今日でも、船の行きかうチャオプラヤ川を中心にいただく都市であり、その川に沿って主要な寺院が立地している。近年では、さらにこの河畔に多くの近代的なホテルが建設されてきた。そして、観光はもとより通勤等に大型の水上タクシーを日常的に利用しており、都市での暮らしと川とが近い関係にある。

また、このチャオプラヤ川の西側にはクロンと呼ばれる水路が今も比較的良好に残されており、舟運に生かされている。この地区には水上マーケットという昔ながらの市場が観光的ではあるが開かれており、賑わっている。

この川や運河を観光や都市の生活にさらに生かすことも、現在のバンコク市長の音頭で進められている。水辺のリバー・ウォーク（第1章の**写真1.89**、**図1.20**参照）や観光舟運（**写真3.44**）がその具体的な装置となる。

時代的には異なるが、かつて世界の大都市が経験してきたように（欧米では19世紀から20世紀期初頭の頃に、日本では戦後の経済の高度成長期の30年ほど前頃に、アジアのバンコク等の都市ではそれをより少し遅れて現在まで）、川や運河の水質の汚染、水害の問題に対応するとともに、都市で忘れ去られた川や運河の

写真3.44　観光としての舟運の振興（きらびやかな船）

空間を都市再生に生かすようになっている。このバンコクでも、基本的な治水対策の実施、その後の下水道による水質改善対策の実施により、川や運河を再生し、水辺を生かした都市再生の時代にさしかかりつつある。その中心に、この都市では歴史的にも廃れることなく引き継がれ、今日でも市民に日常的にも利用されている舟運がある。

(4) 東　京
(a) 舟運と都市経営

　戦前から舟運による輸送システムが確立されていたわが国においても、重厚長大の第二次産業を中心とした経済発展の初期段階を経て、昭和40年代前半まで、大都市の港湾部や河口部には家族労働による多くの艀（はしけ）があり、艀を生活の場とする者も多かった。彼らによって大都市の物流は支えられていた（図3.8）。昭和40年代まで、荒川区南千住の旧国鉄の貨物操車場には、東京港からの貨物を輸送する港があり、隅田川と陸との接点になっていた。

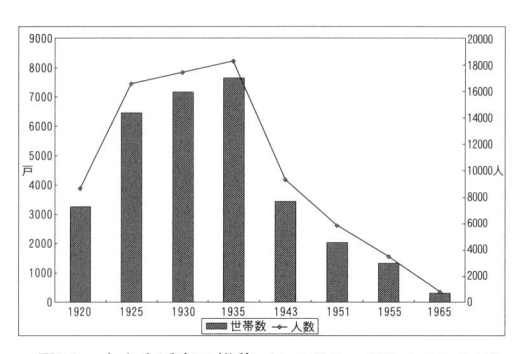

図3.8　水上生活者の推移（水上学校の昭和史より作図）

　大都市では屎尿処理を含めゴミ問題が都市経営にとって重要な政策課題であった。東京では昭和7（1932）年から長らく海洋投棄のための屎尿運搬船が都市の水路で活躍し、都市衛生を保全する役割を担ってきた。昭和31（1956）年には海洋投棄を原則禁止としたが、近年まで行われていた。1972年のロンドン条約、さらには1996年の同条約議定書を受け、わが国でも海洋投棄が全面的に禁止される。平成19（2007）年のことである。

　江戸・東京の発展は、沿岸部の埋立ての歴史である。その埋立てに使われていたものは、火事で発生した瓦礫や日常生活から発生する不燃物ゴミである。

　江戸時代の屎尿は有価物の資源であり、肥料として農家に還元された。輸送は舟運であり、帰り船は江戸のエネルギー、薪炭が運ばれた。今日でいう循環社会が形成されていた。現在、隅田川や神田川は東京都の不燃ゴミの約3割を舟運に

よって輸送しており、中央防波堤の埋立処分場に運ばれる。1回の輸送で4t収集車17.1台分を輸送しており、環境負荷の軽減に役立ち、経済的効率の向上に寄与している。

このように大都市では、陸上輸送による交通公害の解消（騒音、事故、CO_2、NOx等の削減など）に加え、コストの低減効果からも舟運が有利となる。静脈物流として河川や運河の利用は都市計画からも検討されるべきである。

(b) 舟運を支える川と運河

隅田川を挟んで右岸側からは石神井川、神田川、日本橋川とその支川亀島川、築地川、汐留川などが流れ込む。一方、左岸側は江東低地を流れる小名木川、横十軒川、北十軒川、竪川、仙台堀川、大横川などの江戸時代からの運河と旧中川、源森川等がある。

神田川・日本橋川は昭和初期までは舟運で賑わった河川である。現在でも神田川は、下町風情が漂う柳橋から浅草橋付近に船宿が軒を連ねる。万世橋を過ぎて、お茶の水付近の渓谷は見応えのある風景である。川の水質は向上し、大きな鯉が泳ぐ。飯田橋に近い神田三崎町からゴミ運搬船が毎日航行するが、休日にはカヌーやプレジャーボートの利用も見られる（写真 3.45）。

写真3.45 神田川でカヌーを楽しむ子供たち

日本橋川は、上空を首都高速の高架が塞ぎ、薄暗い河川空間である。常盤橋付近では江戸城の濠の石積み護岸が残り、一部が復元されているほかはコンクリート護岸である。日の当たらない川に異臭が漂うときもある。

近年、「日本橋に空を取り戻そう」という声が地域から高まり、政治と行政を動かすに至った。日本橋のど真ん中にあった日本国の道路元標は、今や左岸橋詰めに移転されている。高速道路に塞がれたのがその理由である。一方で、川を有効に活用しようと、住民有志が集い、舟の運航も行われるようになった。

江東地区には隅田川と合流する地点に防潮水門が整備され、洪水から守られている。江戸時代から、碁盤の目のように直交して運河が張り巡らされたが、都市化によって幾つかの河川は埋め立てられ、道路や駐車場、親水公園になった。徳川の遺産とも言える小名木川のほか一部の運河は残り、水位調節された静水面を活かし、レクリエーションや小船による舟遊びに利用され、地域のNPO「江東区の水辺に親しむ会」の活動もあって、地域住民の関心も高まり、次第に活性化しつつある（写真 3.46）。

小名木川の中央に水位調節のための扇橋閘門がある（写真 3.47）。荒川との合流点には平成17（2005）年に完成した荒川ロックゲートがある。このように水位調節で一定の水位が維持される江東地区は、江戸時代の粋を現代風に再生し、下町の人

写真3.46　小名木川での船遊び

情を活かした新たな河岸づくりの最適地であろう。舟を取り入れた観光地として海外からも注目されるに違いない。

そのほかに、新河岸川、古川、目黒川、海老取川、中川、綾瀬川等の中小河川や東京湾臨海部には多くの運河がある。潜在的に舟運による都市再生の可能性を持つ水辺は多い。地域に開放された水辺の再生が期待される。

写真3.47　扇橋閘門

(5) 大　阪
(a) 水辺の再生と利用

大阪の大河は淀川である。現淀川（放水路として整備された川）の河口の淀川大堰には閘門が設置されていないため、河口からの船の通航はできない。将来、淀川大堰に閘門が設置され、下流部に架けられた橋梁群のエアードラフト（船通過のクリアランス）が確保されれば、長岡京の三川合流地点まで舟運が復活できる可能性を秘めている。

現淀川から旧淀川（大川）で大阪市内に入るところに毛馬閘門がある。この閘門を通過すると大川である。大川から大阪湾に出るところには安治川水門がある。このように大阪市内の河川は水閘門で塞がれた水辺空間となっている（**写真3.48**）。

写真3.48　大阪市内河川の風景

陸域から水面の近い堂島辺りは大変快適で、テラスは市民がくつろげる親しみやすい水辺空間となっている。大川では、京阪電鉄をはじめ複数の事業者による水上バスが運航されている（**写真 3.49**、**3.50**）。京阪電鉄の水上バスは市内の橋梁を通過するため、屋根が昇降する仕組みのものもある。大川には川面に背を向けた建物も少ない。

この大阪で、都市河川の再生を行ったのが道頓堀川である（**写真 3.51**）。テラスと船着場などの利便施設が整備されたことで、周遊回廊ができ、明るい空間が生まれた。人は水辺の集まり、水辺に近づく。

写真3.49 大阪市内を行くアクアライナー（左）とひまわり（右）

写真3.50 水上タクシーと船着場（提供：(株)伴ピーアール）

写真3.51 道頓堀川のテラス

(b) 川と船

川に船影は欠かせない。古今東西、川のある風景を描いた絵画に船のない絵はない。舟の通わない川や運河は、ただの排水路である。船影が消え、川から人影が消

え、川が汚れ疲弊したと見ることもできる。

　古くから舟遊びはあった。雅な舟遊び、粋な舟遊び、紅葉や風景を楽しむ舟遊び、涼を取る水遊び、閉じられた空間で酒肴を楽しむ舟遊び、密談のための舟遊びもあっただろう。京都嵐山の三船祭りは、昌泰元年（898 年）宇多上皇の舟遊びが原点である。詩歌、吟詠、管弦舞楽などの遊びがあったという。

　感性を高め感情を昂ぶらせるのが祭りである。祭りは本来宗教上の儀式として成立したが、伝統を継承しつつ、人々の心を解き放つイベントの色彩も濃くなってきた。神々は水をわたって降り立つ。したがって水辺に鳥居を建てる。神を迎え、送る祭りは水を舞台に行われる。その代表的な祭りが学問の神様・菅原道真公を祀る大阪天満宮の祭事の一つ、天神祭である。さらには、どんどこ講など川と舟と関係の深い祭事が行われていることも特筆に価する。

　天神祭の起源は 951 年とされ、約 1000 年の歴史を有する伝統ある祭りとして受け継がれており、夏の風物詩となっている（**写真 3.52**）。祭りに参加する人、見る人の心を高揚させ、結果として地域に大きな経済効果と賑わいをもたらしてきた。

写真3.52　大阪天神祭（提供：（株）伴ピーアール）

（6）徳　島

　日本でも、既に見てきたように、東京の隅田川や大阪の大川、最近の道頓堀川などで、舟運が都市再生の一翼を担っている。これらに加え、徳島の新町川の舟運を挙げることができる。

　徳島の新町川では、川を生かす市民活動（NPO「新町川を守る会」の活動）が行われている。汚染され、見向きもされなかった新町川の掃除を黙々とすることから始め、この会がほぼ毎日、新町川を巡る船を無料で運行している。そして、ほぼ毎日何らかの川のイベントを開催している。また、この川では、市民（商店会）が高度化資金を自ら借りて河畔にボード・ウォークを整備した。そこでパラソルショップを開くなどしており、その後徐々に川に面したレストランやブティックなどが立地するようになってきている。

　河岸には、戦災復興区画整理で確保された河畔緑地があり、徳島県と徳島市により護岸と河畔の散策路が整備されてきている。ここでは、戦災復興計画で計画され

た水辺の公園が時代を超えて生かされるようになっている。

「新町川を守る会」の中村英雄代表がいうように"市民主体、行政参加"で川を再生し、川からの都市再生を進めてきた先進的な事例である。この活動で、市民が運行するほぼ毎日の舟運サービスが果たしている役割は大きい。忘れ去られた水辺（新町川）を清掃し、水面を舟運で利用することによる都市と水辺の関係付けにより、川と都市を再生した事例である（**写真3.53〜3.55**）。

写真3.53　新町川での民団体の運行による舟運の風景

写真3.54　新町川で整備された河畔の通路等
（左：県や市による整備例。右：市民団体〈商店会〉によるボード・ウォークの整備）

写真3.55　新町川から眺めたまちの風景

以上のほかにもアジアでは、近年になってからの都市再生を進めてきたシンガポールのシンガポール川、中国・上海の黄浦江、北京の転河などで舟運が生きている都市を見ることができる。その多くの都市では、近年になって川や運河を再生し、舟運で都市と川とを具体的に結びつけることにより、川や運河が都市の中の重要な空間として生かされるようになってきている[1),7)]。

3.3　防災面からの新しい展開

（1）　震災と帰宅困難者

　1923（大正12）年9月、相模湾沖を震源とする関東大震災が発生し、南関東に大きな被害を出した。被災者190万人、死者・行方不明者は10万5,000人を超え、折から日本海を通過する台風による強風で、焼失家屋は21万戸を超えた。東京では、下町を中心に未曾有の被害を受け、東京は焼け野原と化した。その時、海軍の軍艦や一般船舶・艀など舟運が活躍し、救援物資や復興に向け瓦礫等を輸送した。

　1995（平成7）年1月17日に発生した阪神・淡路大震災は、6,434人の犠牲者を出した。現代の大都市が地震に遭遇する初めてのケースであり、全半壊の建物は25万棟を超え、6,000棟以上の建物が焼失した。陸上交通は麻痺し、港湾施設も液状化によって大型船の埠頭の多くが使用できなくなった。その時、四国や大阪の近港から漁船等の小型船が救援にかけつけ、被災した人たちや救援物資の輸送を行い、麻痺した都市を海から支援した。

　その後、自衛艦や大型船の接岸も可能となり、都市の復旧や市民生活の安定にも寄与した。特に、震災直後は人命救助や火災の消火活動、2日目以降は、物資や廃棄物輸送、復旧・復興支援、通勤や買い出しなどで、開設から4月30日までに約67万人を支援した。また、30隻が宿泊所として活用され、延べ6万人以上が利用するなど、ライフラインが復旧する震災初期の1週間から1カ月間、被災した人たちの生活を支える重要な役割を担った（図3.9）。一方、舟運が活躍するなかで、防災拠点で医療活動や情報通信への活用が図られていなかったことが課題となった[11]。

　2006年（平成18）3月、東京都は首都圏直下型地震が発生した場合の被害想定を公表した（表3.1）[12]。それによると東京湾北部地震$M7.3$の場合、建物の被災で避難する人は約287万人、交通機関の停止による帰宅困難者は、海外や国内の旅行者を含め約448万人である。

　建物被災で避難する人の多くは、広域避難場所である公園や河川敷（東京都では荒川・多摩川・江戸川の河川敷を避難場所に指定）に避難することが想定される。安全が確認されれば建物等へ戻ることも可能であるが、人口密集地では避難場所を確保できない人が約60数万人と試算されている。一方、帰宅困難者は、埼玉県方面で約89万人、神奈川県方面で約85万人、千葉県・茨城県南部で約79万人に及ぶ（東京都調べ）。逆に東京周辺の地域から東京への帰宅困難者も非常に多いと推定される。これらの人たちが鉄道や道路が寸断された状況下で、帰宅する手段は徒歩しかない。しかも、建物の倒壊等によって、徒歩による通行さえ不能となる恐れがある。ここに舟運の活躍の場がある。幸い東京には隅田川、神田川、日本橋川、小名木川、多摩川、荒川、中川、江戸川があり、沿岸部には多くの運河が展開している（図3.10）。

118　第Ⅰ部　舟運都市の現状

1月	緊急時			応急時						
日	17	18	19	20	21	22	23	24	25	26
震災○日目	1	2	3	4	5	6	7	8	9	10
緊急避難宿泊所				観光船の活用				埠頭による入浴サービス		
海上支援拠点						救護救援関係者ホテルシップ		練習船による炊き出し、ボランティア拠点		
緊急救援人員輸送 緊急救援物資輸送		近郊からの人員送り込み 九州より協力復旧隊 大阪等から食料等緊急物資				物資荷揚げ基地の活用開始（港）				
臨時旅客輸送 （港内）			メリケン～kcat等		増便			定常		
臨時旅客輸送 （港外）				神戸～大阪等		増便		定常		
企業チャーター船				臨時チャーター		増便		定期チャーター		
消火活動 医療救助活動		消防船の活用		船による患者輸送						
港湾機能回復活動		船による港湾調査		船による港湾調査		船による港湾調査		船による海中障害調査		

図3.9　震災発生後の船舶の活動状況
（平成8年シンポジウム阪神・淡路大震災の教訓（関西造船学会）より作図）

表3.1　M7.3首都直下地震による東京の被害想定
（東京都資料〈文献12〉より作成）

条件			東京都防災会議		中央防災会議
	規模 時期及び時刻		東京湾北部地震 M7.3 冬の夕方 18時		
		風速	6m/秒	15m/秒	15m/秒
人的被害		死者	5,638 人	6,413 人	7,800 人
	原因別	ゆれ液状化による建物倒壊	1,737 人	同左	2,200 人
		地震火災	2,742 人	3,517 人	4,700 人
		急傾斜・落下物・ブロック塀	769 人	同左	900 人
		交通被害	390 人	同左	—
	負傷者（うち重傷者）		159,157 人 (24,129 人)	160,860 人 (24,501 人)	—
	原因別	ゆれ液状化による建物倒壊	73,472 人	同左	—
		屋内収容物の移動・転倒	54,501 人	同左	—
		地震火災	15,336 人	17,039 人	—
		急傾斜・落下物・ブロック塀	9,027 人	同左	—
		交通被害	6,821 人	同左	—
物的被害	建物被害		436,539 棟	471,586 棟	約 530,000 棟
	原因別	ゆれ液状化による建物倒壊	126,523 棟	同左	約 120,000 棟
		地震火災	310,016 棟	345,063 棟	約 410,000 棟
	交通	道路	607 箇所	同左	約 720 箇所
		鉄道	663 箇所	同左	約 620 箇所
	ライフライン	電力施設	停電率 16.9%	—	停電件数　約 110 万軒
		通信施設	不通率 10.1%	—	不通回線数　約 74 万回線
		ガス施設	供給停止率 17.9%	—	供給停止件数　約 110 万軒
		上水道施設	断水率 34.8%	—	断水人口　約 390 万人
		下水道施設	下水道管きょ被害率 22.3%	—	機能停止人口　約 13 万人
その他	帰宅困難者の発生		4,476,259 人	同左	約 390 万人
	避難者の発生（ピーク：1日後）		3,854,893 人	3,990,231 人	約 310 万人
	エレベーター閉じ込め台数		最大 9,161 台	同左	—
	災害時要援護者死者数		1,732 人	2,009 人	約 2,900 人
	自力脱出困難者		22,713 人	同左	約 32,000 人
	震災廃棄物		4,065 万トン	4,183 万トン	約 6,700 万トン

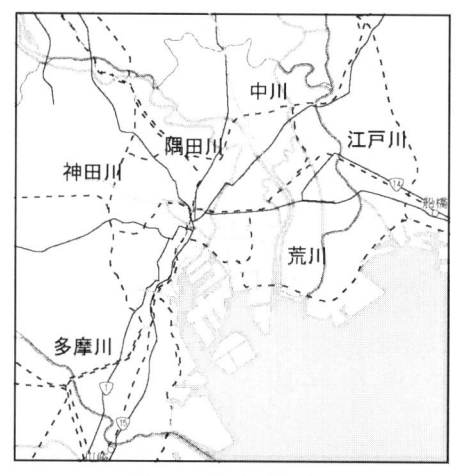

第 3 章　都市再生における河川、運河舟運の新たな展開　　119

図3.10　河川・運河網

　水面を活用すれば帰宅困難者を家族の元に帰すことができる。東京に集中している勤労者や来訪者を、いち早く分散させることも防災上大切な視点である。課題は、帰宅困難者を輸送するための船の確保である。プレジャーボートは多くて10人。大量輸送には向かないが、輸送拠点と結ぶ支援は可能である。東京港周辺には作業船や警戒船などの業務船もある。しかし、これらの船は災害の復旧・復興に供用されよう。帰宅困難者の輸送に期待が寄せられるのが「水上バス」と「屋形船」である（**写真 3.56**）。それらには給水施設やトイレもあり、傷病者等の輸送も可能である。さらに、船舶無線も装備されているため、必要な箇所に迅速に配置することも可能である。屋形船事業者のほとんどが川沿いに居住しているのも、素早い対応を可能とする。

　東京都内には100人乗り程度の屋形船が羽田・品川・中央隅田・東京東部等の都内に分散して約200隻存在する。200隻が一斉に活動すれば、1回で2万人が運べ、24時間で5回運航すると、1日片道10万人を運べることになる。東京湾沿岸の遊漁船から漁船の協力が得られれば、輸送能力は格段と向上する。

写真3.56　屋形船

　一方、陸上自衛隊の仮設渡河橋も重要な手段となり、訓練・演習も行われているが、仮設渡河橋を設置すると船は通れない。渡河地点の選定には慎重な検討が必要である。

阪神・淡路大震災の経験を踏まえ、行政は全国の主要な都市の河川や運河に耐震性の防災船着場を整備した。東京都だけで72カ所（国土交通省整備含む）ある（図3.11）。この防災船着場は災害時の避難民や救援物資の輸送のために整備されているが、その位置を知っている人は少ない。施設管理者は船着場の位置情報を災害弱者にまで広く伝える努力が必要である（写真3.57、3.58）。

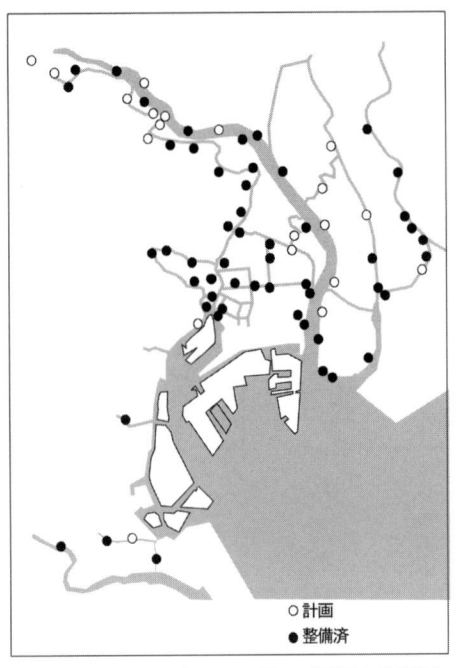

図3.11　東京の防災船着場の位置（計画と整備済）

写真3.57　荒川の防災船着場（堀切リバーステーション）

写真3.58　日本橋の鍵の掛けられた防災船着場（常盤橋）

防災船着場の多くは鍵がかかっている。船着場を開放することは簡単である。しかしながら、施設管理者は、開放すると平常時の不法係留や事故の発生を懸念する。地震がいつ襲うかはわからない。緊急時に即応できるよう、漁業組合や船着場近くの商工会あるいは自治会に管理委託する方法について、早急な検討が望まれる。行政と市民との間のコンセンサスの構築が肝要である。

　防災船着場周辺に殺到する人たちの安全を確保するための配慮として、水際には

公共空地を併せて整備しておくことも重要である。平常時は散歩や移動カフェテラス等に活用すれば、人々の防災船着場に対する認識はさらに高まろう。災害時だけの施設ではなく、平常時に観光船などの船着場として利・活用されていて、はじめて災害時に役立つ有効なインフラとなる。

（2） 震災廃棄物の輸送

先に述べたように、東京都では隅田川や神田川を使って、東京都の不燃ゴミの約3割を輸送している。東京都では、東京湾北部地震で$M7.3$が発生した場合、震災廃棄物は最小で約4,065万t（1,605万m^3）が発生すると試算している。東京都における2003（平成15）年度の産業廃棄物約2,360万tの約1.7倍が一瞬のうちに発生する[12]。埼玉県や千葉県、神奈川県を合わせると1億t近くになろう。

この震災廃棄物を市民生活に支障なく処理していくことが、震災後の都市の復興を進めていく上で重要となる。復興時には震災廃棄物だけでなく、新たな都市づくりのための建設残土や廃材も都市全域で発生する。大量の廃棄物は一時的に臨海部の埋立地や荒川等の河川敷の利用が想定される。仮に河川敷に仮置きして処分するにしてもヤードと設備が必要になる。震災廃棄物を処理する場所をあらかじめ設定しておくことは重要な課題である。東京都の海面処分場は一般ゴミの処理として作られているため、震災廃棄物を持ちこむと、その後の処理が問題となる。最終処分場は海面が想定されるが、東京湾への投棄には解決すべき課題が多すぎる。現在でも、千葉県船橋市では一般廃棄物の焼却灰の最終処分地を秋田県に、松戸市は青森県に求めている。人口密集地域では、ゴミ・ガラの一時的なストック場として、避難住民で溢れる地域の公立学校が当てられる状況にある。弁慶堀に連なる上智大学のグラウンドとなった外堀は、戦災のゴミ・ガラで埋め立てられた。ゴミ処理は深刻な問題を抱えている。

廃棄物の輸送を10tダンプトラックで陸上輸送すると延べ約406.5万台が必要となる。水上輸送の場合、300tクラスの船で延べ約13.6万隻である。1日当たりダンプトラック2,000台が稼働して約5年、船の場合1日当たり1000隻が稼動して129日となる。当然のことながら、ゴミ仮置き場から廃棄物を船に積み込む船着場や岸壁まではダンプトラックに頼らざるを得ない。

ニューヨークの9.11テロ（2001年9月11日発生）の復旧に当たって、フェリーにダンプを搭載し、そのまま廃棄場所へ輸送したという。RO/RO船（フェリーのようにランプを備え、トレーラーなどの車輌を収納する甲板を持ち、自走で搭載・揚陸できる構造の貨物船）のようなシステム作りも必要になろう。備えあれば憂いなし、という。震災後の廃棄物処理が都市の復興に大きく影響する。そのためにも平常時から舟運を活用しておくことが重要である。

(3) レスキュー船

南関東直下型地震が発生すると、病院や避難場所等の多くも少なからず被災する。生活道路が寸断されれば救急車等の緊急車両は被災地にたどり着けず、負傷者等を輸送できない。沿岸部では液状化現象により道路等の交通網が寸断されよう。このような場合、ヘリコプターか船に頼らざるを得ない。ヘリコプターの輸送は被災を免れた救急病院への搬送は可能であるが、大量輸送には限界がある。

一方、船であれば大量の搬送と船内での処置が可能となる。沿岸部における救急救命には有効な手段となる。アメリカは1,000床の病院船を保有しているが、わが国には海上自衛隊「ましゅう」が40床を有するのみである。そのため、大規模災害に備えた救急船の準備は急を要する政策課題である（**写真3.59**）。

写真3.59 荒川ロックゲートでの傷病者を輸送する訓練風景

大きな船も必要だが、小さな機動性のある船を自治体が複数保有しておくことも有効である。地震によって倒壊した建物のゴミ等が河川や運河に浮遊すれば、プレジャーボートでも航行が不可能となることも想定される。そうした状況を想定してゴムボートなどの小型船があれば、多くの人を救出することも可能であり、川や運河に近い小学校や公民館等に保管しておくとよい。2馬力以下、全長3m未満であれば（できれば法改正で5馬力以下、5m未満とすれば、さらに効率的である）免許がいらず、船の動かし方を知っていれば誰でも操船可能である。

NPO「ア！安全・快適街づくり」では、江戸川や荒川沿いの小学校に小型のボートを寄贈している。いざというときの安心の担保と安全な避難のためである。

地震だけでなく、水害時にも有効である。東海豪雨時には市街地が浸水し、自衛隊のボートが出動した。道路は浸水し、救急車も通行できない袋小路や住宅密集地では小型船が有効なことは、これまでの災害でも証明されている。水上バイクも有効な手段である（**写真3.60**）。宮崎市の消防署では災害時に水上バイクを活用することを考え、地元愛好家と連携して非常時に出動することになっている。災害にあった人を救出するのは、行政だけで

写真3.60 水上バイクの有効活用
（提供：佐藤純子）

はない。先に述べたように屋形船、プレジャーボート、水上バイク等、民間の船はたくさんある。この船を効果的に活用していくことが重要である。効果的に活用す

るためには、平常時から民間とのネットワークを構築し、何時でもどこでも出動できるようルールを定め協定を結び準備・演習しておく必要がある。

(4) 防災への新たな取り組み

最近になって、隅田川にプレジャーボートが一時係留できる船着場が3カ所整備された（**写真3.61**）。これまでテラスへの係留は不法とされていた。一時的にせよ、停泊できるようになったのは進歩である。震災は広域で発生する。隅田川のテラス全域が緊急船着場と化す事態は容易に推察できる。それに備え、安全な停泊ができるよう係船金具（ボラードやクリート）の設置を急ぐべきである。

写真3.61　隅田川の一時係留船着場

なお、オランダ・デルフト市内の運河ではボートのコイン駐船場が設置されている（**写真3.62**）。日常的な船の利用を普及させるためにも有効な方法であり、緊急時の護岸や桟橋の利用が拡大されるに違いない。

先に述べた屋形船や遊漁船の事業者の多くは、漁業協同組合等の組織に所属している。屋形船等は東京湾内を熟知した操船のプロである。

写真3.62　デルフト市内のコイン駐船場

また、水上バスや水上タクシー等の事業者の協力も不可欠である。プロ集団が災害時に自らの船を有効に活用してもらえれば、多くの人たちが救われる。ただし、仕事場である船が動けば、燃料費をはじめ、船舶の修理も必要となろう。災害といっても無償奉仕というわけにはいかない。

国や自治体では船による防災訓練も行われているが、訓練時に船を提供してもらうだけでなく、平常時に屋形船等の事業者との協議を重ね協定を結ぶ努力に期待したい（**写真3.63、3.64**）。

写真3.63　災害訓練の写真　（提供：国土交通省江戸川河川事務所）

写真3.64　屋形船の防災訓練の写真　（提供：佐藤純子）

　2006年11月2日に開催された「国際舟運シンポジウム－河川・運河を活用した都市再生」において、浅草橋で船宿を営む新倉健司氏は屋形船の有効活用を強調し、自主的防災組織を確立するために事業者の意思統一とシステムの構築を図り、かつ同業他組織との調整・連携と関係諸機関との綿密な協議が欠かせないと述べた。この言葉は重い。行政ではなく、民間事業者が防災に対して自らが何をできるかを模索し、それを実行に移そうとしているのである。地域コミュニティの防災意識を高める手段としても欠かせない。東京の屋形船等は行政から見ると厄介者と見られているが、いざという時には最も役立つ船団となる可能性がある。

3.4　都市再生からの新しい展開

　都市再生において河川、運河舟運が大きな役割を果たしている川と都市を、本書で取り上げた事例を中心に整理すると、以下のようである。

(a)　**古い街並みを保全しつつ、観光面の資産として河川、運河舟運を生かしている都市**
　・ヴェネツィア：運河網
　・アムステルダム：運河網

- パリ：セーヌ川、運河網
- ブルージュ：運河
- プラハ：ブルタヴァ川（エルベ川支流）
- ブダペスト：ドナウ（ダニューブ）川
- ドレスデン：エルベ川

(b)　川の再生、川からの都市再生を行い、その重要な装置に舟運がなっている都市[1),7)]
- サンアントニオ：サンアントニオ川（治水上の苦悩を克服しつつ川の空間を生かした観光を新たな産業に）
- 東京：隅田川（川の再生、川からの都市再生の日本を代表する事例の一つ。近年は隅田川の支流となっている日本橋川の再生も議論に）
- 北九州：紫川
- 大阪：大川（堂島川、土佐堀川）と道頓堀川等の運河網
- 徳島：新町川（市民の活動が大きく貢献している事例）
- シンガポール：シンガポール川（川の再生、川からの都市再生の代表的な事例）
- 中国・上海：黄浦江（川の再生、川からの都市再生）
- 中国・上海：蘇州河（川の再生、川からの都市再生）
- 中国・北京：転河（高梁河）など（川の再生、川からの都市再生）

(c)　都市の発展とともに廃れることなく脈々と舟運が行われてきており、現在も盛んな都市
- タイのバンコク：チャオプラヤ川と首都圏内の運河網（かつては農業用水路であり、舟運という主要な移動手段の空間）

　これらの事例に見るように、河畔の町並みは歴史的なものを保全しつつ、新しい都市の経済活力の源泉として観光を興し、その中心に川や運河の舟運をおいている都市が数多くある。
　また、汚染などにより都市で忘れた空間となっていた川や運河を再生するとともに河畔の都市を再生し、舟運を都市と川とを結ぶ重要な装置としている都市が近年数多く出てきている。およそ80年前から治水上の対策とともにショートカットされた河川空間を都市再生に、そして現在は最大の産業である観光の中心にしてきたサンアントニオや、近年の東京・隅田川や大阪・大川、徳島の新町川、そして成長著しいアジアの都市、シンガポールのシンガポール川、中国・上海の黄浦江や蘇州河、中国・北京の転河（高梁河）などである。
　都市の成長とともに廃れることなく脈々と舟運が行われてきており、現在も盛んな都市としては、タイのバンコク（チャオプラヤ川と運河網）がある。"水の都市"

と呼ばれるにふさわしい理由の一つである。

　パリやヴェネツィア、アムステルダム、ブルージュ、ドレスデンは、河畔の町並みをコンバージョンしつつ保全しており、河畔の都市再生をしているものでないが、新しい都市の活力の源泉となった観光の重要な装置となっていることから考えると、この範疇に入れてよいであろう。

　このように、直接的に川や運河を生かした都市再生において、川と運河の存在とそれを都市と結び付ける舟運は、都市と水面を具体的に結び付け、都市の魅力の重要な"装置"となっている。都市の新しい活力の源泉としての観光の振興においても、舟運が重要な"装置"となっている。このような面から、河川、運河舟運の新たな展開が図られてよいであろう。

[参考文献]
1) 吉川勝秀編著：多自然型川づくりを越えて、学芸出版社、2007
2) 李　大熙：李朝時代の交通史に関する研究―特に道路・水路網を中心として、雄山閣、1991
3) 金　光鎰：韓国・京釜運河の実現可能性に関する研究、日本大学理工学部博士論文、2002
4) 吉川勝秀：人・川・大地と環境、技報堂出版、2004
5) 吉川勝秀・本永良樹：低平地緩流河川流域の治水に関する事後評価的考察、水文・水資源学会誌（原著論文）、水文・水資源学会誌、第 19 巻第 4 号、pp.267-279、2006.7
6) 吉川勝秀：都市化が急激に進む低平地緩流河川流域における治水に関する都市計画的考察、都市計画学会論文集、pp.00-00、2007.0（確定次第記載）
7) リバーフロント整備センター（吉川勝秀）編著：川からの都市再生―世界の先進事例から―、技報堂出版、2005
8) 吉川勝秀：河川流域環境学、技報堂出版、2005
9) 石井昭示：水上学校の昭和史、隅田川文庫、2004
10) 東京都江戸東京博物館：隅田川をめぐるくらしと文化、東京都江戸東京博物館、2002
11) 関西造船学会：大災害時における海上輸送システムの実態とその在り方に関する調査研究、関西造船学会、1997
12) 東京都：首都直下地震による東京の被害想定、2006
13) NPO 都市環境研究会：国際シンポジウム―河川・運河を活用した都市再生―報告書、2007.3

第 4 章　これからの展望

　この章では、河川舟運、川からの都市再生について、それをいかに進めていくかについて、具体的な提案を行うこととしたい。その視点として、「水、川からの展望」と「都市からの展望」について述べる。これは、これまでの川からの都市再生については、いわゆる河川管理側が主導して行われたものと、都市側から行われたものがあることに配慮したものである。本来は、都市再生は川と都市をともに扱うことが求められるが、これまでわが国では、都市計画や建築関係の専門家は川のことについて扱う経験をしてこなかったこと（これらの専門家がまれに川を整備すると、箱庭的な川の整備、造園的な整備となった事例も多い）、また、川を扱うシビル・エンジニア（土木技術者）側は、都市形成やいわゆる街づくりの経験が乏しいためである（治水の経験はあるが、土地利用の調整や河畔のまちをつくる経験が欠如）。これは、専門的な学習もその背景にあるが、具体的な仕事や事業制度等の面でも、わが国では川や水面の管理は国や都道府県（公）が行政として行い（その専門家はシビル・エンジニア）、都市整備は防災的な面からの都市再生などでは市町村（基礎自治体）の行政担当者が行うことがあるが、基本的には民間主体（その専門家は都市、建築分野）で行われていることも大きく影響している。

　両者を複合的に扱った川からの都市再生の例としては、前述の北九州市の紫川の例があるが、これは市長の全面的なリードのもとに、河川側がリードしつつ、建築、都市、河川の専門家が連携しつつ取り扱った事例である。また、サンアントニオ川の例では、治水を行う部局は治水を行いつつ、都市計画の専門家が河川の蛇行部にリバー・ウォークを設けることを計画し、実行したという連携プレーによるものである。隅田川の再生では、河川側がリードしつつ川の中にリバー・ウォークを設けるとともに緩傾斜の堤防とする工事を進め、いわゆるスーパー堤防事業として市街地に盛土を行うことで都市再開発を促してきた。ボストンの事例では、湿地を大規模に埋め立てして土地造成を行うとともにチャールズ川に公園とリバー・ウォークを設け、さらにはそこに流入していたマディ川にエメラルド・ネックレスと呼ばれる水と緑、さらには市民のレクリエーション等の空間（バックベイ・フェンズ（湾奥の湿地）やリバー・ウォーク、緑地と広幅員の道路）を整備している。

　また、本来は、このような川からの都市再生、すなわち川の再生と都市再生は、

例えば北海道・恵庭市における茂漁川・漁川の再生や整備を都市計画面から位置づけて進めてきた例のように、地方行政の長または視野の広い市町村の行政マンが主導的に行うとよいものができるといえる。あるいはまた、水質や生態系復元という水系の再生とともに水辺の土地の再生により経済の再興も行ってきた産業革命の発祥の地、イギリスのマンチェスターやリバプールを流れるマージー川流域再生のように、河川・運河再生と沿川の土地所有者（民間および市など）とが連携した再生の勇気のわく先進的な事例もある。

以下ではそのような連携プレーを期しつつ、川からの都市再生についての川、水からの展望とともに、都市からの展望、そして都市再生において重要な水面利用、河川舟運について述べる。

4.1　水、川からの展望

(1)　川からの都市再生全般についての提案

ここでは、日本の東京首都圏を具体的な対象として想定しつつ、世界の先進的な事例も参考に、川からの都市再生について考察し、川からの都市再生モデルについて提示する。そして、東京首都圏の典型的な課題を抱える河川を取り上げ、都市の貴重な空間として川の空間を人々に開放する具体的な手段としてのリバー・ウォークや、川の上空を覆う高速道路の撤去と川および河畔市街地の再生について考察し、提案を行う[1]〜[6]。

(a)　東京首都圏の都市化と自然環境の変化

日本の東京首都圏を対象に、その都市化と自然環境の変化、川の変貌、川と道路との関わりについて概観すると以下のようである。

ⓐ　流域の都市化と自然環境の変化

この100年の間の東京首都圏の人口の増加は図4.1に示すようであり、約700万人から約5倍の約3,400万人にまで増加した。この人口増加とともに、東京の首都圏の市街地は図4.2に示すように拡大した。特に1970年代以降の経済の高度成長

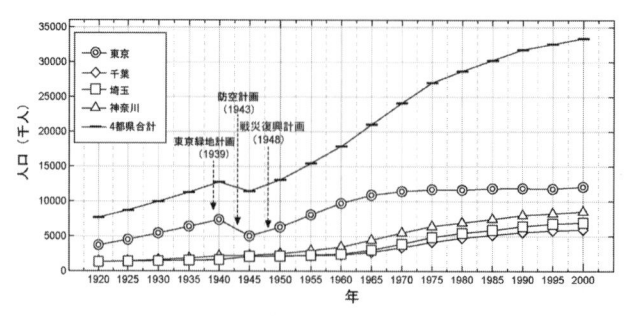

図4.1　この100年の東京首都圏の人口の増加

期以降、1990年にかけての経済のバブル期までの市街化の進展は著しく、図4.3（衛星写真）に示すようであった。

現在の首都圏の都心部周辺の水と緑の空間は図4.4に示すようである。

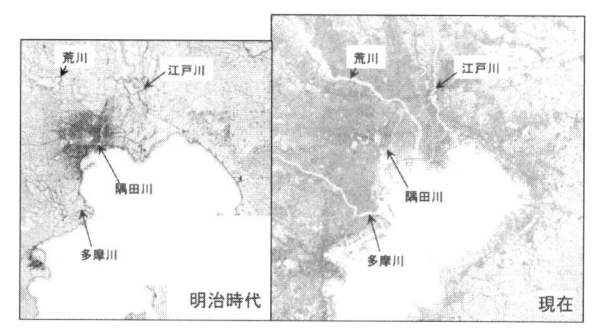

図4.2　この100年の東京首都圏の市街地の拡大　（色の濃い部分が市街地）

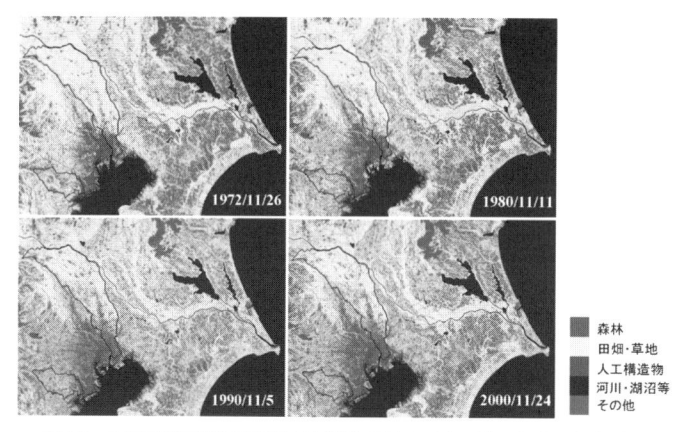

図4.3　1970年代以降の急激な市街地の拡大　（色の濃い部分が市街地）

図4.4　都心部周辺の水と緑の空間（衛星写真）
（都心に残るまとまった緑地、都市の骨格としての河川、隅田川河口周辺の埋立地）

ⓑ 都市の川や水辺の変貌

この東京首都圏の人口増加と市街地の拡大とともに、極めて多くの河川や農業用水路、運河等が地表から消失した。その様子は、**図4.5**の左と右の図とを対比すると分かる。都市化とともにほぼ全域で川の支流や農業用水路などが消失しているが、東京東部の荒川と江戸川の下流部に挟まれた中川・綾瀬川流域の下流部では、膨大な数の水路が消失したことが分かる。

また、この時代には遠浅の東京湾の内湾のほぼ全域が埋め立てられ、海浜や干潟、藻場（もば）等が消失して水際は直立護岸となった。埋め立てられた湾岸の土地の多くは企業用地であるため、市民の海へのアクセスも不可能となった。

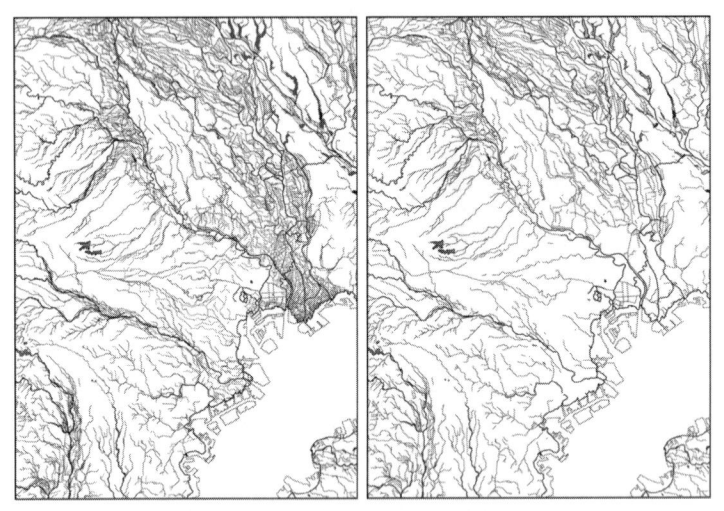

図4.5 この100年の間の川や水路の消失、海岸の埋め立て
（左：100年前、右：現在。海岸部の破線は、この100年間に埋め立てられた範囲を示す）

ⓒ 都市の中の川と道路

都市化の進展とともに河川環境が悪化した時代には、多くの川や水路が蓋をかけられて暗渠化された。地下の下水路となった川や水路の上は、都市の機能として必要となった道路を建設する用地となった。埋め立てられ、あるいはもとの川のままで閉め切られて川底の部分に道路が設けられた川や運河もある。東京の日本橋川や古川（渋谷川下流部）のように川の上空に高架の高速道路を設けられた川もある（**写真4.1**）。

東京の隅田川のように河畔が高架の高速道路に占用された川もある（**写真4.2**）。

写真4.1　上空を高速道路に占用された日本橋川(左)と古川（渋谷川下流、右）

写真4.2　河畔を高速道路に占用された隅田川

　人口が減少するとともに、少子・高齢化社会となる時代（図 4.6）を展望すると、自然と共生する流域圏・都市の再生がテーマとなっている。これからの時代には、20 世紀型の都市建設ではなく、20 世紀の負の遺産も解消しつつ、自然と共生する都市・流域圏への再生、そして川の再生を核とした都市再生、都市内における川と道路との関係の再構築などが求められるようになっている。

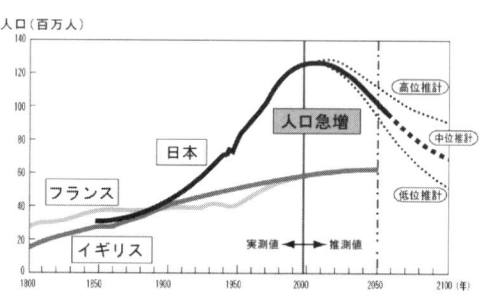

図4.6　日本のこの100年の人口の経過と将来予測

(b)　川からの都市再生

　川からの都市再生について概観しておきたい。

　世界の大都市における川からの都市再生についてみると、19世紀半ばにロンドンのテムズ川、パリのセーヌ川で、さらには 19 世紀後半にはボストンのチャールズ川やマディ川とその沿川などで行われている。それから 100 年以上を経た 1980 年代より、日本では戦後の経済の高度成長と都市化により急激に環境が悪化した川とその沿川の市街地の再生が、隅田川や北九州の紫川、徳島の新町川、名古屋の堀川で進められてきた。そして最近では、大阪の道頓堀川や京都の堀川などでも進められている。

近年、人口増加と都市化、経済成長が著しいアジアの都市では、都市や河川環境の悪化が著しい。そのアジアの都市でも、注目すべきスピードと規模で川の再生とそれを核とした都市再生が進められている。

以下にその概要を示す。

ⓐ 日本の代表的な事例

川の水質悪化や地盤沈下した地域を高潮災害から防止するために設けられた高い堤防により、まちと川とが分断されていた隅田川（東京）の再生と河畔の再開発、汚染された紫川（北九州）の再生と河畔の再開発など、以下のような川と河畔都市の再生が挙げられる。

- 東京の隅田川とその沿川の都市再生（**写真 4.3**）
- 北九州の洞海湾の再生、紫川とその沿川の都市再生（**写真 4.4**）
- 徳島の新町川とその沿川の都市再生（**写真 4.5**）
- 大阪の道頓堀川の再生（**写真 4.6**）
- 名古屋の堀川の再生（**写真 4.7**）
- 横浜のいたち川の再生（**写真 4.8**）

写真4.3　東京の隅田川とその沿川の都市再生（左：再生前、右：再生後）

写真4.4　北九州の紫川とその沿川の都市再生（左：再生前、右：再生後）

写真4.5　徳島の新町川とその沿川の都市再生（再生後）

写真4.6　大阪の道頓堀川の再生（再生中）

写真4.7　名古屋の堀川の再生（再生後）

写真4.8　横浜のいたち川の再生（左から右に経年的に変化）

⒝　世界の事例

　比較的近年の事例として、産業革命の発祥の地であるイギリスのマージー川流域の再生が挙げられる（**写真4.9**）。産業革命以降ヨーロッパで最も汚染され続けてきたマージー川流域では、この約25年間にわたり、行政、市民・市民団体、企業が

写真4.9　マージー川流域の再生　(左：再生前、中・右：再生後)

連携して「経済の再興」と「水系の再生」に取り組んできている。水系と水辺の都市再生の事例として知られてよい。

アジアでは、近年急ピッチで行われている川からの都市再生の事例として、以下のようなものが挙げられる。
- シンガポールのシンガポール川とその沿川の都市再生（**写真4.10**）
- 韓国・ソウルの清渓川での道路撤去・川の再生（**写真4.11**）
- 中国・上海の黄浦江の沿川再生（**写真4.12**）
- 中国・上海の蘇州河とその沿川の都市再生（**写真4.13**）
- 中国・北京の転河（高梁河）とその沿川の都市再生（**写真4.14**）

写真4.10　シンガポール川とその沿川の都市再生　(左：再生前、中・右：再生後)

写真4.11　ソウルの清渓川での道路撤去・川の再生　(左：再生前、中・右：再生後)

写真4.12　上海の黄浦江の沿川再生（再生後）

写真4.13　上海の蘇州河とその沿川の都市再生（左：再生前、中・右：再生後）

写真4.14　北京の転河（高梁河）とその沿川の都市再生（再生後。左は冬の風景）

ⓒ　川と道路の関係の再構築

　産業革命以降の都市化の進展とともに、その後モータリゼーションが急激に進んだ時代には、都市で必要となった道路建設のために、環境が悪化していた河川や水辺が使われることとなった。このことは、東京首都圏を例に本項(1)の(a)で述べたとおりである。

　都市開発、社会資本の建設の時代であった20世紀の終わりに近い頃からは、都市における川と道路との関係の再構築、すなわち河畔や川の上の道路を撤去し、川や水辺を再生することも行われるようになってきている。その代表的な例として、下記のものが挙げられる。
- ライン川河畔のドイツ・ケルンにおける高速道路の地下化、水辺再生（約25年前に完成。道路を地下化、地上は河畔公園。**写真4.15**）
- ライン川河畔のドイツ・デュッセルドルフにおける高速道路の地下化、河畔の都市再生（約10年前に完成。道路を地下化、地上は市街地再生・河畔公園。

写真 4.16)
- 韓国・ソウルにおける清渓川での道路撤去・川の再生、河畔の都市再生への展開（2005 年秋に道路撤去、川の再生が完成。写真 4.17)
- アメリカ・ボストンにおける都心と水辺とを分断していた高架高速道路の地下化（2006 年に道路の地下化が完成。地上は公園と公共施設。写真 4.18)
- フランス・パリにおける川の中の高速道路を一定期間閉鎖し、河畔ビーチとして利用（一定期間交通止め、イベント的利用。写真 4.19)

写真4.15　ライン川河畔のケルンにおける高速道路の地下化、水辺再生（約25年前に完成）

写真4.16　ライン川河畔のデュッセルドルフにおける高速道路の地下化、河畔の都市再生
（約10年前に道路の地下化、市街地再生が完成。左：工事中、中：工事完了直行〈1995 年冬〉、右：最近の風景）

写真4.17　ソウルにおける清渓川での道路撤去、川の再生、河畔の都市再生
（2005 年秋に道路撤去、川の再生が完成）

写真4.18 ボストンにおける都心と水辺を分断する高架高速道路の地下化
(2006年秋に道路の地下化が完成)

写真4.19 パリ・セーヌ川の中の高速道路を一定期間閉鎖し、河畔ビーチとして利用

ⓓ 川の再生と都市整備（都市計画）との連携

これらⓐ〜ⓒの事例のうちで、川の再生が中心となっているもの、あるいは川の再生と道路の撤去・地下化というインフラ整備主体のものとしては、日本では道頓堀川の事例が、海外では韓国・ソウルの清渓川、ドイツ・ケルンのライン川、アメリカ・ボストンの高速道路地下化の事例が挙げられる。

川の再生のみならずその沿川の市街地再生を同時に行っているもの、川と都市計画が連係したものとしては、日本では隅田川、紫川、新町川、堀川の事例が、海外ではドイツ・デュッセルドルフのライン川、シンガポールのシンガポール川、中国・上海の蘇州江、北京の高梁江の再生事例が挙げられる。

(c) 川からの都市再生のモデルの提示

以上のような先進的な事例も参考にして、川から都市再生について以下のような3つのモデルを設計・提示することができる。

ⓐ 川の再生型モデル

このモデルは、もっぱら川の再生を行うもので、上述の事例の中では日本の道頓堀川の再生が典型的であるが、日本のみならず世界でも数多く行われている。近年

は近自然型河川工法による河川整備、河川再生なども行われるようになり、「川の再生型モデル」での取り組みが各所で行われる時代となっている[5]。

ⓑ　川と河畔再生型モデル

このモデルは、川の再生のみならず、河畔の都市再生を目指すもので、日本では隅田川や紫川などが、海外ではシンガポール川、ドイツ・デュッセルドルフのライン川、中国・上海の蘇州河、北京の高梁河（転河）の事例が挙げられる。

今後は、自然と共生する都市再生として、このような都市計画と川の再生が連携した「川と河畔再生型モデル」での取り組みが望まれる。

ⓒ　道路撤去・川の再生型モデル

このモデルは、川を占用あるいはウォーターフロントと都心を分断してきた道路の撤去（再建しない場合と地下に再建する場合とがある）と川の再生という、都市インフラの再生が中心となるものである。韓国・ソウルの清渓川、ドイツ・ケルンのライン川、アメリカ・ボストンの高速道路の地下化の事例がこれに相当する。韓国・ソウルやアメリカ・ボストンの事業は、利便性を追求した20世紀型の都市経営から、環境や人に優しい都市に転換するという、パラダイム・シフトを端的に示すものとして注目されてよい。特にソウルの事例は、撤去した道路を再建せず、都市の中に道路交通を引き込まないとするものであり、これからの時代の都市経営のパラダイムを示すものといえる（**写真4.20**）。

中国・北京の高梁河（転河）の事例は川を埋立てて道路としていたものを、道路を撤去し、川を再生するとともに河畔の都市再開発を行ったものである。そこでは、河川舟運の再興も行われている。

このモデルに「川と河畔再生型モデル」を組み合わせた再生モデルもより積極的に考えられてよい。

写真4.20　ソウルの事例のその後の風景（工事完成後約1年を経た2005年5月）

(d)　都市空間における川の空間構造としての川の通路（リバー・ウォーク）

川の空間を都市の空間として生かすには、人々が川の空間にアクセスし、川の空間を移動できる通路（リバー・ウォーク）が重要である。

ⓐ　川の通路の類型

都市空間で川が生かされている場合に、舟運が川や水辺に近づく手段となってい

る場合がある。ヨーロッパのよく知られているヴェネツィア（イタリア）の運河や、かつての日本の江戸（東京）の日本橋川などである。この場合には、建物は水際まで迫って建てられており、川に沿った通路はないことが多いが、船着き場（日本では河岸）が各所にあり、人々は舟運により川や水辺、そして都市内を巡ることもできるようになっている。この場合の通路は川や水面そのものであり、船という手段で人々は川や水辺を移動する。その事例として、ブルージュ（ベルギー）の運河（写真4.21）、プラハ（チェコ）のブルタヴァ川（写真4.22）の例を示した。

写真4.21　ブルージュ（ベルギー）の運河の風景

写真4.22　プラハのブルタヴァ川の風景

舟運が廃れてくるとともにモータリゼーションが進展してくると、川に沿った道路が必要となってくる。馬車が主体の時代を経て自動車が通行するようになると、川沿いの道路は人々が川に接することをむしろ妨げるものとなった。

ここでいう川の通路（リバー・ウォークあるいはフット・パス）は、人々が川にアクセスし、川に沿って川の空間を楽しむことができる通路のことである。このような川の通路は、世界の多くの川で見られ、その例として日本の鴨川（京都。写真4.23）、太田川（広島。写真4.24）、紫川（北九州。前出写真4.4）、新町川（徳島。前出写真4.5）、イタリアのテベレ川（ローマ。写真4.25）、ドイツのマイン川（フランクフルト。写真4.26）などが挙げられる。

現在において、舟運とリバー・ウォークが併用されている川もある。その例としては、日本の隅田川（東京。写真4.27）、フランスのセーヌ川（パリ。写真4.28）、イギリスのテムズ川（ロンドン。写真4.29）、アメリカのサンアントニオ川（写真4.30）などが挙げられる。

140　第Ⅰ部　舟運都市の現状

写真4.23　京都・鴨川のリバー・ウォーク

写真4.24　広島・太田川のリバー・ウォーク

写真4.25　ローマのテベレ川のリバー・ウォーク

写真4.26　マイン川のリバー・ウォーク

写真4.27　隅田川のリバー・ウォーク

写真4.28 セーヌ川のリバー・ウォークと舟運

写真4.29 テムズ川のリバー・ウォークと舟運

写真4.30 サンアントニオ川

ⓑ 東京首都圏の中小河川の通路に関する経過と現状

　東京首都圏の中小河川については、かつて都市計画で川に保健道路を設け、都市の重要な空間とすることが構想された時代があった[1)～5)]。その構想の石神井川（東京）の例を図4.7に示した。しかし、東京首都圏の圧倒的な都市化の圧力、その下で深刻化した都市水害問題に、限られた河川用地内で対応するために川を深く掘り込む、あるいは高い堤防を設けて都市を守る必要が生じたことなどから、川の用地に広い余裕を必要とするこの構想は実現することがなかった。この時代には、川の空間を都市の貴重な空間として整備するという思考と意思が欠如していた。

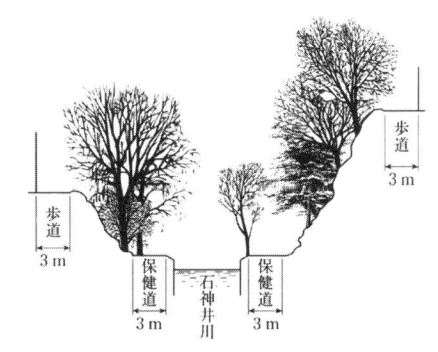

図4.7　石神井川の保健道路構想

　深く掘り込まれた川の例を神田川、渋谷川、呑川（いずれも東京。写真4.31）を

例に示した。高い堤防が設けられた川としては、隅田川（東京。**写真4.32**）が挙げられる。

　首都圏の深く掘り込まれた川では、ビルや家屋が川際まで建てられていることが多く、人々の川へのアクセスがほとんど不可能な区間が多い。多くの川では、河畔の通路はもとより、川の中には全く通路がないのが現状である。

写真4.31　深く掘り込まれた川（左：渋谷川、中：神田川、右：呑川）

写真4.32　高いコンクリート堤防で分断されていた隅田川

ⓒ　川の中のリバー・ウォーク

　東京首都圏の川と同様に深く掘り込まれた川となっている神戸の中小河川（都賀川、住吉川、新湊川）を見ると、**写真4.33**に示すように、川の中に通路（リバー・ウォーク）が設けられている。このため、深く掘り込まれた川であっても、人々に利用されている。

　東京首都圏の川と神戸の川とを比較してみると、その構造（川幅と深さ）にはそれほど大きな違いがない。構造的には、むしろ神戸の新湊川が狭くて深く掘り込まれており条件が悪い。この川には、神戸の大震災後の復旧工事で、川の中へのアクセスと川の中のリバー・ウォークが設けられ、川の中も利用できるようになっている。また、日本の川は河川勾配が急で、降雨強度も強く、いわゆるフラッシュ・フラッドで、洪水の出水が速い（洪水到達時間が短い。洪水到達時間は河川勾配と降雨強度から定まる）[7]。洪水時の避難に関係する洪水の出水の速さについてみると、緩やかな丘陵地（ローム台地）上を流れて河川勾配が緩い東京の川よりも、六甲山地から短い区間で海に至る河川勾配が急な神戸の川の方が出水の時間が速い。洪水時の避難という面では、むしろ神戸の川のほうが危険性は高い。したがって、川の構造および洪水時の危険性という面からみると、東京首都圏の川においても、川の

中にリバー・ウォークを設けることの問題はないと考えられる。

神戸の川以外でも、比較的よく利用されている川の中のリバー・ウォークとしては、日本では京都の鴨川、高知の鏡川などや、海外の川ではパリのセーヌ川、ローマのテベレ川などでも見ることができる。

写真4.33　川の中にリバー・ウォークが設けられている神戸の中小河川
(左：都賀川、中：住吉川、右：新湊川)

(e)　消失した川の上のリバー・ウォーク

前記(a)の⑥で述べたように、首都圏ではこの100年の間に多くの川（特に支流）や水路が消失した。その地表から消失し、地下に埋められ暗渠化した川・水路の上を、道路ではなくせせらぎ水路と緑道とすることも、一部の川や水路で行われるようになっている。いわゆる二層化河川（洪水や下水を流す川あるいは水路を地下に暗渠として設け、その上にせせらぎ水路を設けた川。川への蓋かけを行っていることには変わりはないが、その上にせせらぎ水路やリバー・ウォークを設けることで、川の再生の一例となっている）である。その例を**写真4.34**に示した。せせらぎ水路に流す水の水源としては、下水処理水や地下鉄への漏水を利用している。既に暗渠化された川を、このようなせせらぎ水路とリバー・ウォーク（緑道）として再生することが進められてよいであろう。

写真4.34　暗渠化した川・水路の上をせせらぎと緑道とした例
(左：目黒川上流の北沢緑道、右：中川・綾瀬川流域下流の小松川・境川緑道)

(f)　東京首都圏の川からの都市再生

以上のような世界の川の再生事例とリバー・ウォークの検討を踏まえつつ、首都圏の典型的な課題を抱える川の再生について考察する。

ⓐ 東京首都圏の普通の中小河川の再生

東京首都圏の神田川、渋谷川、呑川などでは、既にある程度の河川改修が行われており、多くの区間で川際まで建物が立地している。このことから、河畔の建物も含めて都市再生を行うことは短時間では難しい（中・長期的にみても通常は困難に近い）。

川の治水計画上は洪水の流下能力が足りないが、その能力向上は、当面は地下に設けるトンネルの貯水池（貯水槽）で、長期的にはその貯水槽をつなげて海まで導き放水路とする計画であり、川の拡幅などは予定されていない。したがって、現在の川の構造で、その空間を都市に活かすことを考える必要がある。その場合、現在の河川空間内の改善（水質の浄化、水量の復活、多自然型の川とすることなど）とともに、人々が川にアクセスできるようにするためのリバー・ウォークを設けることを検討する必要がある。

これまでの河川管理では、川の通路は「河川管理施設等構造令」[8]に示されるように、洪水時に水防活動をすることができる通路とされてきた。すなわち、その河川管理用通路の高さは洪水時の川の水位（計画洪水位。HWL）に余裕高を加えた高さ以上の高さのものである。この河川管理用通路は、いわゆる河畔のリバー・ウォークである。このタイプのリバー・ウォークの整備は、東京首都圏の中小河川では建物が川際まで立地しているため、大きな水害を被った後に、災害復旧・改良事業として周辺用地の買収まで行って進められる河川改修事業のような機会以外では困難である。

そこで、人々の川へのアクセスが不可能な東京首都圏の中小河川において、川の中にリバー・ウォークを設け、川の空間を都市に開放することを提案する。そのイメージを、渋谷川、神田川、日本橋川について**写真 4.35** に示した。これにより、首都圏でいわば死んだ空間となっている川、すなわち、水の流れがあり、空気が流れ、開けた空がある、そして将来的には多自然型の川づくりなどの河川再生により生き物のにぎわいもさらに出てくる空間が、都市の空間として開放されることとなる。

写真4.35　首都圏の川での川の中のリバー・ウォーク
（イメージ写真。左：神田川、中：呑川、右：日本橋川）

ⓑ 川を覆う道路撤去・川の再生から都市再生へ

東京首都圏では、東京オリンピック（1964年）の直前に建設された都心の高速道路により上空を占用された日本橋川や神田川がある。このような高速道路による川の上空の占用は、その後渋谷川下流の古川（東京）や横浜の大岡川、大阪の大川（堂島川）や東横堀川などでも行われている。

その日本橋川については、道路管理者、都市計画部局、学識経験者等の関係者での検討とともに、小泉首相の指示もあり、20世紀の負の遺産解消ということで、その撤去が政治的な議論になった。既に、東京都の都市計画においても、将来の道路計画においても、日本橋川を覆う高速道路は撤去されることが決まっている。撤去された道路については、これまでは地下に再建、周辺の建物の中に再建（合築）、あるいは高い上空に再建するいくつかの案が出されている。これに加えて、韓国の清溪川の場合のように、都心には通過交通は入れないという新しい都市経営へのパラダイムでは、首都高中央環状線完成後に撤去し、再建しないという選択肢もあり得るであろう。

この日本橋川の再生について基本的な論点としては、以下のことが考えられてよいであろう。

［道路撤去後、どのような川と河畔の都市とするかの検討・実施］

現在は主として道路の撤去と再建の議論がなされている。撤去後の日本橋川の姿（水質改善、撤去後の川の構造・構成、リバー・ウォーク、河畔の都市再生（川の外の市街地再生）など）を検討する必要がある。また、高速道路の撤去の区間も日本橋の近傍のみならず、より長い区間についても検討すべきであろう。むしろこの面が重要であり、かつ、道路撤去の前から、社会実験的な取り組みを含めて、その整備を先行的に進めていく必要がある。

道路の撤去の議論だけではなく、川の水質の更なる再生も早急に取り組むべき課題である。また、リバー・ウォークについては、川の中に連続して、あるいは部分的に、または仮設構造物として設けることも早急に取り組むべき課題であろう。これらにより、人々の日本橋川についての意識を高めるとともに、現在の状態の川であってもその空間を開放することが進められてよい。

それと同時に、あるいはむしろ先行して、舟運を再興し、人々が今の日本橋川や神田川、隅田川を水面から見ることが重要である。

河畔の都市整備はさらに重要である。この面では、既に建物をセットバックし、リバー・ウォークと街路、公開空地を川際に設けた日本橋川分派点付近のアイガーデン・エア地区（JR飯田橋駅近傍、貨物駅跡地の再開発地区）がある。また、近く再開発が行われる大手町の合同庁舎等の跡地を含む地区では、日本橋川に沿って12m幅の歩行者専用道が設けられることになっている。このような日本橋川の河畔にリバー・ウォークを設けるとともに、公開空地を提供する河畔の再生を、公共施設

の整備や区画整理・再開発地区を中心に先導的に進める。そして、民間の開発においてもそれを誘導していくことが極めて重要である。

この観点で見ると、PFI（Private Finance Initiative）事業として河畔に建設された千代田区役所等が入る公共の合同庁舎の建物は、川側に公開空地はなく、十分なリバー・ウォークもない。この河畔の再開発は、上述の民間の再開発を誘導していくという面でも問題である（**写真 4.36**）。

写真4.36　河畔に空地や歩道（リバー・ウォーク）を設けることなく建設された千代田区役所等が入る建物

日本橋川の再生は、単に高速道路を撤去するという次元ではなく、「道路撤去・川の再生型モデル」に「川と河畔再生型モデル」とを組み合わせたモデル（本項(1)の(c)の ⓑ 参照）として進めることが重要である。その際、ソウルの清渓川の再生で示されたように、歴史をもつ日本橋川を再生することを象徴的な事業として、東京を人と環境に優しい都市、人間指向の都市、21世紀の文化・環境都市とし、国際的な商業・金融・観光等の面での競争力を高めるといったより大きなスケールでの展望の下で進めることが望まれる。

［道路撤去の区間と時期］

現在は日本橋周辺の道路撤去が議論されているが、その区間に限定するのではなく、基本的には、高速道路が川の上空や河畔を占用する日本橋川の全区間および神田川の区間全体で道路撤去を行う必要がある。また、同様に川を覆う渋谷川下流の古川についても撤去が求められる。

撤去の時期としては、前回の東京オリンピック（1964年）の直前に川の上に建設された高速道路を、次回の東京オリンピック（2016年開催に立候補。あるいはその次の2020年開催の議論もある）までに撤去するという、象徴的な期間設定の議論がある。あと一つは、都心の高速道路（都心環状線）の外側には、三つの環状道路（首都高中央環状線、外郭環道路、圏央道）が整備中であり、その完成のタイミングを見て設定するというものである。三つの環状道路のうち、直接的に関係がある都心のすぐ外の首都高中央環状線（新宿線、品川線は山手通りの地下に建設中）の完成が2013年に予定されている。この完成時期が、日本橋川や渋谷川下流に設けられた川を覆う高速道路を撤去する時期の目安を与えるといえるであろう。都心の高速道路の交通量の約60％は通過交通である。

そして、撤去する区間の道路の再建についてであるが、その選択肢としては、ソウルの場合のように、通過交通は都心に入れず、人と環境に優しい都市とする、歴史的な日本橋川という空間を再生する等の新しい都市経営のパラダイムから、撤去して再建しない（撤去後の交通は交通需要マネジメントや公共交通機関の利用、都

市内の既存道路の整備などで対応）という選択も考えてよいであろう。

　川からの都市再生について、日本の東京首都圏を具体的な対象としつつ、世界の事例も参考に、三つの再生モデルを提示した。そして、都市の川を、都市の貴重な空間として人々に開放する具体的な手段として、リバー・ウォークを取り上げて考察した。
　東京首都圏の川を例として、一般の中小河川（渋谷川、神田川等）と道路に上空を占用された日本橋川とを取り上げ、その再生についての考察と提案を行った。
　これらの考察と提案が、日本における川からの都市再生のみならず、急激に取り組みが進むアジアの都市等でも参考になればと考える。

（2）　川からの都市再生における舟運
　本書では、河川・運河の舟運について述べてきた。既に国内外の具体的な都市の事例で述べたように、都市再生において、川や運河があり、その空間が舟運により利用されていると、それがない場合に比較して、格段の違いがある。舟運は川や運河という都市の水のある空間を都市と結び付ける装置であるといえる。船から眺める都市の視点、さらにはその舟運の風景を陸側から眺める視点があり、舟運があることで都市景観や風格も向上する。

(a)　舟運が魅力をつくり出している都市
　舟運があることにより都市の魅力をつくり出している例として、以下のような都市の例を紹介した。
　［ヨーロッパ］
　　・ロンドン（テムズ川、運河網）
　　・パリ（セーヌ川、運河網）
　　・ブダペスト、ブラチスラバ、ウィーン（ドナウ（ダニューブ）川）
　　・ドレスデン、プラハ（エルベ川、エルベ川の支流ブルタヴァ川）
　　・ヴェネツィアとアムステルダム（運河網）
　　・ブルージュ（運河網）
　［アメリカ、カナダ］
　　・ボストン（チャールズ川、ボストン湾（チャールズ川等の入り江））
　　・サンアントニオ（サンアントニオ川）
　［アジア］
　　・東京（隅田川、東京湾）
　　・徳島（新町川）
　　・バンコク（チャオプラヤ川、運河（クロン））
　　・シンガポール（シンガポール川）
　　・上海（黄浦江、蘇州河）

・北京（転河〈高梁川〉、運河網）

これらの例に見るように、舟運が行われているかいないかで、都市の魅力が大きく違ってくるといえる。そのことは、水面から都市を見ること、あるいは水面の利用を都市から見ることがない都市を想像してみる、その違いが分かるであろう。

(b)　舟運の形態

都市における舟運の価値は上述のようであるが、そもそも舟運は何らかの経済的等の価値があり、それを運行することが継続できなければ成り立たない。そこで、舟運の形態について見てみると次のような整理ができると思われる。

ⓐ　観光に軸足を置く舟運

都市の中での舟運について見ると、かつての産業革命時代、鉄道が整備される以前の物流を担った時代を過ぎ、それが鉄道に変わり、さらに道路が物流を担う時代となって、今日ではこの観光的な面での舟運が盛んとなった。

その例は、本書で述べたヨーロッパのロンドン（テムズ川、運河網）、パリ（セーヌ川、運河網）、プラハ（ブルタヴァ川）、ドレスデン（エルベ川）、ブダペスト（ドナウ（ダニューブ）川）など、アメリカのサンアントニオ川、日本の隅田川の舟運などに見ることができる。

ⓑ　市民が自ら楽しむ舟運（ボストンなど）

市民自らが船を所有して川や水辺を楽しみ、またそれを眺めることで水辺を生かしている例としては、ボストン（チャールズ川、チャールズ川等の河口入り江であるボストン湾）などがある。ボストンではボストン湾での観光舟運も盛んである。

ⓒ　長い距離の川を移動する舟運、川と海を結ぶ舟運

これは、観光舟運の一つであるが、一つの都市のみでなく長い距離の都市間を移動する水面利用、あるいは川のみでなく川と海との間を移動しての水面利用の例である。前者の例としてはブダペストからブラチスラバを経てウィーンまでの間でドナウ（ダニューブ）川を利用する例がある。また、後者の例としては隅田川から東京湾沿岸までを利用している東京の水面利用が挙げられる。

(c)　船着場の形態

都市での水面利用を見るときに、船着場の形態にも注目しておきたい。

ⓐ　水位変動に追随できる形の船着場

自然の河川や潮位変動の影響を受ける河川区域では、船着場は水位の変動に追随する形態となる。その例は東京の荒川下流や隅田川等の下流部河川の船着場、徳島の新町川の船着場、ロンドンのテムズ川の船着場、ブダペストのドナウ（ダニューブ）川、ドレスデンのエルベ川などに見ることができる（**写真 4.37〜4.39**）。

第4章　これからの展望　149

写真4.37　東京の荒川下流の船着場の例

写真4.38　東京の隅田川の船着場の例

写真4.39　徳島の新町川の船着場の例

　このような水位変動がある河川での利用では、高齢者や障害者の利用を考慮すると、長いスロープで乗船場までを結ぶか、あるいはエレベータの設置が必要となる。その例をテムズ川や徳島の新町川などについて示した（**写真4.40～4.43**）。

写真4.40　テームズ川の船着場の例
（左：ロンドン市内のウェストミンスター、右：下流のグリニッジ）

写真4.41　ブダペストの船着場の例

写真4.42　ドレスデンの船着場の例

写真4.43　徳島の新町川の高齢者・障害者用のエレベータ（徳島市が設置）

ⓑ　河川内に水閘門を設けて水位をほぼ一定に制御している河川等での船着場

　ヨーロッパの河川等では、舟運の条件を改善するために多くの河川には水位をほぼ一定に制御するための水閘門を設置し、その上流の河川を運河化している場合が多い。また、運河はもともと水位一定を条件として設けられた水路であり、水位がほぼ一定に制御されている。そのような例として、ロンドンからテムズ川を遡ったウィンザーの船着場、サンアントニオ川、大阪の道頓堀川、中国・北京の転河などに見ることができる。また、イギリスの運河などに見るように、運河では水閘門で水位を一定に調節している（**写真4.44～4.48**）。

写真4.44　テムズ川のウィンザーの船着場

写真4.45　サンアントニオ川の船着場

写真4.46　大阪の道頓堀川の船着場

写真4.47　中国・北京の転河の船着場

写真4.48　イギリスの運河の船着場と河畔通路
（フットパス。左：ロンドンの例、中・右：マンチェスターの例）

(d)　舟運運行の主体

舟運運行の主体について見ると、次のような整理ができる。

ⓐ　民間の独立採算運行

これは、経済的な採算が成り立つ範囲内で民間が経営を行っているものである。ロンドンのテムズ川、ドレスデンのエルベ川、サンアントニオ川、東京の隅田川、大阪の大川等のほとんどはこのような主体によるものである。

ⓑ　半行政的な運行

行政が舟運運行を行うことは稀であり、行政がリードしつついわゆる第3セクター（行政と民間で設立した法人）が運行する例がある。例えば、既に運行は中止したが、隅田川や荒川下流、東京湾を結んでいた東京都の水辺公社による舟運などがその例である。このような例は多くはなく、またうまくいっていないように見える。

ⓒ　市民が運行するもの

この例としては、NPO新町川を守る会（中村英雄代表）が毎日運行している徳島の新町川の例がある。この運行により、市民が新町川に接する機会を積極的に設けたことが、新町川の再生と川からの都市再生に果たした役割は大きい。この運行は船着場の設置、船の購入、船の運航等は基本的には市民団体によるものであるが、徳島市や民間企業もある範囲内で支援を行うようになってきている。

ⓓ　市民が自ら楽しむもの

この例としては、個人がヨット等の船を所有し、住宅に近接した船着場をもって舟運を楽しんでいるボストンの例がある。また、民間会社がヨットの貸し出しも行っている。このような水面利用はアメリカでは多い。また、イギリスには、ナローボートと呼ばれる船を所有して、あるいはそれを借りて、国中に張り巡らされて今も使用可能な運河をゆっくり移動しつつ自然と生活を楽しむ例もある。

（3）　その他の視点

舟運を考える場合の上記以外の重要な視点として、以下のことが挙げられる。

(a)　治水との関わり

日本の川では、舟運を考える場合には、日本の川の特性とともに、水害を防ぐ、

つまり治水の視点が川の整備で大きな影響を与えてきた。

ⓐ 治水上の制約

　日本の川の特性として、日本列島の中央部には高い山脈があり、そして短い区間で海に注いでいることがある。したがって、川は相対的に急峻であり、河川勾配が急であり、舟運での利用は容易ではないということがある。また、そのような川で水位を制御して舟運条件を改善するために水閘門を設けることには、治水上の問題も生じることが多い。これらのことから、舟運条件の改善は容易でなく、川の下流の臨海部近くの河口部や運河以外では舟運利用の条件としては良くないことから、経済的な効率も良くない。

　日本では、江戸時代には、当時としては物資の輸送手段としての優位性から、広範囲に川は舟運で利用されてきた。しかし、近代国家となった明治以降では、それは鉄道に取って替わられた。ヨーロッパやアメリカの多くの川では、古い時代から川に多数の水閘門を設けて舟運条件を改善し、また、相当の区間で川に並行する運河を設けており、それが今日でも利用されている。しかし、そのような舟運のための整備は日本では行われてこなかった。

　今日においては、舟運そのものの需要があまりなく、舟運としての河川利用は現状のままで利用できる東京の隅田川、大阪の大川（旧淀川）や道頓堀川、徳島の新町川など、下流部の河川区間や内湾沿岸などに限られているといえる。

　日本橋川の再生では、神田川と日本橋川の河口に水閘門を設けて後述の水質浄化とともに水位を制御して舟運の条件も改善することが議論されるが、この川は洪水流量を受け持っていることから（治水面で、洪水時に洪水を流す河川として位置づけられている）、水閘門の設置は容易ではない。高潮を防止する防潮水門の議論もあるが、既に日本橋川や神田川下流では堤防によりそれを防ぐ対策がほぼ完了していることもあり、この面での水閘門の設置は予定されていない。

　全般的に見て、日本の川は下流の河口部付近を除くと舟運の条件が良くないこと、また舟運のための河川整備にはその需要とともに整備の経済性・効率といった面で容易でないことが知られる。したがって、条件の比較的良い都市の河川や運河、沿岸での観光としての舟運の再興を考えていくことが現実的であり、隅田川などに見るように実現の可能性がある。

ⓑ 都市の空間としての河川[6]

　以上のような制約はあるが、治水面での河川整備において、河川が都市や地域の貴重な空間であることへの配慮が乏しかったことも事実である。その結果として、都市の中の河川空間が都市に生かされていないことにもつながっている。都市の空間としての河川の位置づけをすること、また治水整備においても都市の空間としての河川という視点で整備することが必要である。治水と都市の空間としての河川整備の折り合いはつけられる。それらはともに達成することができる目標である。そ

うすることで、河川空間は都市で生かされ、都市再生でも重要なものとなる。そのような例は、数は少ないが北九州市の紫川や隅田川、大阪の道頓堀川などで見ることができる。

(b) 水質の問題

　河川利用において、悪化した水質の改善が課題となる。例えば、日本の隅田川で水質が悪化した1970年代には、水はどす黒く濁り、悪臭を発していた。その時代には、川は避けられることはあっても利用されることはなかった。その後、排水の水質規制、汚濁源の工場・事業所の流域外への移転、利根川から荒川を経由しての浄化用水の導入、下水道の整備などで水質が環境基準の5ppm程度にまで改善されると、花火大会の復活、東京都（みやこ）観光による観光舟運の運営などで河川利用が再び始まった。そして、川の中へのリバー・ウォークの設置、河畔の工場跡地等の再開発（この再開発は緩傾の河川堤防の耐震補強とともに実施された）が進められ、今日では河畔は東京でも最も魅力的な場所となった。

　このように、水質が悪化している河川では、その水質改善が舟運利用等に先立って行われることが求められる。しかし、隅田川の例で見たように、ある程度まで水質が改善されれば、水質改善の努力とともに舟運や河畔の利用を並行して進めることが現実的であり、それらが相まって河川の改善が進んでいくことに留意しておきたい。すなわち、隅田川が今日のように魅力的な場所に再生される過程では、水質は今日より悪かった隅田川において観光舟運が始まったことも、大きな契機となったことが知られてよいであろう。水質の改善の活動、舟運等の河川利用、川と河畔の再開発は並行し、相乗的に進められてきた。

　例えば日本橋川の水質は、雨天時後の水質悪化などを除くと、既に水質基準の5ppmよりははるかに良い2ppm程度であり、既に舟運の再興やリバー・ウォークの設置による川と河畔の利用などが始まってもよい状態にある。

(c) 河川、運河の管理

　舟運が行われる川や運河の管理について見ておきたい。日本では、明治時代には舟運の視点での河川管理（河川舟運のための水深を確保するために低水路を湾曲させ、水制とよばれる流れを低水路の中央部に制御する施設を整備する等）が行われたが、現在はこの観点からの河川や運河の管理はほとんど行われていない。

　一方、舟運が現在でも行われている欧米では、歴史的に舟運条件を確保するための水制の設置、堰・閘門の整備、川に並行したあるいは川そのものを利用した運河の整備などへの膨大な投資が行われてきた。そして、その施設等を管理するとともに、航行のための河川や運河の管理が国（アメリカやドイツなど）やその関係機関（イギリスやフランスなど）により現在も営々と行われている。20世紀末においても、連邦国家のドイツではこの業務に約17,000人の連邦職員が、アメリカでは約13,000人の陸軍工兵隊員が従事してきた。オランダでも、イギリスやフランスでも、

航行河川の管理は国やその関係機関が行っている。民営化、独立行政法人化が進められてきたイギリスでは独立行政法人がその管理を行っている。このように、多くの仕事が連邦制の国では州に移管され、単一国家では地方分権が進む中にあっても、国を通過して他の国に、また他の地域につながる舟運に関しては、連邦や国等による公的な管理が行われている[3]。

　舟運の再興、そして都市再生の観点からは、舟運のベースとなる航行条件の改善と維持管理の面で、公的な河川管理、運河管理においての対応が望まれる。

(d)　制度・仕組み、行政マンの資質、教育・育成の問題

ⓐ　制度・仕組み

　日本では、河川の整備と都市の整備は別々の主体により行われるのが普通である。都市域においても、川の整備主体と都市の計画・整備を行う主体は別々である。すなわち、河川の整備は国または都道府県あるいは政令指定都市の河川担当部局である。都市の整備主体は市区町村または民間である。この都市整備の主体である市町村の担当者は、河川の整備や管理の経験がまったくといってよいほどない。都市整備と河川整備および管理については、制度的、仕組み的にも別々に行われている。

ⓑ　担当者の資質

　都市の中で川を生かすには、市区町村の担当者の意志と河川整備および管理への関与が望まれる。この意志と関与があれば、例えば北海道恵庭市の茂漁川や漁川のように、地域に生きた川づくりができる。しかし、このような市区町村の担当者の積極的な関与がないのが普通である。

　河川整備・管理の担当者は治水、そして最近では河川環境のみについての視点から河川を整備し、管理している。都市の空間としての川づくり、さらには都市整備と連携した河川整備といった経験がなく、その志も乏しいことが多い。

　川を生かした都市再生においては、この問題をクリアする人材が求められる。その志があれば、川を生かした都市再生は可能である。

ⓒ　教育・育成の問題

　河川の管理は継続的に行われる。そして、管理上の課題を解決するための手段の一つとして、不定期に河川整備が行われる。その河川整備・管理を担当者する者に対する都市整備等についての教育と経験をさせる必要がある。また、そのサポートをするコンサルティング・エンジニアに対しても同様のことが必要である。特にコンサルティング・エンジニアは、ほとんど継続することがない受託した仕事での経験しかもち得ない現実があり、その者に対する教育・育成という難しい課題をクリアする必要がある。

　都市整備もその事業が計画された場合にのみ担当者が担当する。事業が始まると長い期間継続することが普通であるが、事業の性格を見るとそれぞれ個性的で一品的な仕事である。したがって、それに携わる経験も多くの場合乏しいので、その前

提での教育・育成が必要とされる。

　建築家が都市整備あるいは河畔の整備を担当する場合は、相当程度に絶望的な状況である。それは、建築家は与えられた土地の中でのみ思考し、しかもその中で周辺を考慮することなく計画をする。その結果、周辺との調和を図ることはほとんど望めず（これは日本の都市やまち並みを見れば容易に理解されると思われる）、河畔の都市整備や建物の建築においても同様である。また、河川を含めての整備を建築家が計画した場合でも、河川、特に自然を内包する河川への理解がないまま計画するため、部分的で箱庭的あるいは時代を越え得ない整備を計画することが多い。

　このような課題をクリアする人材の教育・育成が望まれる。

　この問題をブレークスルーする場合について経験則からみると、行政の長がリードする場合が多い。市区町村の行政マンが仕事にこだわって行う場合が稀にある。河川管理を担当する者がそれを行う場合は極めて稀である。しかし、それらの先進的な例は本書で示したようにある。

　大学の教育、その後の各種縦割りの学会という面での改善も必要であろう。

　ヨーロッパでは、いわゆる河川の再生に関するヨーロッパ河川再生ネットワーク（European Center for River Restoration）があるが、これはいわゆる河川のみについての情報交換等をしている。それに対して、イギリス、ドイツ、スウェーデン、スペイン、スイス、ラトビアでは、EUの水指令（Water Framework Directive）の理解を進めるプログラムの一つとして、川と河畔の土地の整備を担当する者の相互学習をする機会を設けているという。そこでは、川の関係者と河畔の土地整備を担当する自治体関係者で相互学習を実践している。これは、川の環境改善とともに水辺の土地の価値を高めるため、河畔の再開発を積極的に進めてきたマージー川流域キャンペーンでの実践などを踏まえたものであり、注目したい活動である。日本でも、個々のプロジェクト・ベースの相互学習のみでなく、そのような機会を設けることが期待される。

4.2　都市からの展望

（1）　河川と舟運
（a）　河川の水

　河川は、人類にとり飲料水として重要な存在であり続けてきてきた。今日においてもその大切さは変わらない。大袈裟に言えば、地球の水の1％にも満たない河川が人類の生存の根本を握り続けてきた。

　その水を一方で、人類は舟運として河川を活用する。中国江南の水郷都市では、人々の数千年にわたる水との歴史が深く今日に刻み込まれている。船が行き来する

掘割の水を炊事、洗濯ばかりではなく、近年まで飲料水としても使い続けてきた場所も少なくない。日本人の現代感覚からすれば、飲む水と交通手段の水が同居する状況をいぶかしく思うであろう。しかしその意識は今にはじまったことではない。飲料水、農業用水、船の航路となる水と、同じ河川の水でありながら、巧みに使い分けてきた歴史が日本にはあった。その上で、これからの河川舟運も考える必要がある。

また中国に及ばないとしても、日本の河川舟運も古い歴史を持つ。長い航路をネットワークするまでに至らなかったにしろ、漁労、渡しの延長線上に物や人を運ぶ舟運の可能性を探り、短い航路が生みだされた。江戸時代に入ると、河川舟運は最盛期を迎え、多様な水のあり方があたかも共存するかのような環境をつくりだす。それには中世後期から近世初頭にかけての土木技術の向上と発展によるところが大きく、水を使う様々な知恵と工夫が結集し成熟する。その結果、水の構図が都市や田園に描き込まれた。

しかしながら、近代以降の産業化する社会は有機的に織りなす都市河川の水を汚してきた現実がある。まるで河川の水を必要としないかのような行為は、わずか半世紀の間に近世以前に培ってきた極めて多くの水文化を失い、あるいは忘れ去ってきた。その中に、河川舟運も含まれる。

その要因としては、近代以降の上水道普及と大いに関係するとの見方がある。蛇口から出る水以外は、別段考えることもないほど万能の水が簡単に手に入り、飲み水と同じ水が洗濯にも、水洗便所の水にもと使われ、多様から単一の機能へと転換する。ただ、家の中に完備された蛇口から出る水だけに問題を押し付けるには、使う側の意識への摺り替えがいささか勝り過ぎている。むしろ、蛇口の水を万能の水に向かわせた当時の社会幻想が深く起因しているように思う。単純化することが効率的で、経済的だという考えは、今でも根強い。しかし、現代社会への環境破壊のつけが表面化してみると、それが一部の効率性だけに限定された幻想であり、近代が多くのものやことを犠牲にした上に成立してきたのだと、私たちは気付きはじめている。

(b) 近年の水辺に向けられた熱い視線

近年の東京は、工場移転、下水道の普及など水質浄化の条件が整いはじめ、都市河川の水が以前よりきれいになった。その効果もあり、都市の水辺への関心は一時に比べ高くなる。徐々にではあるが、水辺を鑑賞の対象だけにとどめず、利用することでより豊かな水辺空間にしたいという願いも聞かれるようになった。その時、水面に舟影を目にするのかどうかで、水辺風景は大きく異なる（**写真 4.49**）。かつて都市の河川や掘割では、人々のいとなみが水面や水際に描かれてきた。それだからこそ、様々な都市の水文化が歴史的に宿ってきたし、これからも意味を持つはずである。

写真4.49　亀島川を行くEボート

　だからと言って、舟運が交通手段として機能し得るかといえば、肯定的な将来像を具体的に描く人はまだ極めて少なく、真剣な議論があまりされていない。それは、現在陸上交通依存型の車社会となり、河川舟運を組み入れた交通体系など、夢のまた夢という思いがあって、「総論賛成、各論反対」の状況にあるからだ。

　日本の現代社会が河川舟運を受け入れるには、河川側、あるいは都市側に何か欠落したものがあり、これからの時代、河川舟運の価値を描きだすことができないのだろうか。少なくとも、戦後の高度成長し続けた時代にはかえりみなかった問いだが、地球規模の環境問題が身近なものとして議論され、さらに人口減少を迎えている時代性も加味すると、持続可能な社会に転換を迫られる日本の状況からはむしろ意義ある問いになりつつある。そして、エコロジカルな地域環境をつくりだし得た江戸時代に多くのことを学びたいという現代人の意識は強くなっており、河川舟運を再考する動きもこれから現実味をおびてこよう。

(c)　**人口減少時代において**

　日本の人口減少の問題は、右肩上がりの戦後経済に即した都市計画、交通計画が近い将来意味を持たなくなる可能性を示唆する。その時、現在の自動車交通を主体とした道路網が最適なのかという疑問も起きてくる。J.ジェイコブスは代表作『アメリカ大都市の死と生』において、現代都市における高速道路の存在を問い直す。効率性を主張し国の資産を注ぎ込みなから、それらの背景にある膨大な維持コストが経済の足かせとなっていると彼女は指摘した。つくることに翻弄され、維持することを重大視してこなかった消費社会の実像が浮かび上がる。

　高速道路ばかりでなく、鉄道も高架や地下への立体化が現在猛烈な勢いで進められている。人口減少の弊害は急速に訪れるわけではないとしても、その対処も俊敏にし得るものでもない。しかも、高度成長期以降に陸の視点からの大きなインフラ投資がなされた場所がそのまま都市再編の中心的な役割を担い続けるとは限らない。すなわち、車社会の都市は車の利便性に見合った変化をしてきたとともに、車以外の移動が不便な生活環境をつくりだしており、将来の都市活動や都市居住の場が変化することも十分に考えられる。

一方で都市発展の基層には、都心部において江戸時代の舟運、郊外において明治・大正期の鉄道により歴史的に形づくられてきた経緯がある。特に東京都心部の場合は、舟運を基盤にした空間システムが基本骨格のまま、鉄道も、車を主体とする道路も、付加的に整備されてきたケースが大半を占める。そのために、舟運機能を失った後の交通のフォローは半世紀以上経過した現在も不完全なままであり、今なお都市内における交通の不便さが残る。舟運を基本とした都市骨格が脈々と息づいていることを物語る。

それは、江東内陸部に顕著に現れており、交通体系を昭和初期と現在において比較すると理解できる（図4.8）。昭和初期の交通網は、水と陸の交通が立体的に成立し、しかも橋詰などの要所で関係付けられており、陸側だけに頼る現在の交通機関に比べても優れた面を持っていた。現代都市は車社会の利便性を追求するあまり、人々のヒューマンな営みを逆に不自由にさせてもきたように思える。

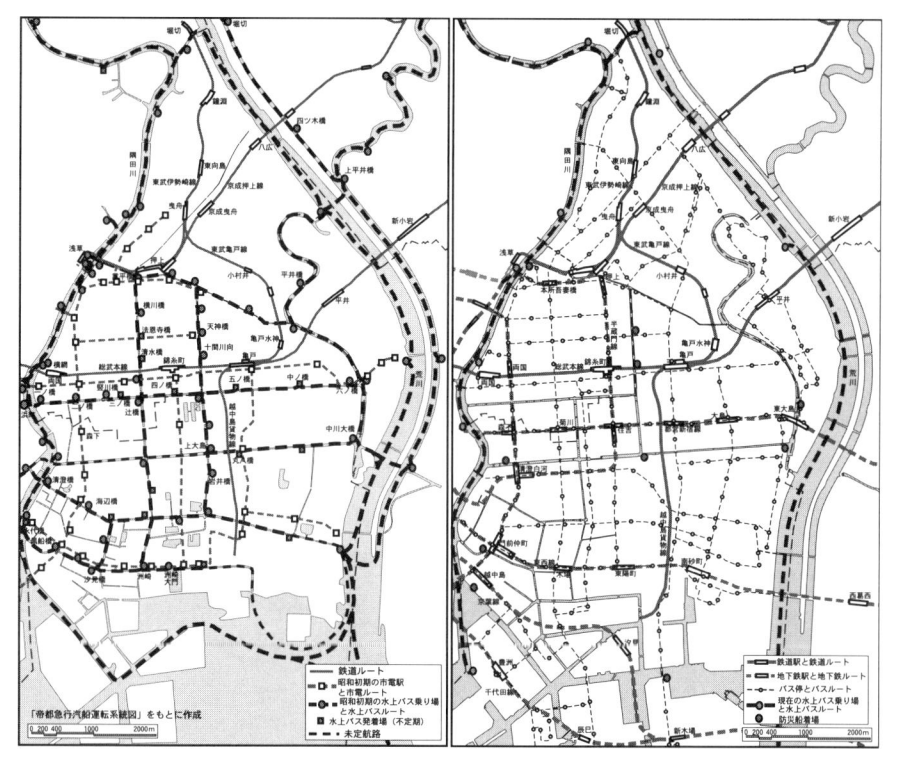

図4.8　江東内陸部の交通体系・昭和初期と現在の比較（左が昭和初期、右が現在）

(d) 都市交通の多様性と効率性

　戦後自動車製造が日本の基幹産業に成長した時、都市に溢れかえる車の量を処理する方策として、河川や掘割、運河に高速道路建設用地のターゲットが向けられた。河川・掘割には連続的にネットワークする特性があり、東京都心部の実に8割以上の高速道路がこれらの水辺空間を利用して成立した（**図4.9**）。

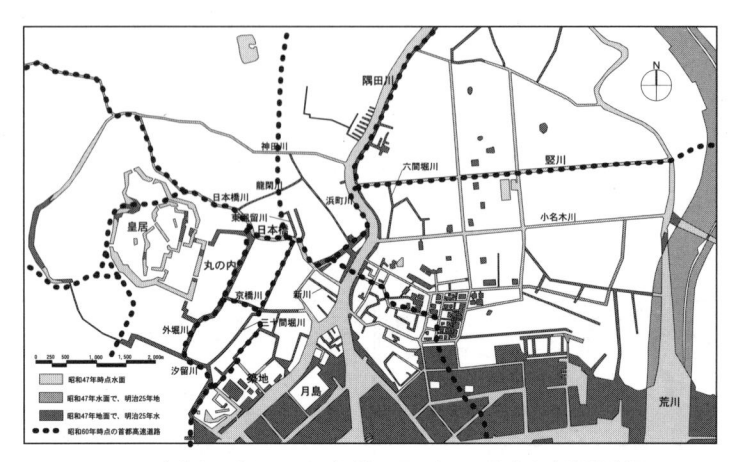

図4.9　東京都心部の河川・掘割の埋め立ての変化と高速道路網

　1960年代以降国をあげての陸化の流れは、舟運への依存を急速に低下させた。江戸時代から舟運の動脈であり続けた隅田川を除けば、枝葉のように張り巡らされた水路網を航行する船は極端に減少する。江東内陸部運河の航路は一部分に限定された（**図4.10**）。この時期舟運は既に交通・物流の機能として顧みられなくなり、船の行き来が途絶えた運河網が残るばかりであった（**写真4.50**）。ただ興味深いことに、隅田川には1972年時点でも依然として多くの船が航行している。ことごとく消し去ったかに見えた舟運の機能は、陸化する流れをいくら生みだしても、都市の成り立ちの根本をつくりかえない限り、消し去ることのできない現実がそこにあった。

　1970年代半ばに、江東内陸部の既存運河において陸上交通から舟運に転換した時の

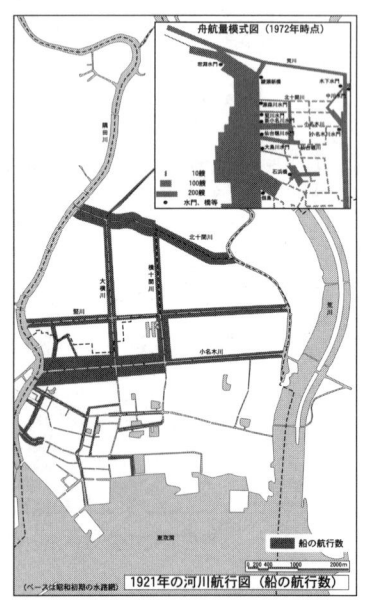

図4.10　1921年と1972年の船の航行状況の比較

交通量変化の試算を行ったことがある。自動車による貨物輸送の 1/3 が舟運による交通や物流に代替できるという数値を得た。さらに、水上交通の活性化による自動車交通の減少によって、並木を植えた歩道空間の確保が十分可能になり、陸側の環境改善にも結び付くことも分かった。しかしこれに対する反対意見は、時代に逆行しているというものであり、「ドアツードアに不向き」「天候に左右される」「遅い」等が挙げられた。「同じ輸送物資量のエネルギー負荷が 1/10 程度である」などの環境面は末節であり、まして車道の一部を歩道に転換し、緑道化するなど論外だと指摘された。今でもその意識は根強くあるとしても、地球環境の問題が否応なく私たちの生活に直接的にのしかかる状況が見えてきた今日、「舟運」という選択肢は将来の交通計画においても重要なポイントとなるはずである。

写真4.50　1977年の江東内陸部の運河

（2）　舟運の再生を踏まえた都市景観への問い
（a）　失われる水辺と高速道路

戦後、「不要河川」という名のもとに江戸時代に整備された河川、掘割、そして用水が次々と埋め立てられてきた。東京都心部においては、1945年の東京大空襲による瓦礫処理の行き場が河川・掘割に向けられ、東京をはじめとする大都市の水辺が目に見えて失われはじめる切っ掛けとなった。その後の高度成長期には車社会が到来し、船の航路であった河川・掘割が高速道路に取って代わる。埋め立てられないまでも、河川の上に高速道路が通る風景を誕生させた。その象徴的な出来事が日本橋の上に架けられた高速道路である（写真4.51）。そして、東京都心部の水際が失われただけでなく、残った河川沿いの空間も裏側となる。

高速道路は、建設当時確かに都市機能を疲弊させていた慢性的な車の渋滞を回避する救世主であった。陸化する交通の流れからすれば、単一機能化し、効率的に車を走らせる考えは最良の解決策であったかに見えた。しかしながら、車社会を主体にした都市交通のあり方が問われている現在、エネルギーとともに、交通面でも多様化しなくてはならないという考えがもはや異端の論ではなくな

写真4.51　高速道路が架けられた日本橋

りつつある。1970年代に2回のオイルショックを経験し、1990年代後半からのバブル経済崩壊を体験し、持続可能な社会への再構築が必要であると一般の人たちも感じるようになり、一つの価値基準に頼り過ぎるリスクの大きさにも気付きはじめている。どれか優れたものを絶対視して一つ選択するのではなく、多様な選択肢を用意し、複合的に、しかも柔軟に活用する仕組みがこれからの都市には必要となってくる。

(b) 東京都心の水際と水陸の交通

1911年に架設された日本橋が国の重要文化財に指定され、妻木頼黄設計の石橋はにわかに注目される。その時、橋の上を通る高速道路を排除するかしないかで、景観論議が巻き起こる。日本橋が架かる日本橋川沿いは、かつて「河岸」と呼ばれた物流の拠点であり、江戸時代から明治期にかけて最も活気を帯びた場所である（図4.11）。水際を帯状に延びる土地、河岸は使いづらい空間として戦後位置付けられてきた。水辺を都市の裏側と見たとき、道路と河川に挟まれた間口の狭い、奥行のない、細長い河岸の土地は利用効率の悪い、不便な空間に映る。この河岸地が不良な土地として位置付けられるようになった要因は、舟運を主体とする水上からの人と物の流れと、一方陸上を中心とするそれらの流れが別々の環境をつくりだしたからに他ならない。

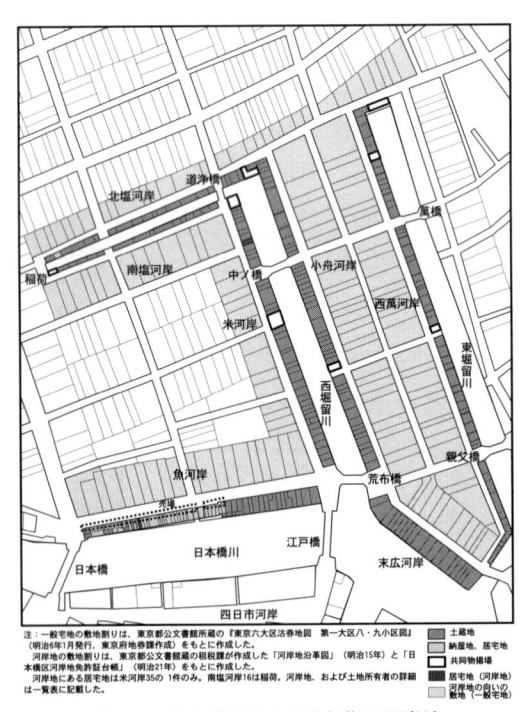

図4.11 日本橋周辺の明治初期の河岸地

だが水と陸の両側に顔を向けることのできる土地条件をメリットと考えるならば、道路に面するだけの土地とは違った視点に立ち、多様な可能性を導くことができる。江戸時代は、水際の空間を最大限活用し、都市活力の源にしてきた。

舟運の復権は、一見効率的に見える自動車を主体とした物流の単一機能化に対する将来に向けた問題提起でもある。すなわち、自動車交通のシステムは「ドアツードア」の利便性があるとしても、多様なニーズを一身に受けると、享受する利便性をはるかに超えるエネルギー負荷のつけが覆い被さってくるからだ。高度成長期は、このことを顧みることなく、産業化社会を邁進させ、都市空間を疲弊させてきた。現在、自然界へそのつけをばらまくことは限界にきている。そろそろ環境問題の視点も含めた東京都心の景観のあり方を議論するべきであり、その時水辺からの人や物の流れをつくることがポイントとなってこよう。

(3) 歴史に何を学ぶか
(a) 河岸と港湾の空間構造

河岸であった水際の土地を緑豊かなオープンスペースとすることが最良の選択肢と現在考えられている。しかしながら都市と河川の歴史的な関係からすると、いささか疑問がつのる。それは、都心でも、周辺でも、郊外でも、田園でも、同じ都市計画原理が導入され、具体化しようとする向きがあるからだ。水際の豊かな緑の風景は魅力的だが、都心の水際で繰り広げられるエキサイティングな経済活力はより以上に意味がある。そのことを考えなければ、豊かな水辺を享受する都市再生はおぼつかない。

水際空間に対する認識、あるいは法的な土地のあり方が大きく変化した時期は、関東大震災前後と考えられる。それ以前、河岸を湊（港）とする「内港都市」として成熟した江戸東京の水際空間は、都市の経済活動の重要な表舞台であり、陸側から水辺に対し正面が向けられていた。河川・掘割側から見ると、物流の最終到達点がそれぞれの河岸の水際である。陸側からも、水側からも、都市の活力の集約点が水際にあった。河岸の土地は陸側に属し、「河岸地＋道路＋町屋敷」の構造を江戸時代につくりだし、舟運における物流活動を活発化させた（図4.12）。

図4.12 江戸後期の日本橋魚河岸
［北尾政美画「江戸橋より日本橋見図」江戸東京博物館所蔵。『東京エコシティ―新たなる水の都市へ』（鹿島出版会）より）］

この構造を大きく変化させる関東大震災前後の時期、埋め立てによる近代港湾の建設が盛んに行われ始めた時代と符号する。東京の場合、埋め立てられた日の出、芝浦、月島に埠頭ができ、東京湾に直接開かれた外港が誕生する。江戸時代の河岸

地に似た空間は月島のような新たな近代港湾にも見られるが、その利用構造には大きな変化があった。河岸地は陸側の延長ではなくなっていたのだ。「河岸地＋道路＋町屋敷」の関係のうち道路部分が陸と水を分ける境界となり、江戸の河岸とは似て非なる水際空間が近代の月島に出現した。荷揚げされた物資は陸上輸送され、内陸の目的地に運ばれる。それは、水辺に近い陸側の土地、かつての町屋敷にあたる敷地が水とのかかわりの遠い存在になったことを意味する。

一方、江戸の内港を支えてきた旧来の河岸にも大きな変化が見られた。外港の整備により、河岸地は舟運による物流の結節点の役割を急速に低下させ、単に裏側の使いづらい土地となっていた。河岸地は陸側に属すが、水際は河川・掘割からの水害を避ける防御ラインとなり、陸と水との境界となる。その水際に戦後高潮対策のためのコンクリート護岸が築かれ、陸と水との接点にある空間の多様さが完全に絶たれてしまう。

近代の水際利用の魅力喪失は、物流を主体とする内陸舟運が衰退しはじめて以降、様々な転換への可能性の模索を怠ってきたことに要因の一つがある。それでも、近代以降水際の河岸地を土地利用転換する動きが全くなかったわけではない。明治前期にその可能性を模索した動きがあった。海運橋の橋詰に建てられた第一国立銀行、ヴェネツィアンゴシックの華麗な建築を水際に建てた澁澤栄一の自邸、日本橋川に正面を向け水辺からのアプローチを意識した真砂座にそれが見て取れる（図 4.13、4.14）。

図4.13　日本橋川に面して建つ澁澤邸
（「探景・憲法発布式大祭之図」国文学研究資料館蔵。『東京エスニック伝説』（プロセスアーキテクチュア）より）

図4.14　河岸に顔を向けた真砂座
（山本松谷画「中州付近の景」1901 年、『新選東京名所図会』より）

その後、これらが大きな転換の渦となり、新たな水際空間の展開へと動くことはなかった。しかし近年、水辺の再生、舟運の再考が模索されるなかで、水辺に顔を向けた明治前期の土地利用転換のあり方は大いに意味を持つようになろう。

(b)　舟運の河川航路と用水路

いま一つ歴史的な視点で確認しておきたいことがある。それは、近世初期の「舟運の河川航路」と「用水路」の整備・充実である。その典型的な例は、江戸

時代前期に行われた利根川の東遷といえる。舟運の河川航路と用水路が前後しつつほぼ同時期に整備され、利根川とその支流が変化する。細かく分かれた流路は広域からの舟運による物資の輸送と、荒れ地であった中下流域を田園地帯に変えた。しかも、二つの機能がセットとなり、効果を発揮したことに意味がある。その結果、都市や農村を水により「ネットワーク」する意識が強く芽生えたと考えられる。

舟運からの視点でいえば、周縁の農村と都市、そして遠隔地の都市と都市を結び、舟運により産業・文化を交流する自由度が増した。例えば最上川は、流域の田園地帯、それらから生産された物資を集散する中継河岸・大石田と河口湊の酒田を舟運が結ぶ。河川と海の接点にあたる酒田は近世に日本有数の港町に成長した。九頭竜川流域では田園と城下町・福井、港町・三国を河川舟運がネットワークすることで、都市とともに周縁の田園も近世に大きく繁栄した（図 4.15）。あるいは、水郷として名高い柳川は筑後川およびその支流から引水して田園を潤すとともに、別の水が舟運航路をつくり田園と都市を結ぶ。田園を抜けた水は最後に柳川の市街に流れ込み、不毛と言われた湿潤な土地に見事な水の構図を創出させた（写真 4.52）。

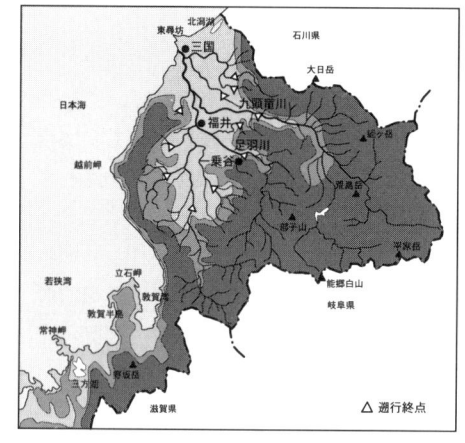

図4.15　九頭竜川流域と船の遡行終点

写真4.52　柳川の掘割と船

用水の視点でいえば、用水が田園に潤沢な水を供給するだけではなく、穀倉地帯の核となる都市や町を成立させている。用水路に流れる水が市街に細かく入り込み、再び田園に戻る。用水路による都市と田園の関係をつくりだした地域は、例えば阿武隈川中流域に位置する宿場町・桑折（福島県）、筑後川中流域に位置する宿場町・吉井（福岡県）、東京で言えば多摩川と浅川に挟まれた日野が挙げられる。河川や用水に対する技術の発展・進歩は、河川をネットワークする水の特性を利用することで、水田耕作を中心とした農業を拡大させるとともに、内陸と海を結ぶ舟運に向けられた結果、田園の中に都市や町を成立させることを可能にし、水辺都市の文化を開花させた。

将来に向けた舟運再生の基底には、奇をてらった観光目的だけではなく、より生活に密着した、環境にやさしい交通輸送を再び確立させることが大切である。その時、やはり各々の都市が内在する水利用の歴史に学ぶところが大きいように思う。

（4） よりトータルな舟運ネットワークへ
(a) 水が結ぶ田園、城下町、港町の文化圏の再構築

先に述べたように、河川は水を引水し、用水など多様な用途に利用するだけではなく、河川を活用し、舟運として利用してきた。環境にやさしく、低エネルギーで重い物を大量に運ぶ機能が水に浮かぶ船にはある。しかも遠隔の異なる地域文化をネットワークし、河川を通して産業と文化の関係性を強める効果が舟運にあった。その結果、近世の城下町と港町を拠点とする都市には文化創造の環境が備わり、近代に至っても継承され続けた。

しかし現在の空港や港湾のような、即物的に人や物を運ぶ環境からはそれ自体が都市文化を生み、拠点となる文化の発信源とは成り得ない。そこに近世との大きな違いがあり、舟運を通じて河川・掘割・用水を再構築する意味がある。

江戸においては、田園と城下町、港を結ぶ壮大な水のネットワーク構造が近世前半に既につくられた。江戸が城下町内に内港システムを構築したのは、内陸の河川舟運と海の舟運を取りまとめるコアとしての意味を見いだしたからである。内陸に向けては、「小江戸」と言われる佐原（千葉県）、栃木（栃木県）、川越（埼玉県）が江戸の都市文化を今に伝えるように、河川舟運による文化の交流と、個々の都市空間の熟成があった（**写真 4.53**）。水のネットワークを通して、物だけではなく文化が江戸時代に花開いた（**図 4.16**）。さらに、これらのネットワークは海へと広がった。北前航路などが整備され日本全国の港町とも結ばれ、様々に文化交流を展開させる（**図 4.17**）。ここに、飛行機や車の社会には到達でき得ない文化を育む水のネットワークならではの強みがある。

写真4.53 佐原の小野川沿い水辺風景

第 4 章　これからの展望　167

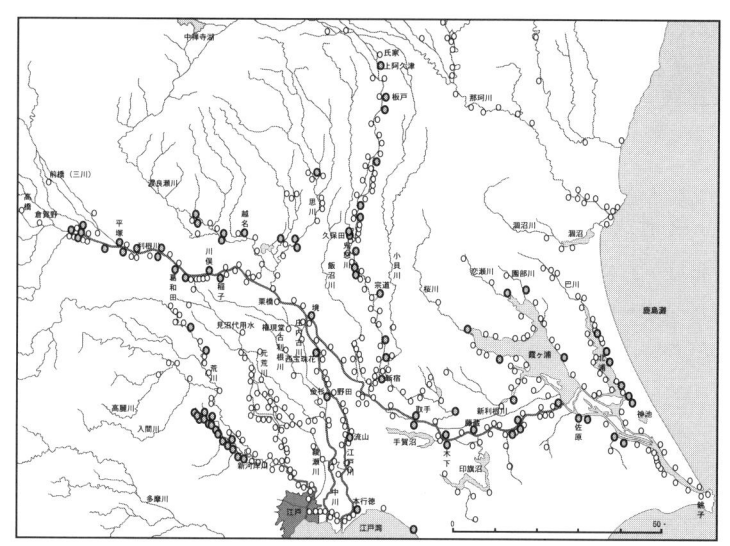

図4.16　近世における関東広域の舟運ネットワーク

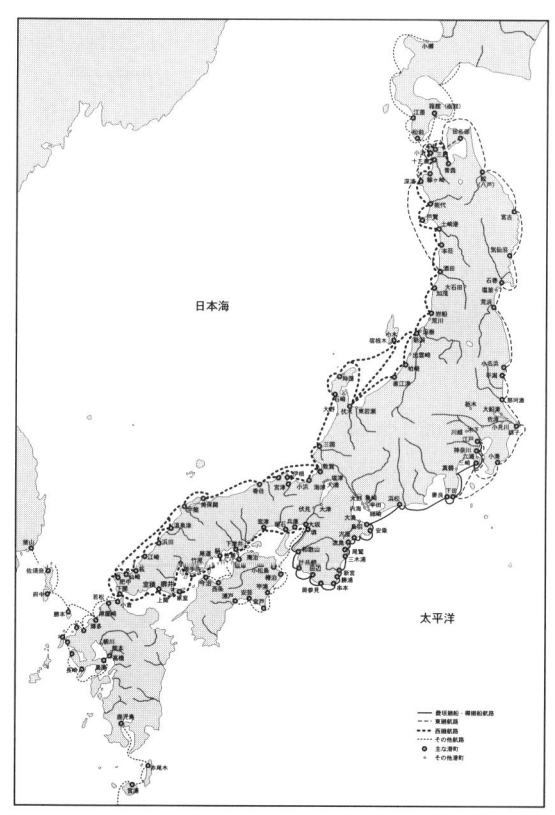

図4.17　近世日本の海のネットワーク

注意しておきたいことは、局部的に江戸の内港システムだけを論じるべきではないということだ。内陸河川と海とをネットワークするパノラマ的な視座にこそ、ここまで論じてきた意味がある。近年、舟運による都市再生の機運が高まりつつあるが、そのような視点から今一度江戸の内港システムの価値を問う必要がある。

しかもこのことは、江戸が特殊解であると言うわけではない。九州の熊本では、海に通じる外港との関係を持つ内港がセットになり成立していた。田園に通じる内港は、近世城下町を建設する時、坪井川を再編成し、それを挟んで古町、新町に内港の拠点がつくりだされた。そして、有明海を目の前にする白川河口の高橋は外港としての位置付けがされ、そこから外界に通じる水のネットワークの仕組みを描きだした。

城下町における内港機能は都市と田園、都市と海を通じた外界との交差点の意味を持つ。すなわち、近い将来舟運によって都市の水辺再生を試みる場合においても、河川ばかりではなく海のネットワークのコアとなる近世の「内港」の考え方や視点が重要になってくるはずである。

(b)　東京発、水辺活性と舟運再生への展望（江東内陸部と臨海部）

先に日本橋川沿いの河岸の検討を行ったが、歴史的な視点とは別に東京の水の環境軸である隅田川、それと日本橋川、神田川をリンクするように舟運を通す構想が様々な分野の人たちによって議論されてきた。現在では、地元や一般の人たちも加わり、具体化へのカウントダウンが始まりつつあるように思う。

そこでもう少し視野を広げ、隅田川を越えた江東内陸部と、東京湾に広がる臨海部に目を向けておきたい。ここ数年、オランダの都市を何度か訪れ調査してから、アムステルダムとの比較対象として江東内陸部と臨海部をイメージするようになった。低地都市としての共通性が興味深いのだ。

アムステルダムなどのオランダの低地都市は、洪水を引き起こす河川から離れた場所に集落を形成し、成立してきたわけではない。河川沿いの自然堤防をさらに人工的な土手に補強し、それに沿ってまず集落が形成された。その状況は江東から葛西にかけての低地一帯にも見られた。明治10年代に作成されたフランス式迅速図には江戸時代に開削された運河沿いに集落が形成されている様子を確認できる（**図4.18**）。低地では水際が一番安定した土地になりやすい。

図4.18　縦横に運河が通る明治10年代の江東内陸部
（「明治前期測量2万分1フランス式彩色地図—第一軍管地方二万分一迅速測図原図復刻版—」〈財団法人日本地図センターより〉）

第 4 章　これからの展望　　169

　この地図からは、もう一つの共通性を見いだせる。海に面する低地であるがゆえに、上流から引き込まれた淡水の用水と海水が混じる舟運航路をうまく区別し、地域内に同居する水システムがつくられたことである。舟運航路として海と結び付く海水の混じる内陸運河とは別に、淡水の農業用水が低地一帯に細かく入り組む。さらに加えて言えば、これらの仕組みとともに、埋め立てにより臨海部を産業エリアにしてきた経緯も類似する。

　近年、アムステルダムでは空洞化した工業・物流地帯を再生させ、世界の注目を集めている。それは、単に産業跡地を水辺に親しめる居住空間にしたからだけではない。臨海部のエリアが古い町の構造と連動させるより大きな視点に立った開発プログラムが用意され、異なった環境を相互に活性化するかたちで都市再生が図られようとしているからだ。これまでの日本の再開発のような敷地単位、エリア単位での再生ではない。水と町、古い街並みと新しい開発の両方に視点が置かれながら、これらを融合させ、歴史ある旧市街の文化資産を都市全体に反映させる新たなチャレンジなのである。そこに意味がある。

　日本においては、まだその視点が明確に示されていないとしても、東京の江東内陸部と臨海部において同じことがいえる。近代以降、東京湾は江戸時代を遥かにしのぐ埋め立てが行われ、東京臨海部を形成する。そこには江戸時代の掘割を上回る水面面積の運河が新たにつくられている。また、近世に整備された江東エリアの運河網は多くが埋め立てられたにせよ、縦横に運河が残り、海とも結ばれている（**写真 4.54**）。江東内陸部と臨海部とうまく運河をリンクさせない手はない（**図 4.19**）。

写真4.54　江東内陸運河（大横川）を行くボート

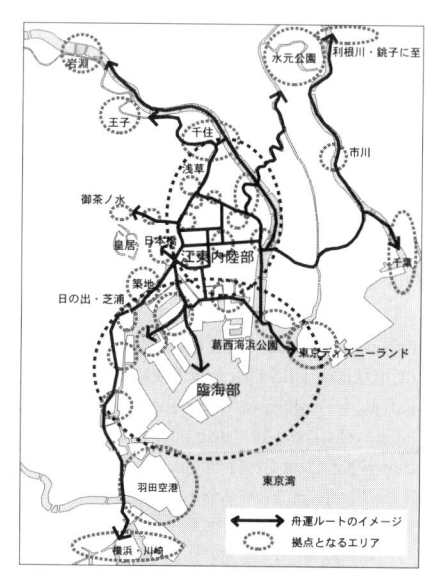

図4.19　東京の内港再構築と広域の舟運ネットワークイメージ

現実問題としては、潮位差により小名木川以南の江東内陸運河は船が航行不能になる時間帯があり、現状のままでは舟運によるネットワーク化に難がある。それには、近年新たに整備し直された荒川ロックゲートのような閘門を適所に整備するなど、潮位差の影響を受けない工夫が必要となるのだが、前向きに取り組む環境が整いさえすれば大きな問題ではない（**写真 4.55**）。むしろ、江東の江戸以来の歴史的水文化の風土と、運河が縦横に張り巡らされた新興埋立地の都市空間が舟運によって関係づけられることで、新たな水辺都市・東京の青写真を描ける期待の方が、遥かに夢と希望を育んでいる。さらに、これからの河川舟運の展望の一端もその辺りから見えてくるように思う。

写真4.55　新しくつくり替えられた閘門、荒川ロックゲート

[参考文献]
1) リバーフロント整備センター編（吉川勝秀編著）：川からの都市再生－世界の先進事例から－、技報堂出版、2005
2) 吉川勝秀：河川流域環境学、技報堂出版、2005
3) 吉川勝秀：人・川・大地と環境、技報堂出版、2004
4) 吉川勝秀編著：川のユニバーサルデザイン－社会を癒す川づくり－、山海堂、2005
5) 吉川勝秀編著：多自然型川づくりを越えて、学芸出版社、2007
6) 吉川勝秀・本永良樹：都市化に伴う首都圏の水と緑の環境インフラの変化に関する流域論的考察、建設マネジメント研究論文集 Vol.13、pp.371-376、2006
7) 冨田顕嗣・吉川勝秀：都市の河川における水辺空間の利用に関する一考察、第 61 回土木学会年次講演会概要集 pp.41-42、2006．9
8) 国土開発技術研究センター編（編集関係者代表：吉川勝秀）：改訂　解説・河川管理施設等構造令、山海堂、2000
9) 吉川勝秀：自然と共生する流域圏・都市再生シナリオに関する流域論的考察、建設マネジメント研究論文集 Vol.13、pp.213-227、2006
10) Katsuhide Yoshikawa: On the Progress of River Restoration and the Future View in Japan and Asia, EUROPEAN CENTER for RIVER RESTORATION, pp.43-55,2004.6
11) Katsuhide Yoshikawa: Watershed/Urban Regeneration in Accord with Nature, Civil Engineering, JSCE, Vol.40,pp.8-11, Japan Society of Civil Engineers,2003.3
12) United Kingdom Government Office North West （EKOS Consultant）: Evaluation of The Mersey Basin Campaign Final Report, 2006.6
13) 吉川勝秀他編著：川で実践する福祉・医療・教育、学芸出版社、2004
14) 吉川勝秀編著：市民工学としてのユニバーサルデザイン、理工図書、2001
15) 吉川勝秀編著：水辺の元気づくり－川で福祉・教育活動を実践する－、理工図書、2002
16) 吉川勝秀編著：河川堤防学、山海堂、2007

第Ⅱ部
舟運都市の歴史的視点

第5章　世界の河川舟運と運河の構築
第6章　日本の河川舟運 ―歴史的変遷に学ぶ―

第5章　世界の河川舟運と運河の構築

5.1　文明と文化を運んだ水の道

　世界各地の都市と文明は川沿いに発展した。川は時に氾濫し土地を肥やす。その水と土が人類の根元的資源であれば当然のことである。人類は、ときに氾濫から逃避もするが、水を治める努力の中で、水を利用する技を手に入れた。食と生活の安定のためには、灌漑と排水が必要不可欠であった。したがって、土木技術の根本は農にあった。

　浮力を発見した人類は船を作り、交通手段として川を利用し、小さな力で大量の荷を移動させた。急流で浅瀬が多く舟運に適さない川は、並行して運河を開削し、流速と水位差を堰と閘門で克服し水路を確保した。必要となればトンネルを掘り、水路橋も架けた。

　交易のために、時には覇権拡大のために、流域を越えて2本の川を運河で結び水路を延長した。こうして世界各地の内陸部に水の道のネットワークが形成された。

（1）舟運の先進国は古代中国

　運河と舟運について記述するとなれば、2500年前に遡り、古代中国の運河から始めなければならない。

　黄河、長江の2大河川は、共に西から東に流れている。緯度の異なる南北を結ぶことは、時どきの権力者にとって治水と利水はもとより、覇権と交易に欠かすことのできない大事業であり、いつの時代においても宿願であった。それは、北の畑作文化と南の稲作文化の大交流と捉えることもできる。

　下流域で奔放に乱流する黄河のほか濟水（さいすい）、淮河（わいが）、泗水（しすい）等が形成した広大な華北平原は、古くから水運が発達していた。紀元前20世紀の禹（う）の治水伝説を持つ古代中国では、100年に及ぶ殷（いん）王朝の巨大勢力との闘争の中で、周の人民は力を結集し、黄河の流れに翻弄されながら農地を広げ、巨大な治水・排水事業に取り組んだ。自然の流れを利用するだけでなく、点在する領土では諸侯・太守が競って耕地の開発と運河の開削を行った。

　古代中国の数ある偉大な水利事業のうち、ここでは大運河と霊渠について、その

概要を紹介する[1]。

(a) 大運河

中国の大運河は、2500年にわたる歴史の中で、時どきの権力者によって自然の河川や湖沼を利用しながら、人工的に水路を開削し改良・整備されてきたものである。それぞれの時代に、黄河の流路変化と遷都により何度も変遷しながら、多様な水源を交流させ、舟運による物資・産物の輸送で南北を結び、同時に地域の灌漑と排水による便益を各地に与えてきた。

今日の大運河は、図5.1に示すように、首都北京から天津、河北省の滄州、山東省の済寧、江蘇省の徐州、同淮安を経て南シナ海に臨む浙江省・杭州まで、2直轄市と4省の都市を通り、海河、黄河、淮河（わいが）、長江、錢塘江の5大水系を結ぶ[2]。その総延長は世界に類例のない1,794kmに達する。大運河は北から、通恵河（北京～通県・屈家店）、北運河（通県・屈家店～天津）、南運河（天津～徳州）、魯運河（徳州～徐州）、中運河（徐州～淮陰）、裡運河（淮陰～鎮江）、江南運河（鎮江～杭州）の7区間に分類され、全体として「京杭運河」と呼ばれている。なお、魯運河は黄河の南北で魯南運河、魯北運河と区別することもあり、魯運河を中運河に含めることもある。

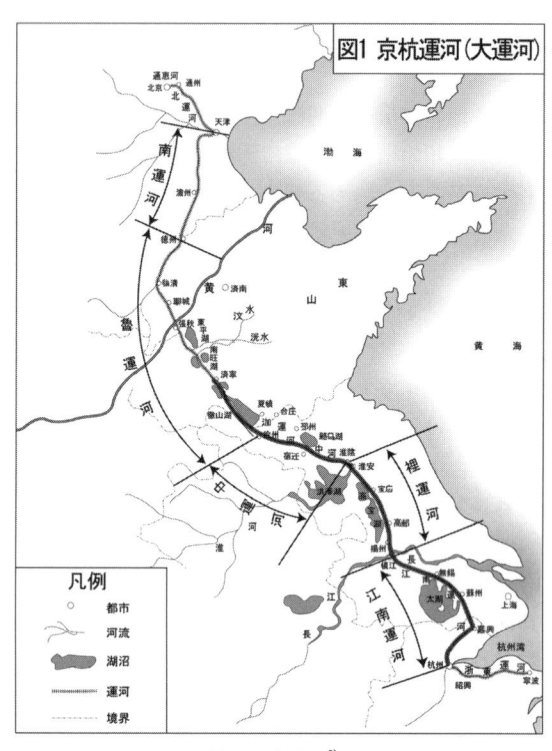

図5.1　大運河[2]

歴史を遡ると春秋時代の末、呉の王夫差（在位紀元前495～前476年）が、紀元前486年に淮河と長江を結ぶ目的で「邗溝（かんこう）」を開削することに始まる。王夫差は今の江蘇省揚洲付近に城を築き、長江の水を北東に引き、射陽湖を経て末口（現在の江蘇省灌安付近）で淮河に流入させた。紀元前482年にも夫差は兵を起こして北に開削を続け、泗水の支流につなげ、菏水（かすい）運河を開削し濟水（さいすい）を利用して黄河に結んだ。

次いで紀元前 361 年から同 340 年にかけ、戦国時代の魏の惠王（在位紀元前 371～前 319 年）は、河南省の栄陽から黄河を南東に引き淮河につなげる「鴻溝」（こうこう）を開削した。漢代になると黄河を遡って開封、長安へと水路が開かれた。後漢の時代には「卞渠」（べんきょ）と呼ばれた、かつての「鴻溝」の改修で「水門故處、皆在河中」（古くからの水門、皆河の中に在り）という記録が残ることから「鴻溝」には、この当時から水位調節のための水門があったと推測されている（図 5.2）[2]。

紀元 220 年に漢が亡び、魏・晋・南北朝の時代に至る約 360 年間、黄河をはじめとする諸河川の氾濫と、三国時代から南北朝時代に至る不安定な政権下で、これらの運河は荒廃する。

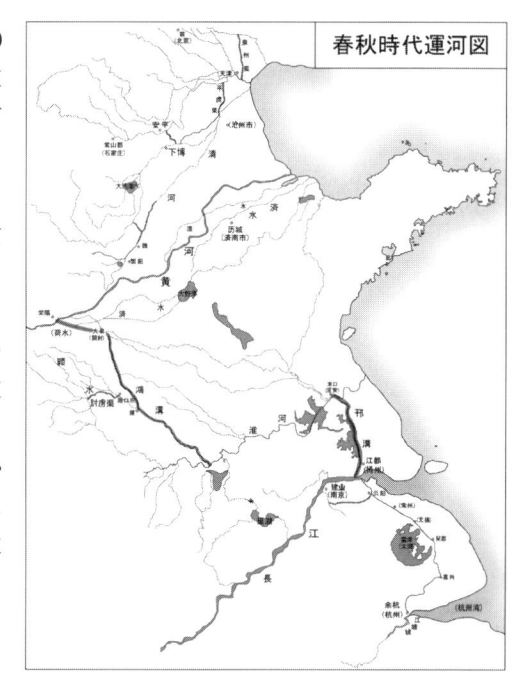

図5.2 大運河の始まりとなる春秋時代の邗溝と鴻溝[2]

581 年、北朝の魏を平定した隋の文帝（在位 581～604 年）は、589 年に南北を統一し、急ピッチで運河の改修・改良にとりかかる。女性を含め百万人を超える人民が徴用され、数十年に及ぶ利水事業が展開される。

584 年、文帝は都を長安に置き、渭水（いすい）を長安の大興城に引くと同時に、黄河につなぐ運河「広通渠」を開く。渭水と平行な運河は漢代に整備された水路が利用されている。

605 年、二代皇帝の煬帝（ようだい）（在位 604～618 年）は、即位後都を長安から洛陽に移し、洛陽の東から穀水（こくすい）で卞渠につなぎ、河南省東北部、安徽省北部を横切り、泗州（現在の肝胎）で淮河と結ぶ運河「通済渠」を建設する。一部は古い「鴻溝」が利用された。水路の幅は 54m で、両岸には側道が設けられ、沿岸には柳などが植栽され見事な景観を創り出した。

607 年、煬帝はかつて王夫差が開削した「邗溝」を再開削する。山陽（現在の江蘇省淮安）から揚州近郊の江都を経て揚子（現在の江蘇省儀徴近郊）で長江に入る運河「山陽溝」である。

翌 608 年、煬帝はまたも百万人を超える人民を徴用し、板渚（ばんしょ）から黄

河の派流沁水、衛水、漳水をつなぎ涿郡（現在の北京）に至る運河「永済渠」を開削する。

続いて610年、煬帝は京口（現在の江蘇省鎮江）から蘇州を経て、杭州に至る運河「江南河」を開く。沿岸には倉庫を持つ河岸も整備された（図5.3）[2]。

こうして7世紀初頭に杭州と北京が結ばれるが、煬帝の暴君ぶりに人心は乱れ、隋は2代の短命に終わる。隋の時代の運河工事は、春秋時代以来1000年にわたる開発を基礎に、古い水路と自然の河川を巧みに利用し貫通させたものであった。豊富な南方の物資を政治の中心地洛陽に大量輸送するこ

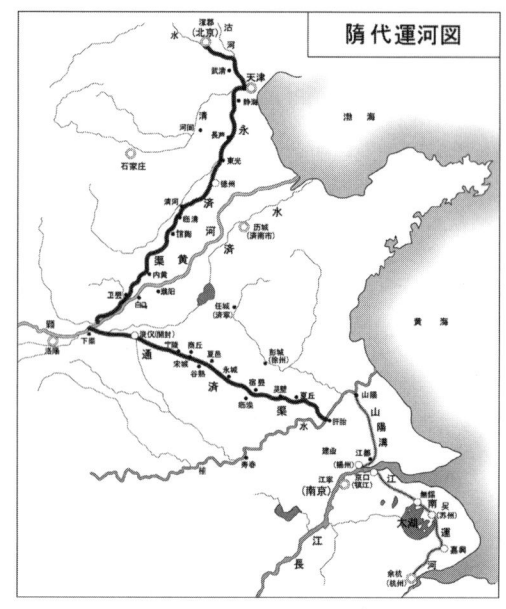

図5.3 隋の時代の大運河[2]

とは、政権を維持する上での基本政策であった。結果として、暴君煬帝による大運河の貫通は、唐代の繁栄の基礎となる。

その後、唐、宋の時代にわたっても引き続き閘門の改修と運河の拡張が加えられた。宋の時代には漕運業が成立し、通行条件が整えられ輸送量は年間100万tに達していた。商業都市としての蘇州、杭州、造船基地としての鎮江、無錫が成立するのもこの頃である。

1194年、元は都を北京（大都）に移す。黄河の北、天津から北京までの水路整備に力を注ぎ、20カ所の閘門をもつ通恵河を完成させ、元の仁宗（在位1312〜1320年）の時代にほぼ現在の規模を持つ運河が完成する[2]。

明、清の時代は黄河の氾濫との戦いであり、16世紀後半から17世紀後半にかけ、黄河との河道分離、築堤、閘門の設置等、安全航行のための水位調節に努力が払われる。清朝末期、20世紀初頭になると鉄道の建設もあって、清朝政府は運河に無関心となり、荒廃の一途をたどる。通行不能箇所が増大し、山東省では運河の形態をなくしたところすらあった。水利条件の良い江蘇省ですら小型船のみが航行できる状況となる。その原因として1128年以来黄海に流れていた黄河の河口を、1855年に渤海湾に移したことが挙げられる。太古以来の流路に戻したわけだが、その結果大運河への堆砂が始まり、水路が広範にわたって中断される[2]。

新中国成立後、1950年代になって、大運河の改修・改良が始まる。まず徐州から長江までの約400kmが重点的に改修され、1960年代には年間8,000万tの貨物が輸

送された。さらに、閘門、河港も整備され、1980年代には地方、中央政府共に投資を拡大し、2000年までに500～2,000tの船舶が約1,000kmにわたって航行できるように改善された。近年貨物輸送量の増加に伴い、既に済州から杭州までの改良工事が進み、年間輸送量1億tを目指している。しかしながら、済寧から北は水源不足から利用できない状況にある。一方で通行船舶の標準化を始め、2006年にはUNESCOの世界遺産へ登録する準備も始まった。

物流の大動脈である大運河は各地に都市を造った。その一つにマルコポーロをして「東洋のベニス」と言わせた古都蘇州、江南五鎮（鎮は交通の要衝となる村で、周荘、用直、朱角家、同里、西塘がある）の中心で世界遺産に登録された周荘など、水路が生活の中に溶け込んだ都市が点在する。いまや世界中から観光客を集め、大変な賑わいである。濠を巡らし、城壁で囲まれた蘇州の旧市街には南北に4本、東西に3本の主要な運河があり、全長35km（かつては80km）に及ぶ水路が巡らされ、古い民家と岸辺の柳が水の都に彩りを添えている。ただし、水質は極めて悪い。城壁から外へ出ると、工業団地を擁する新市街地であり、まさに旧市街を含め舟運都市である。唐代に建立され、張継の漢詩「楓橋夜泊」で有名な寒山寺は蘇州城外の西の外れにある。その西側を大運河が流れている。

周荘も、黒い瓦と白い壁が水辺に映える美しい街並みである。しかしながら残念なことに水質は悪い。昭和30年代後半から40年代前半にかけてわが国の都市河川がドブ川と化したことを思い出せば、批判はできないが、中国の近代化と国際化のためにも、下水道整備は「百年河清をまつ」わけにはいかない。中国にとっては重たい課題である（**写真5.1**）。

宇宙の彼方から大陸を見ると、万里の長城と大運河は**図5.4**に示すように「人」の字となると識者は自慢する。万里の長城は人間の偉大さを象徴し、大運河は女性の優しさを象徴するものだという。確かに人類が残した偉大な土木遺産であることに相違ない。

写真5.1　蘇州の運河の風景

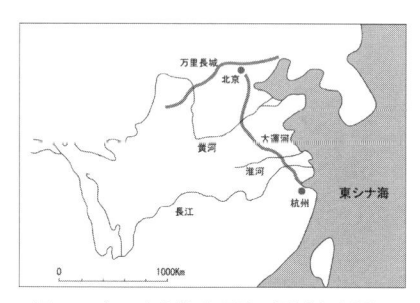

図5.4　人の字を作る万里の長城と大運河

(b) 霊　渠

　古代中国の水利史で、もう一つの大きな遺産は、長江流域と珠江流域を結ぶ「霊渠」（れいきょ）である。「南船北馬」の言葉のとおり、運河は南へつながる。秦の始皇帝は、南嶺山脈を北に下る湘江（長江の一支流）と、南に下る漓水（りすい）とを分水嶺を越えて結ぶ運河を開削している。紀元前219年のことである。秦軍が幾多の戦いを経た中で「無以轉餉」（兵糧を運ぶこと、もって無し）であったことから、「以卒鑿渠而通糧道」（兵卒をもって水路を開き、兵糧の道を通ず）という戦略に従い、史禄（史は官職名、姓は禄）に命じ湘江・漓江の二つの川をつなぐ人工運河を開削した。**図5.5**に示すように湘江に「への字」型に屈折した高さ4mの堰（大天平・少天平と呼ぶ）を設け、7割の水を湘江に流し、3割の水を運河へ流して漓水につないだ。

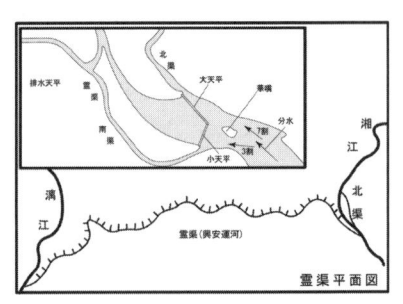

図5.5　霊渠の概念図

　その計画から建設技術に至るまで、現代においても高い評価が与えられている。当初は舟運による覇権拡大が目的であったが、後年、灌漑から洪水調節の機能まで備える多目的施設として、南と北を内陸で結ぶ唯一の重要な交通施設として長きにわたり機能した。

　その後、漢、唐、宋、元と時代が変わり、興安運河とも呼ばれる霊渠の維持管理は営々と続けられ、開削以来2,200年以上の時が流れる中で、1939年湘桂鉄道が敷設され、交通施設としての機能は失われたものの、**写真5.2**に示すように歴史遺産としての観光を含め、灌漑等の実用性と役割は今日に至るも十二分に機能を果たしている。この霊渠にも当時から「斗門」と呼ばれる水位調節のための水門が設けられていた。したがって霊渠は「斗河」とも呼ばれた。中国はまさに舟運の一大先進国であった。

写真5.2　観光に使われる運河（左）と洗い場として使われる荷揚げ場（右）

（2） ヨーロッパの運河

　ヨーロッパを席巻した古代ローマは、紀元前2世紀末、ローヌ川河口付近の流れを安全な入り江のあるフォス・シュルメールに付け替え、マリウス運河を建設した。南フランスのプロバンス一帯はガイウス・マリウス指揮下のローマ軍がゲルマン諸族の南下を撃破した戦いの舞台である。ローヌ川を遡れば、フランス第2の都市リヨンである。紀元前1世紀にはローマ帝国ガリアの州都として栄えた都市である。こうした運河による川の付け替えは、覇権と統治のため、安全にローヌ川を利用する輸送路の確保にあった。

　それから2100年の時が流れた1992年9月、20世紀のバベルの塔とマスコミに叩かれたライン・マイン・ドナウ運河が連邦ドイツの威信を懸けて開通した。

　ドナウ川とライン川を結び、東西ヨーロッパの大動脈となるこの運河も、元を正せば793年フランク王国のカール大帝（742〜814年；800年〜西ローマ皇帝）がマイン川の支流シュヴァブレザット川と、ドナウ川の支流アルトミュール川を運河でつないだことに始まる。以来17世紀末から20世紀中葉にかけて、ヨーロッパ大陸を北と東に流れる二つの大河の接続に大いなる努力が払われた。図5.6はマイン・ドナウ運河のルートの歴史的変遷を示したものである。これからも1200年にわたる努力の跡が偲ばれる[6]。

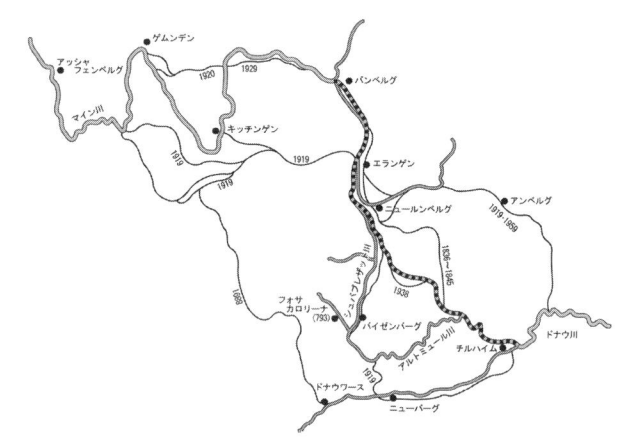

図5.6　マイン・ドナウ運河ルートの歴史的変遷

　13世紀、神聖ローマ帝国に忠誠を尽くすドイツ各地の交易商人によりハンザ同盟が結ばれる。北ドイツを中心にバルト海沿岸地域の貿易を独占し、ヨーロッパ北部の経済圏を支配した重商主義による都市同盟である。その中心はバルト海に河口を持つトラベ川沿いの都市リューベックであった。同盟都市のハンブルクとはユトランド半島のズンド海峡廻りで結ばれるが、デンマークによる高い通行税と航海の危険性から、同盟都市が協力してキールからアイダー川に抜け、ユトラ

ンド半島を横断するルートを開く。18世紀後期に完成するアイダー運河の前身である。

ハンザ同盟の発展に伴い、商館の置かれる都市は拡大し、西はイギリスのロンドンから東はロシアのノヴゴロドまで広がった。さらに、ベルギーのブルージュ、ノルウェーのベルゲンを加えた4都市を「外地ハンザ」と呼ぶ根拠地とし、その勢力はヨーロッパ大陸の内陸から地中海に及び、15世紀には200都市にまで拡大した。

12世紀末から13世紀初頭にかけ、ミラノを中心にロンバルディア地方でも修道士による灌漑排水を兼ねた運河建設が始まる。14世紀末にはレオナルド・ダ・ヴィンチも都市計画や運河建設に参画した。その一つの現存するナヴィリオ・グランデは、美しいミラノ大聖堂（ドゥオーモ）の建設資材である大理石をマッジョーレ湖周辺から運ぶのに使われたほか、農業用水など広範に利用された。アルプスの豊富な水源を利用した事業である。海との接点は水の都ヴェネツィアである。ミラノからティチーノ川、ポー川を使い、クレモナを経てアドリア海へ、そしてヴェネツィアへと出たわけである。ミラノの旧市街はこれらの運河を利用して建設された。そのほとんどが近代になって埋め立てられ道路に変身しているが、今日でも旧市街にその一部が残されている。旧市街の南西部から西に向かうナヴィリオ・グランデと、南に下るナヴィリオ・パヴィアがそれである。両運河の接点となるマッジオ14世広場近くでは季節ごとに花の市が立ち、地域をあげて船を仕立てた運河祭りが開かれる（**写真5.3**）。ナヴィリオ・パヴィアのファッラータの閘門ではミニ水力発電も稼働している。

写真5.3　ミラノ・マッジオ14世広場近くのナヴィリオ・グランデ

（3）　舟、山に登る

高低差のある河川や運河を安全かつ効率的に利用するためには、堰を設け流速を押さえると同時に、堰で生ずる水位差を克服しなければならない。つまり水路を階段状にし、かつ舟を上げ下げする装置が必要になる。紀元前、中国において「斗門」と呼ばれた仕組みが考案されていたことは既に述べたとおりだが、想像するに当初は落とし堰で、後に水門に改良されたに違いない。より合理的となった仕組みがロック（閘門）である。原理は**図5.7**に示すように、上流側と下流側に一定の間隔を置いて二つの水門を設け、それぞれを開け閉めしながら水位を調整し、登り降りする仕組みである。水門と水門の間を閘室と呼ぶ。

この仕組みがヨーロッパで登場するのは1378年のことで、オランダのユトレヒ

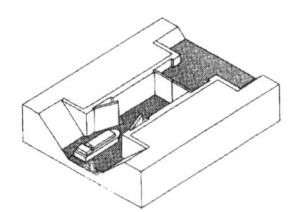

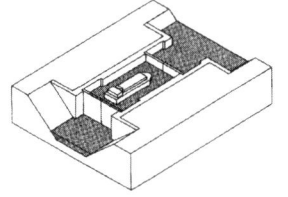

第 5 章　世界の河川舟運と運河の構築　　*181*

(a) 下流水門を開けてロック内に船が進入　(b) 下流水門を閉じて、上流水門注水口を開けて水位を上げる。　(c) 上流水門を開けて前進

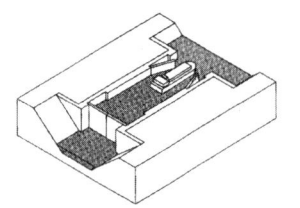

図5.7　ロック（閘門）の原理

トとライン川の派流ヴァール川を結ぶ運河のレツヴィックで片扉のロックの原型が造られた。

　図 5.8 に示すように、15 世紀中葉には北イタリアに閘室を持つロックが出現するが、給排水の小窓を持つ両開きのマイターゲートを持つ近代閘門は 1495 年、レオナルド・ダ・ヴィンチによって改良されたものである。そのスケッチを図 5.9 に示す。まさにアートは技術であった。

　しかしながら、水の出し入れから水門の開閉をシステマティックに行えるようになるのは 16 世紀中葉になってからのことである。

図5.8　北イタリアの初期における両開きロックの図版
（閘室は土圧に耐えるためアーチ形状）

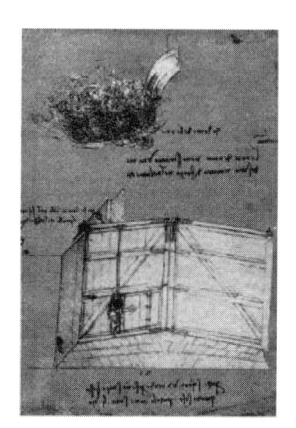

図5.9　レオナルド・ダ・ヴィンチのロックのスケッチ

(4) 運河の形態と近代運河
(a) 運河の形態

17世紀から19世紀初頭にかけ、ヨーロッパでは各地で競うように運河が建設される。舟を通すことのできる自然河川を改修して舟の航路を確保することから始まり、次いで人工的に水路を開削し運河を建設していった。

ヨーロッパにおける運河の建設形態は、図5.10に示すように大別して二つある。一つは舟運可能な二筋の河川を人工水路（キャナル）で結び、ネットワークを広げるものである。他の一つは舟運に不適切な箇所をバイパスし、あるいは河川に並行して新たに運河（ラテラル・キャナル）を建設し、水をその河川から受け渡しするものである[3]。

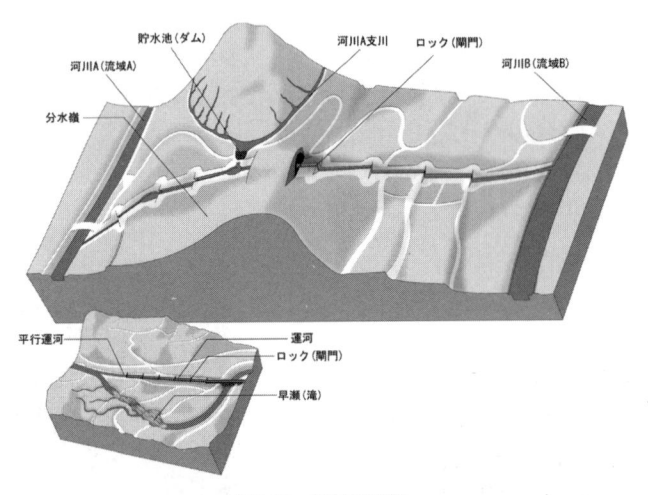

図5.10　運河の形態

前者の代表的なものが、セーヌ川とロアール川を結ぶロアン、ブリヤール運河やマイン川とドナウ川を結ぶマイン・ドナウ運河などである。この場合、分水嶺を越えるため、運河への給水のために貯水池や揚水ポンプが設けられ、峠にはトンネルが掘られることもある。写真5.4は、19世紀初頭に建設されたブルゴーニュ運河の貯水池である。この運河で消費する水量は年間20億tに及ぶ。現在でも、その水量を賄うのは100年前に作られた五つの貯水池である。峠を越えるプイリー・アン・オクソアのトンネルは、標高275mにあり3,333mと長い。その間に深さ50mに及ぶ立坑を32本掘り、相互につなげ完成させたものである[8]。

後者はロアール川並行運河や、ギャロンヌ川並行運河などであり、川の形態と地形により運河が本川や谷と交差する場合もある。そうした地点には舟が渡るための運河橋が架けられる。写真5.5は、ギャロンヌ川を渡るギャロンヌ川並行運河のアジェンの運河橋である。1839年にオルレアンのフィリップ公爵による礎石で始まり、

写真5.4　ブルゴーニュ運河のパンティエール貯水池（左）と技術者の氏名が明記されている貯水池建設の記録銘版（右）

写真5.5　アジェンの運河橋（左）と運河橋を渡るプレジャーボート

1849年供用を開始する。橋長539m、水路幅8.82m、全幅12.48m、12スパンの美しい石造アーチ橋である。

このような内陸部での形態のほかに、外海の波浪を避けるために設けられる沿岸運河がある。その代表的なものがアメリカ南東部沿岸フィラデルフィアからフロリダ半島のマイアミに至る水路（A・I・W）とメキシコ湾沿岸部（G・I・W）に見られる。旧北上川河口から阿武隈川河口までを結ぶ延長約46.4kmの貞山運河もこの形態に入る。

(b)　近世・近代の運河

17世紀中葉以降、フランス、ドイツを中心に、18世紀中葉にはイギリスで本格的な運河建設が進められる。後に運河狂時代とも呼ばれる時代であった。

1604年、アンリ4世の時代にセーヌ川の支流ロアン川（モンタルジィ）とロアール川（ブリアール）を結ぶブリヤール運河の建設が始まり、子息のルイ13世の末期、1642年に分水嶺を越えて開通する。**写真5.6**に示す34mの水位差を克服する当時の7段の連続ロックは、今日遺構として残されている。1882年に運河の改良が完成するまで、この狭いロックは245年間にわたり物資輸送に活躍した。なお、ロアール川に並行するロアール運河は

写真5.6　ブリヤール運河の遺構となった17世紀の7段連続ロック

1838年に完成している[9]。

ルイ14世の1662年、ツールーズの技師 P.P.リケは、地中海と大西洋を内陸で結ぶ構想を立て、地中海に面したセートの港からツールーズまでのミディー運河（現在240km、63閘門）を開削し、ギャロンヌ川へつなげる構想を時の財務総官コルベールに提起する。ツールーズからはギャロンヌ川でボルドーを経てジロード川で大西洋に結ぶルートである。1666年の着工から15年の歳月と女性を含む12,000人の労力をかけ1681年に完成する[10]。このルートは、スペインの覇権下にあるジブラルタルを通らずに、地中海と大西洋を3,000kmほど短縮して結ぶことから、フランスにとっては戦略的にも重要なプロジェクトであった（写真5.7）。

写真5.7　ミディー運河の特徴的な卵型の閘室をもつロック

その後、ツールーズからカステ・アン・ドルテまでのギャロンヌ川並行運河（現在194km、53閘門）が1856年に完成した。物資輸送に活躍したこれらの運河も、20世紀中葉になると貨物輸送の交通量が減少に転ずる。写真5.8に示すように、プラタナスの並木が美しく、歴史的遺産が集積されているミディー運河は、1996年UNESCOにより世界遺産に指定され、世界中からクルージングを楽しむ観光客を集めている。

写真5.8　プラタナスの並木で縁取られるミディー運河

このミディー運河を青年時代に視察した、イギリスのウオーターブリッジ公爵家3代目、フランシス・エガートン卿は、1758年にウーズレイの自らの所領から産出する石炭を消費地のマンチェスターに輸送するため16kmの運河建設に着手した。建設を託した水車大工のJ.ブレンドリー（後に運河技術者として活躍）により1761年に完成するこの運河は、今日のウォーターブリッジ運河の前身である。後年、水質汚濁で社会問題となる炭鉱から湧出する排水を水源としたことも特徴的であるが、アーウェル川を渡る石造りのバートン・アクアダクト（イギリスでは運河橋をアクアダクトと呼ぶ）はイギリス最初のものであった[13]。写真5.9は、1893年に更新された回転橋の鋼橋で、マンチェスター・シップ運河に連なるアーウェル川

写真5.9　回転橋のバートン・アクアダクト（運河橋）

の航行も可能としたバートン・アクアダクトである。

　もう一つ巨大な運河橋を紹介しておこう。**写真 5.10** および**写真 5.11** は、リバプールの南 50km のランゴレンを基点とするランゴレン運河に架かるポンシサイル・アクアダクトである。橋名は川をつなぐ橋の意味という。その名のとおり、ディー川から水の供給を受けるこの運河は、いったん南に流れるセヴァン流域に入り、再度ディー川およびマージー川へとつながっている。この運河橋は 1795 年 T.テルフォードによって架けられる。10 年の歳月を経て 1805 年に完成する。18 本の石柱に 19 の鋳鉄アーチが架かり、石柱の高さは最長 35m に及ぶ。水路幅は 3.3m、水深は 2.6m である。イギリスで最も高く、最も長い水路橋で、今では多くの観光客を集めている[12]。ちなみに、幹線水路を除いてイギリスの水路は狭く、通行船舶もそれに合わせてナロー・ボートと呼ばれている。

写真5.10　テルフォードによって19世紀初頭に完成するイギリスで最長・最高のアクアダクト

写真5.11　イギリス・ポンシサイル運河橋をわたるナロー・ボート

　18 世紀に入ると蒸気船が航行し始める。しかしながら、内陸部では大河を除いて普及せず、多くの舟は運河沿いに馬や人力によって曳かれた。古くから運河沿いには並木が作られた。木陰をつくり馬や人のために日陰を提供するためである。

　山にぶつかればトンネルを掘った。イギリスでは、1777 年にバーミンガム郊外とリバプールを結ぶトレント・マージー運河のストック・オン・トレント付近に、11 年の歳月をかけて長さ 2.7km のトンネルが掘られた。当時としては世界一長いトンネルであった[11]。曳き船用のトゥーパス（イギリスでは運河沿いの小路をトゥーパスという）のないトンネルでは、乗組員が脚で側壁を蹴って航行した（**写真 5.12**）。T.テルフォードにより曳き船用のトゥーパスを設けた第 2 トンネルが完成したのは 1827 年であり、半世紀にわたり乗組員の苦労が続いた。こうした苦労の結果生まれたのが産業革命である。

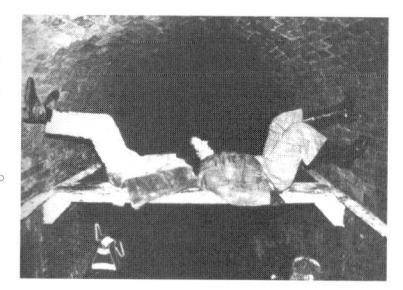

写真5.12　苦行だったトンネルの航行

フランスでは、パリ北方 150km にパリとリール地方を結ぶサン・カンタン運河がある。フランドル地方を流れるオーズ川とエスコー川を接続する延長 92km に及ぶ運河で、シャウニーから 17 カ所のロックで 38.4m 登り、18 カ所のロックで 42.5m 下ってカンブライに至る。開削は 1770 年に始まる。分水嶺には 1801 年ナポレオン 1 世ボナパルト（在位 1804～1815 年）の決断により 14km のトンネルを掘削し、ロックを減らす計画が立てられるが、技術的な問題から 5.7km に縮小されたリクバルのトンネルがある。完成は 1810 年である。運河の完成でカンブライでは繊維産業が隆盛となる。1906 年以来、現在に至るも排気ガス対策のため、写真 5.13 に示すように、通過する船舶はトロリー方式による電力供給でモータを駆動し、水底に敷設したチェーンを巻き上げる方式で航行する牽引舟に曳航され通過する。通過には約 2 時間を要する。それでも年間 3,000～4,000 艘の産業用船舶と 600 艘程度のレジャー用船舶に利用されている[6]。

写真5.13　サン・カンタン運河のリクバル・トンネル

さて、当時の大きな蒸気機関は、確かに大きなスペースを持つ船への利用に向いていた。1775 年蒸気船の開発者 J.C.ペリエールは、セーヌ川での航行を試みているが、内陸舟運には普及せず、蒸気機関の利用は圧倒的に鉄道に有利だった。フランスの場合、1820 年代に舟運は鉄道に譲歩せざるを得ない状況となり、1860 年頃には輸送の主役を鉄道に譲っている。

(c)　**鉄道との競合下での発展**

蒸気機関が鉄道で実用化されたのは 1825 年で、イギリスである。諸外国への技術移転は早かった。鉄道の発展により舟運が廃れると、運河や河岸は不要になるはずである。ヨーロッパがわが国の「その後」と違うところは、斜陽の運命にあった運河と舟運システムを見捨てなかったことにある。

例えば、鉄道発祥の地イギリスでも、1875 年にウィーバー川とトレント・マージー運河を結ぶために、舟を水槽に入れ、水圧を利用し水位差 15.4m を垂直に昇降させるリフトを建設した。ロックが船の階段なら、リフトはエレベーターである。ロックとの大きな違いは、昇降時間の短縮と、放流による水の損失がない点にある。ローマ時代以来、塩の輸送で活躍したウィーバー川と、スタッフォードシャーの陶器で有名なウエッジウッドの原材料と製品をリバプール間で輸送するために、1777 年に完成していたトレント・マージー運河とを結んだのがこのアンダートン・リフトである。その後 1908 年にはカウンターウエイトを付け、電力による 2 連のリフトに改良されるが、1983 年に機械的故障が原因で休止し、以後放置された。しかし

ながら、近年になって地域住民の努力と宝くじによる文化遺産復元助成により 2002 年に復元し、世界最古のリフトとして再度利用されるようになった。**写真 5.14** は復元されたアンダートン・リフトである[13]。

図 5.11 はリフトの模式図である。Ⓐはカウンターウエイトを利用し昇降するもので、動力を必要とする。一方、Ⓑは常に上部にある水槽の水深が下部の水槽の水深より若干（15〜30cm）深くなる、つまり重くなるように設計された二つの水槽が、それぞれ水圧シリンダーで支えられ、双方がバルブで接続されている。船舶の重量は、その分水槽から水が排除されるので無関係である。バルブの開閉により重力で、シーソーのように、上下する仕組みである。バルブ操作の小さな動力（通常は電力。非常時に圧縮窒素ガス）で稼働する。Ⓒは水を満たしたタンクに挿入された浮きの浮力を利用し、タンクの水位を上下させ水槽を昇降させるものである[14]。1962 年、ドイツのドルトムント・エムス運河のヘンリッヘンに完成している。その構造と写真を**図 5.12** および**写真 5.15** に示す。

写真5.14　復元されたトレント・マージー運河のアンダートン・リフト

フランスでは 1888 年に、13.13m の水位差を克服するため、水圧リフトがフランドル地方ダンケルク運河のフォンティネッテで最初に建設されている。**写真 5.16** は 1967 年、ヨーロッパ規格に合わせ改良されたフォンティネッテのリフトである。

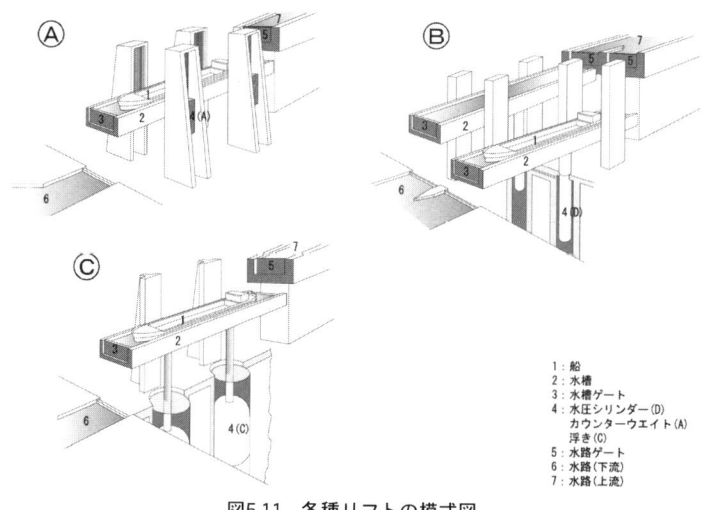

1：船
2：水槽
3：水槽ゲート
4：水圧シリンダー (D)
　カウンターウエイト (A)
　浮き (C)
5：水路ゲート
6：水路（下流）
7：水路（上流）

図5.11　各種リフトの模式図

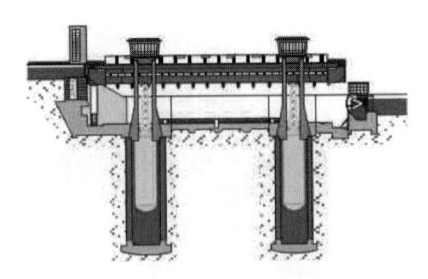

図5.12　ドイツ・ヘンリッヘンの浮き式リフトの構造図

写真5.15　ドイツ・ヘンリッヘンの浮き式リフト

写真5.16　改良されたフランス・フォンティネッテの水圧リフト

　水位差を克服するもう一つの手段は、琵琶湖疎水で取り入れた京都蹴上にもあるインクラインである。斜面を昇降させることから、これは舟のエスカレーターである。方法には2通りあり、一つは舟を水から上げて運ぶドライ方式で、図5.13に示したように、古くからの水位差の克服法であった。京都蹴上のインクラインもこの方式である。他の一つは、水槽に舟を入れ、水槽ごと運ぶウエット方式である。舟が大型化した近年では後者が主流となる。図5.14はその模式図で、Ⓐは縦型、Ⓑは横型である[14]。

図5.13　古くから行われていた舟の引き上げ

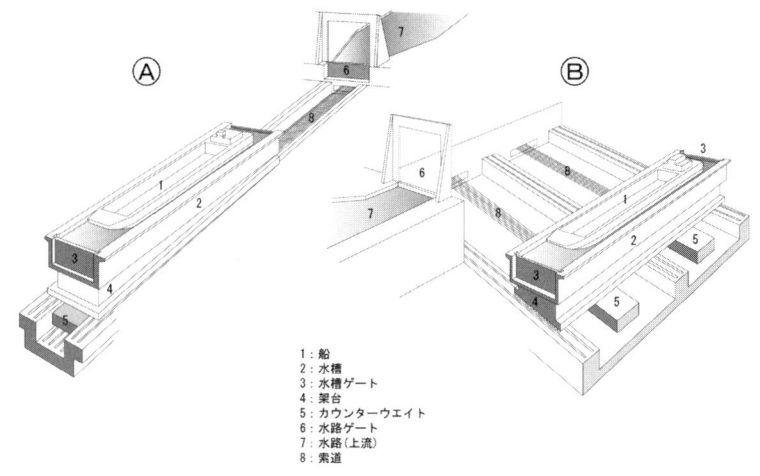

第 5 章　世界の河川舟運と運河の構築　189

図5.14　各種インクラインの模式図

1：船
2：水槽
3：水槽ゲート
4：架台
5：カウンターウエイト
6：水路ゲート
7：水路（上流）
8：索道

　世界最大のインクラインはⒶ型で、ベルギーのロンキエールにある。ヨーロッパ標準となった 1,350t の船舶に対応させるため、旧運河のバイパスとして 1962 年に工事が開始され 1968 年に開通した。高低差 67.73m を 1,432m の斜面で昇降する。傾斜の勾配は 5°である。水槽は 2 連で、それぞれに 5,500t のカウンターウエイトが付けられている（**写真 5.17**）。14 カ所にロックを持つ旧運河をバイパスすることで、時間短縮に大きく貢献したが、それでもインクラインの通過には 50 分程度（昇降時間は 25 分）が必要である。

　Ⓑ型は、古くは 1814 年に開通したイギリスのグランド・ユニオン運河のライセスター区間のフォックストンのインクラインで、23m の水位差を 10 カ所のロックで克服するのに長時間かかることから、1900 年に G.トーマスの設計により、横型のインクラインとして世界に先駆け建設された。2 艘のナロー・ボートが収容できる水槽が 2 列配置され、それぞれの水槽はバランスしており、25 馬力の蒸気機関で運転された（**写真 5.18**）。昇降時間は 12 分に短縮され大いに活躍したが、他のロックがボトルネックとなり、一方で鉄道の普及

写真5.17　ベルギー・ロンキエールの縦型インクライン

写真5.18　イギリス・フォックストンの横型インクライン（スケッチ）

に太刀打ちできず1911年に閉鎖された[13]。さらに1928年には施設がスクラップとして売却され、ただの斜面となる。ここでも、アンダートン・リフトと同様に、地域住民と地元企業がボランティアとして立ち上がり、BWW（British Waterways）がファンドを募り、現在再建に向け準備が進められている。

毎年多くの観光客を集めているのが、**写真 5.19** に示すフランスのストラスブール北西約 50km にあるアルズヴィレの横型インクラインである。ザール地方の石炭輸送のために、1853 年に開かれたストラスブールとヴィトリー・ル・フランソアを結ぶマルヌ・ライン運河（314km、176閘門）の難所 17 のロックで昇降した区間を改良し、4 年の歳月をかけ 1968 年に開通したのがこのリフトである[6]。

写真5.19　フランス・アルズヴィレの横型リフト

運河橋では、建築家レオン・メゾヤーとパリのエッフェル塔の設計で有名な土木技師エッフェルが設計した、ロアール河を渡るスパン 662.69m のブリヤール運河橋が 1896 年に建設されている（**写真 5.20**）。さらには分水嶺を越えるための貯水池や、ロアール川から運河に水を汲み上げる蒸気機関を用いたポンプ施設も建設された。現在はもちろん電動ポンプであるが、蒸気機関も現役の産業遺産として大切に管理され公開されている。新しい技術を手に入れると、古いものを惜しげもなく放棄、撤去するわが国とは大きく異なるところである。

写真5.20　フランス・ブリヤール運河橋

こうして、**図 5.15** に示すように全長 34,000km のヨーロッパ運河網（船が航行できる可航河川 25,000km を含む）が形成される。ちなみに、わが国の高規格道路の延長は計画で 14,000km であり、日本列島の海岸線の総延長は 34,000km でヨーロッパ運河網の総延長と同じである。

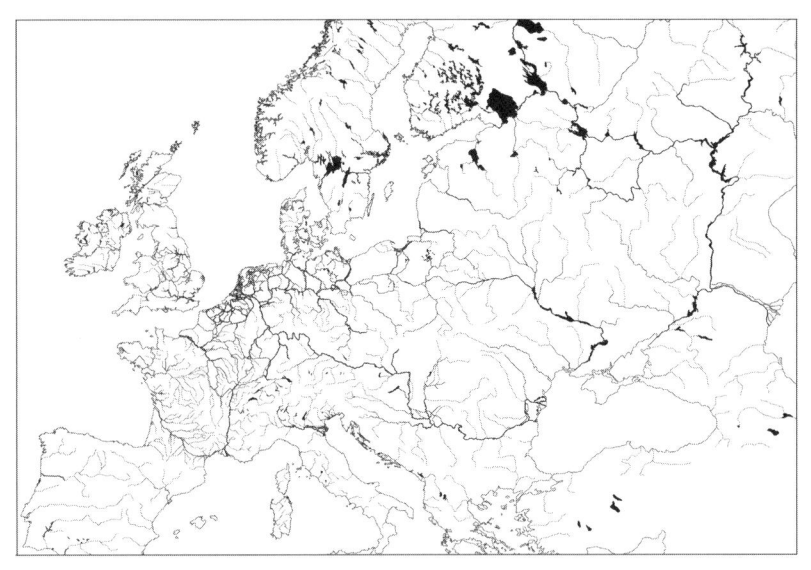

図5.15　全長34,000kmのヨーロッパ運河網

(d)　舟運合理化のための運河の改良

　環境保全と省エネルギーが至上命題となった現在、ヨーロッパでは内陸水運システムの改良と再構築が着実に進行している。北海からヨーロッパ大陸を南北に横断し、ローヌ川から地中海へはもちろんのこと、ライン川からマイン・ドナウ運河を経てウィーン、ベオグラード経由で黒海に通じる。まさに水のハイウエーがオリエントにまで延びる。一方、バルト海からはグダニスク経由でベルリンに至りドイツ領をミッテルランド運河で横断し、オランダ、ベルギーの網目のように広がる運河を通って西ヨーロッパ各地につながっている。そこで大切なことは運河やそこを航行する船の規格である。

　ヨーロッパ各国とも公的機関によって管理される河川や運河はどの程度の規模で、どんな舟が航行しているのか簡単に触れておく。

　1961年、ヨーロッパ各国の運輸大臣が集まって水路の取り決めを行い、国連ヨーロッパ経済委員会も1992年に船舶の分類を行った。水路と船舶の基準は、通行する船の大きさと積載重量によってⅠからⅦまでの7カテゴリーに分けられている。

　ⅠからⅢは地域的な水路で、船長38〜80m、船幅5〜9m、積載量180〜1,000tのバージが航行可能である。

　ⅣからⅦはヨーロッパの国際幹線水路で、船長85〜295m、船幅9.5〜34.2m、積載重量は1,350〜27,000tである。Ⅴタイプが2種、Ⅵタイプが3種に細分されている。ヨーロッパ標準とされた1,350tバージの可航水路はカテゴリーⅣであり、その

他はプッシャーバージの形態で、ラインやドナウなどの大河川がその対象になる。

こうした基準を設ける理由は、内陸水運に欠かせないロックの大きさと、水路に架かる橋桁の下のクリアランス（エアードラフト）および水路の幅と深さ（ドラフト）が制約条件となるためである。

ヨーロッパ標準とされた 1,350t バージの航行を可能とするために、先に述べたように、古い運河の改良も着実に進んでいる。ベルギーのエスコー川とシャルルロア・ブラッセル運河を結ぶ中央運河の中間にストゥレッピー村とティーユ村がある。ここでは 1,350t 級の貨物船に対応させるため、延長 10km にわたる壮大なバイパス工事が行われた。旧運河には、300t 級バージ船の通行が限界の 4 つの水圧リフトと 2 つのロックがあった。ここをバイパスし、水位差 73m を一挙に克服する 2 連の巨大リフトが誕生した（**写真 5.21**）。1,350t の船を収容する水槽の総重量は 8,000t に及ぶが、カウンターウエイトの助けを借りて小さなエネルギーで制御される。このリフトの完成で通過時間は 3 分の 1 に短縮され、輸送能力は飛躍的に増大する。一方で旧運河は、1998 年 UNESCO の世界遺産に登録され、観光資源として活躍している。その水圧リフトの一例を**写真 5.22** に示す[6, 14]。

写真5.21　ベルギー・ストゥレッピー・ティーユの巨大リフト

写真5.22　世界遺産となったベルギー・中央運河の水圧リフト

この巨大プロジェクトは、先に述べたロンキエールのインクライン同様、単に総延長 1,600km の運河を持つベルギー国内だけのためではない。グスタフ国王の高邁なビジョンのもとに、アントワープ、ダンケルク、リール、ロッテルダム、そしてライン川と EU 全域を視野に入れたベルギーの政策である。

ヨーロッパを旅行した人なら、誰しもが高速道路を走っている大型車がわが国と比較して大変少ないことに気づくはずである。かつて高度経済成長の時代、「ジャパン アズ ナンバー ワン」とおだてられ、高速道路にトラックの少ないヨーロッパを垣間見て不景気だ、などと思い上がったこともあったが、別ルートの水の道を効率良く利用していたわけである。EU 域内の国際物流に占める内陸舟運のシェアは約 30%で年間 700 億 t・km（1t の貨物を 1km 運ぶ単位）に及ぶ。

どんなものが運ばれているのだろう。舟運のハイウエー、ライン川で見ると、オランダからドイツへ運ばれる約 9,000 万 t の貨物の内訳は金属、鉱石が約半分、石油製品が 4 分の 1 を占める。

ドイツからは約 5,000 万 t の荷が下る。その半分は砂利、砂などの建材で、鉱業製品が 4 分の 1 である。穀物や飼料、肥料も舟で運ばれる。やはり、かさばって、重たく、急ぐ必要のないものはコストの安い舟運が有利である。

ラインの支流マイン川とドナウ川をつなぐマイン・ドナウ運河については冒頭に触れたが、北海と黒海を結ぶ 3,500km に及ぶ壮大な水路構想の要であった。ロッテルダムからマイン河口のマインツまでの 539km がライン区間、マインツからバンベルグまでの 384km がマイン区間、バンベルグからケルハイムまでの 171km がマイン・ドナウ運河である（図 5.6 参照）。

ケルハイムからドナウ川河口までは 2,411km の距離がある。マイン・ドナウ運河会社が設計・施工した区間は 677km であり、マイン川からバンベルグまでの改良は 1962 年までに完了しており、運河区間は 1992 年に完成した（**写真 5.23**）。ヴィルスホーフェンまでの 69km は改良中である。総工費は 85 億ドイツマルクというから、1 兆円を超える事業規模である。

写真5.23　ドイツのマイン・ドナウ運河

マイン・ドナウ運河は、ヨーロッパ運輸閣僚会議で、ヨーロッパにおける五大主要プロジェクトの一つとされ、ヨーロッパ標準のカテゴリーIVに対応することが求められた。その標準断面を図 5.16 に、縦断図を図 5.17 に示す。縦断図の左がライン川方向で、右がドナウ川である。マイン川のアッシェフェンベルグから最高点シュテルハルタングまでの標高差 297.5m を 38 カ所のロックで登る。最高点から 5 カ所のロックで 68.8m 降りるとドナウ川に入る[14]。

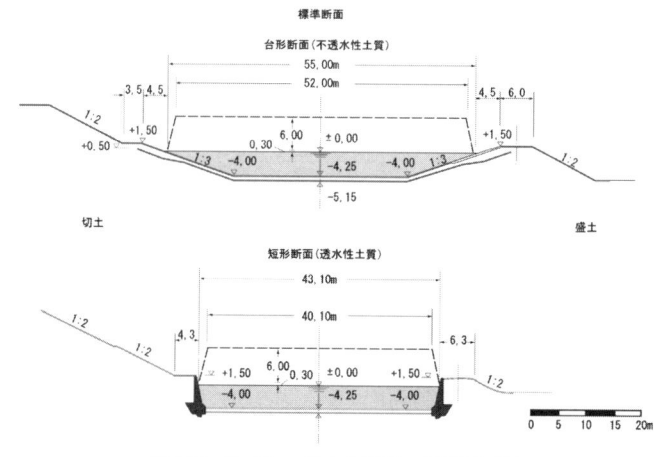

図5.16　マイン・ドナウ運河の標準断面図

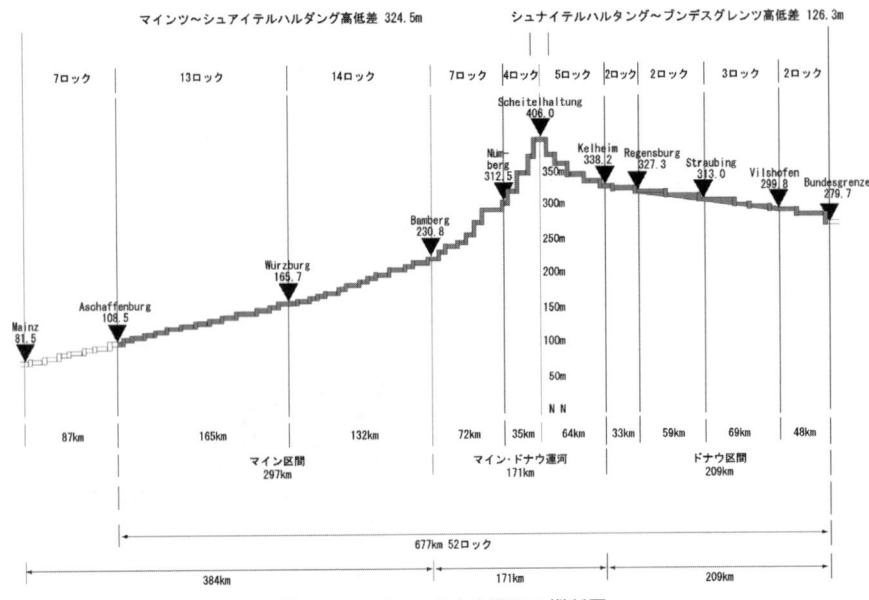

図5.17 マイン・ドナウ運河の縦断図

　運河として機能させるためには頂上での給水が必要となる。**図5.18**は給水の仕組みを示したものである。2カ所の貯水池のほかに流量の豊かなドナウ川からポンプアップで補給される。流域を越えて使う貴重な水であるがゆえに、発電に利用するほか、落差の大きな閘門には節水のために複数の貯水槽が設けられた節水型ロックも設けられた。その仕組みを**図5.19**に、一例を**写真5.24**に示す。

写真5.24　節水型ロック

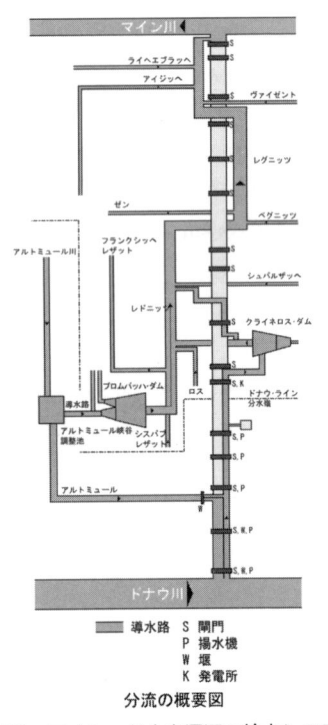

図5.18　マイン・ドナウ運河の給水システム

節水型ロック

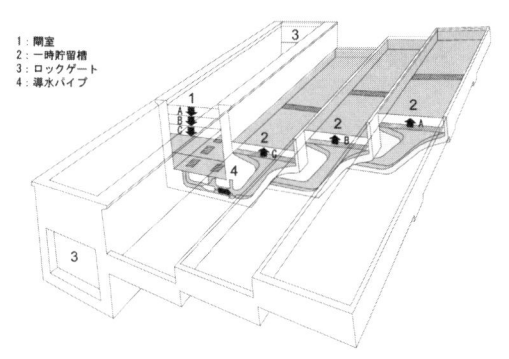

1：閘室
2：一時貯留槽
3：ロックゲート
4：導水パイプ

図5.19　節水型ロックの模式図

　総延長 7,300km に及ぶドイツの運河網は、Wasser und Schifffahrtsverwaltung des Bundes（WSV）によって管理されている。19 世紀後半から改良が始まり、21 世紀に至るも発展を続けている。例えば、エムス川、エムデン港やライン川につながるミッテルランド運河（1906 年から 1916 年にかけて建設されたドイツ北部を横断する主要な運河）沿いのマグデブルグには、エルベ川を渡る運河橋が 2003 年に開通し、エルベ・ハーヴェル運河を経てベルリンと直結した。それまではいったんエルベ川に降り、大きく迂回して両運河をつないでいた（**写真 5.25、図 5.20**）。

写真5.25　ドイツ・ミッテルランド運河が渡るエルベのトログ運河橋（マグデブルグ付近）

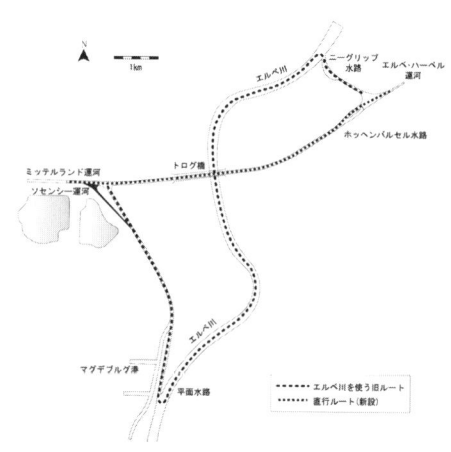

図5.20　かつてエルベ川を利用し大きく迂回し両運河をつないでいた

　フランスには、8,500km に及ぶ水路がある。そのうち 6,700km の可航河川と運河網を管理、運営しているのが国の機関 Voies Navigables de France（VNF）であ

る。ごく一部を除き300tバージが利用できる国際水路として機能している。うち1,760kmの幹線は3,000t級が通行可能である。この水の道で1998年には5,200万tの貨物と1,700万tの危険物が運ばれた。前年度比10％の伸び率であり、1999年は14％の伸びとなった。

文化財ともいえるフランスの運河と周辺都市は、歴史の宝庫であり、それ自体が巨大な博物館である。どのルートにも魅力的な歴史的建造物が点在し、心ときめく歴史と文化が集積している。美しい風景と船旅の魅力を国も企業も見捨てておくはずがない。年間850万人の観光客がマイボートやレンタルボートで、あるいは団体が観光ボートやホテルボートで訪れる。その8割は外国からのビジターである。

観光レジャー面のソフトも充実している。大小合わせ2,000艘のレンタルボート、280艘のクルーズボートには合計4万人分のベッドがあり、35艘のクルーズボートには合計400のベッドが準備されている。中には三食ワイン付きで、心温まるサービスが待ち受けるボートもある。運河沿いには給水、給電、給油、ゴミ処理、シャワールーム等の施設を持つマリーナが500地点に整備されている。運河が賑わうのは初夏から秋にかけてであるが、観光レジャーからのVNFの収入は年間170億円に及ぶ。

職員5,000人を要するVNFの本部は北フランス、ベチューンにある。フランス北部は北海に面してカレー、ダンケルク、またベルギーにはオステンド、アンヴァースなどの主要港湾が連なり、工業地帯のリールを中心に水上交通の要衝である。リール地方での舟運による物流をみると、年間約850万tが内陸舟運で移動している。この量は20t積みトレーラー42.5万台分に相当する。

VNFでは環境上の観点からも今後さらなる増加を予測しており、先に述べたサン・カンタン運河のトンネル管理経費の節減と効率化のために、換気施設の設置を検討中である。1902年以来のトンネル航行システムは、まさにUNESCOの世界遺産に値するものだが、運営経費の採算性と内陸舟運のさらなる合理化と発展のために、世界遺産はさしたる問題として捉えてはいない。

観光、レジャー中心の運河を除いて、週末これら幹線運河の施設は稼働しない。施設を管理するのは公務員である。そこで貨物船もお休み。のんびりと船だまりで休息をとる。すると入れ替わってプレジャーボートやウィンドサーフィンが姿を現し、運河は地域住民の親水空間に変貌する。

イギリスの事情も紹介しておこう。イングランド、スコットランド、ウエールズの運河網は、航行可能な河川を含めて、総延長6,400kmに及び、そのうち3,200kmが環境省に所属する政府組織により管理されている。古くはローマ時代にその歴史を遡ることができるが、ほとんどが18世紀から19世紀初頭にかけて建設された。まずはテムズ川、ハンバー川、ウィーバー川、マージー川などの利用に始まり、産業革命を機に全国各地で運河建設が民間企業により進められた[11]。

第 5 章　世界の河川舟運と運河の構築　　197

　1825 年にダーリンとストックトン間に鉄道が敷設されると、当然のように運河は見捨てられた。次第に運河は廃虚となり、ドブと化していった。1945 年、運河の荒廃を見かねた退役将校のロルト中佐のキャンペーンにより賛同者が集い、内陸水路協会（IWA）が設立され、復興に着手する。現在、運河を管理する環境省所管のブリティッシュ・ウォーター・ウェイ（BWW）の前身である[12]。

　BWW が掲げる目標は、水路による余暇利用の持続的成長である。そのために運河の環境と遺産としての価値を大切にし、さらにそれを確実なものとするため、民間企業、公共およびボランティアの参加の下で、健全な財政基盤を構築することにある。

　運河網には 60 のトンネル、397 のアクアダクト、1,549 のロックがあり、運河沿いには文化財に指定された 2,500 件に及ぶ建造物と 100 以上の自然保護区が点在している。そこには毎年 1,000 万人のビジターを集め、25,000 艘のボートで 136 万人が船旅を楽しむ。こうした収入は年間 110 億円に達する。

　イギリスの運河は、大陸のそれと比較して水路幅も狭く、ロックの開閉も多くが手動でまことに旧式である。したがって航行するナロー・ボートの幅も 2m 強、長さ 15〜21m と名前のとおり細長い。貨物の積載量は高々70t 程度である。したがって今日では物流に寄与することはほとんどなく、レジャーと観光に利用されている。環境省は、こうした運河網を「リニアパーク」と位置づけ、大切に保存する。その背景には古くから定着しているナショナルトラスト運動があったからに他ならない。

　古いものを大切にするイギリスに、2002 年 5 月全く新しい発想でユニークなリフトが登場した。スコットランドの東西の海、フォース湾とクライド湾を結ぶ運河再生のミレニアム・プロジェクトの一つであり、グラスゴーとエジンバラを結ぶユニオン運河とフォース・クライド運河の水位差約 25m を昇降するもので、エジンバラの西約 37km の町の名を取りフォルカーク・ホイールと呼ばれる。完成の祝典にはエリザベス女王も臨席された。**写真 5.26** に見るとおり、重さ 300t の二つの水槽が観覧車のように回転し、15 分で昇降するリフトである。いまだ世界で類例はない。フォース・クライド運河につながる大きな船だまりの周辺は、まさに遊園地であり、観光専用のボートが休みなく運航され、ビジターセンターを中心に世界中から観光客を集めている[13]。

写真5.26　イギリス・スコットランドのフォルカーク・ホイールリフト

　以上述べてきたように、ヨーロッパでは古くからのインフラとしての運河資産を観光資源として有効に活用すると同時に、環境にやさしい運輸システムとして運河

の合理化に休むことなく投資を続けている。

[参考文献]
1) 龍村倪訳、劉英・陳玉玲監修、三浦裕二：中国古代三大利水工事—霊渠・都江堰・大運河—、河川 No.529、1999 年 9 月号、(社)日本河川協会、1999
2) 安作璋主編：中国運河文化史（上・中・下冊）、山東教育出版社、2001
3) VNF. "la france AU FIL DE L'EAU" Editions Nouveaux Loisirs,1996
4) 三浦裕二：マルチモーダルとしての河川舟運、土木施工 1998 年 11 月号、山海堂、1998
5) 三浦裕二：舟運の再興・創造、土木技術 54 巻 1 号、土木技術社、1991
6) 三浦裕二：歴史に生きるヨーロッパの舟運、河川 No.613、1997 年 8 月号、(社)日本河川協会、1997
7) 三浦裕二：内陸舟運復活の展望、建設マネジメント技術、2004 年 4 月号、2002
8) VNF. "navicarte 18 Bourgogne tome" yonne,nivernais, Bourgogne EDITIONS GRAFOCARTE 1996
9) VNF. "navicarte 6 Canaux du Centre"de St.Mammès à Shalons-S.Roanne-Digoin EDITIONS GRAFOCARTE 1996
10) VNF. "navicarte 11 Canal du Midi" de l 'Atlantique à la Mèditerranèe EDITIONS GRAFOCARTE 1996
11) Guide To The Waterway 1" London,Grand Union,Oxford & Lee" Nicholson 1997
12) Guide To The Waterway 4" Four Counties & the Welsh Canals" Nicholson 1997
13) Peter L.Smith: "Discovering Canals in Britain" SHIRE PUBLICATIONS LTD 1997
14) J.Kubec J.Podzimek: "WASSERWEGE" VERLAG WERNER DAUSIEN 1996

第6章　日本の河川舟運 —歴史的変遷に学ぶ—

6.1　日本の河川、運河舟運の隆盛と衰退

　南北に細長い日本列島は、ほぼその中央に分水嶺となる山脈が縦貫している。当然川は短く急流になる。図6.1に示すように、日本一長い川、信濃川の延長は367km、水源の標高は2,475mであり、長さ780kmのセーヌ川と比べると半分以下、セーヌ川の水源標高は471mであり、2,000mも高い。流域面積はセーヌ川の78,650km²に対し、信濃川は11,900km²で、わずか15%である。

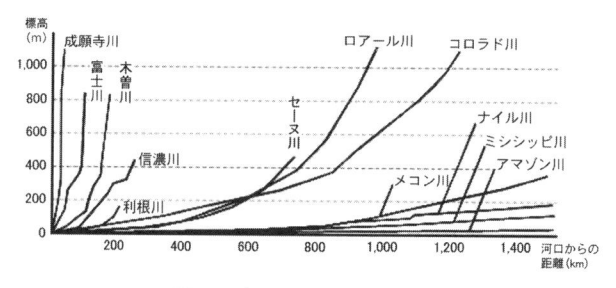

図6.1　各河川の縦断面の比較

　常願寺川を調査した明治政府のお雇い技師デ・レーケが「川ではない。滝だ」と言ったという風説を生んだ常願寺川は、長さ56kmに対し標高差は2,661mに及ぶ。アジアモンスーン地帯に属する日本列島の気候は、温暖湿潤で、梅雨・台風・積雪により年間降水量が多い。したがって、河川の流量は豊かであるものの、季節・年によって大きく変動する。急流であるがゆえに、降雨は短時間で山肌を駆け下り、海へ吐き出される。雨季や台風ともなれば洪水が頻発し、日照りが続くと流量は著しく低下する。河川のある地点における過去の最大流量と最小流量の比を河況係数という。日本の河川は大陸の河川に比べ、その値が著しく大きく、流量が不安定である。これは、日本が豪雨地帯にあることや、急流であることはもとより、流域面積に対し最大流量が大きいためである。このように概観しただけで、わが国の河川がいかにも舟運に不向きであることが分かる。しかしながら、起伏の激しい地形から陸路での輸送も決して容易なものでなかったことから、扇頭付近から扇状地の広

がる平野部より下流を流れる川では、朝鮮半島や中国との交流が始まる4世紀後半には舟運路が開かれていたと考えられる。以下に悪条件の中、舟運に取り組んだ先人と、主な河川舟運について触れる。

（1） 保津川、高瀬川と角倉了以

　平清盛（1118～1181年）による音戸の瀬戸の開削（1167年）を例外とすれば、わが国の運河の開祖は角倉了以（1554～1614年）である。代々医者の家系である角倉は、一方で土倉（金融業・質屋）を営む素封家である。起業家精神旺盛な了以は、1604年豊臣秀吉の朱印船に加わり、17回に及ぶ安南国（今のベトナム）との交易で莫大な富を築く。船の便益を知り尽くした了以は、「凡そ百川、皆以て船を通すべし」の精神で、丹波地方と京都を結ぶ大堰川（保津川下流）に着目する。徳川家康に願い出て、1606（慶長11）年、丹波の世木から京の嵯峨までの30数kmの開削に着手し、自ら石割り斧を持って先頭に立ち、子息の素庵と共にわずか5カ月で舟運路を開く。操船技術に長けた水夫（かこ）を雇い、丹波の農作物、薪炭を輸送し、木材を筏で流した。馬による輸送から大量輸送を可能にした舟運への転換は大きな利便性を生み、その輸送による収益の独占は、投資を上回る利益を上げた[2]。

　その技術力と実行力を見込んだ家康は、1607（慶長12）年に富士川と天竜川の開削を命じ、翌年には富士川の通船に成功している。直ちに天竜川に取りかかるものの、ここでは失敗に終わっている。

　1899（明治32）年、京都鉄道が園部まで開通すると、木材をはじめ貨物は鉄道に移行し、大正末には筏流しも姿を消した。しかしながら、明治政府のお雇い技師エッシャーを驚かし、夏目漱石の作品「虞美人草」に取り込まれた保津川下りは今も健在で、四季を通じて全国から観光客を集めている（**写真6.1**）。大堰川右岸嵐山の中腹に大悲閣千光寺がある。「花の山二町のぼれば大悲閣」と詠んだのは芭蕉であるが、渡月橋から程近いところである。了以が工事で亡くなった人を弔うために開いた寺で、晩年はここに隠棲していた。寺には石斧を手にした眼光鋭い了以像が安置されている（**写真6.2**）。

写真6.1　保津川下り。人気が高く四季を問わず客を集める

　了以の晩年の大事業は高瀬川の開削である。名前はこの運河を行き来した高瀬舟に由来する。豊臣秀頼により方広寺大仏殿再建の資材輸送を命じられた了以は、淀川上流で調達した木材を筏にくみ、鴨川を遡って京の三条まで運び込むが、鴨川を遡ることが困難と知った了以は、京と伏見をつなぐ運河、高瀬川の開削計画を立て

る。二条付近で鴨川の水を分水し、木屋町沿いに南下し、九条近く陶化橋の上流で鴨川を横断し、東高瀬川を下って、伏見港（今の中書島駅、坂本竜馬が襲われた寺田屋付近）で宇治川につなぐ 10.5km の運河である。1611（慶長 16）年に着工し、1614（同 19）年に完成する。運河には洪水に配慮した樋門と 9 カ所の舟入（舟溜り）が設けられ、平底の高瀬舟に適合させ、水量に配慮して狭く浅い運河とし、午前は上り、午後下りと定め、船頭一人に二人の曳き子で運行した。了以は運河の完成を見届けた 7 月 17 日、61 歳で偉大な生涯を閉じた。なお運河は当然有料であり、幕府 4 割、運河の維持費 1 割、角倉 5 割の割合で配分されたという。父の事業を助け引き継いだ素庵は、本阿弥光悦とも親交のある文化人であり、これらの利益は優れた美麗な嵯峨本の出版事業にも活かされたに違いない。

写真6.2　大悲閣に安置されている角倉了以の像

　高瀬川の開通は、東国や西国地方から穀物、酒、醤油などの生活物資の大量輸送を可能とし市民生活の安定に寄与する。運河沿いには、木材、米、塩、金物などの問屋が建ち並び、江戸時代を通して京都の産業・経済発展に貢献した。1870（明治 3）年からは旅客用としても使われる。毎日四条と伏見の間を運行し、さらに淀川蒸気船と接続して大阪に結ばれた。1910（明治 43）年になると、京阪電鉄が五条～天満橋間に開通し、京阪間を結ぶ旅客輸送はその役割を終える。若干残っていた高瀬舟による荷役も、1920（大正 9）年には幕を閉じ、運河としての役割を終えた。了以の開削から 306 年後のことである[7]。

　交通運輸の主力は川から鉄道・道路に移り、1947（昭和 22）年に水運機能の向上をめざして造られた伏見の舟溜まりも埋め立てられた。現在の高瀬川は木屋町・河原町界隈で京都らしさを演出し、幕末の血なまぐささは路傍にひっそりと立つ石碑に収まる。現在の高瀬川は疎水放水路と合流したあと、新たに開削された新高瀬川として京都大学防災研究所の横で宇治川に合流する。なお、下京区を流れる高瀬川は小学校の校庭でビオトープに流れ込み、環境教育と地域のコミュニティー作りに活かされている[7]。

（2）　内航舟運、阿武隈川と河村瑞賢

　次いで歴史に残る偉業を成したのは、内航舟運を確立した河村瑞賢（1618～1699 年）である。瑞賢は、元和 4 年伊勢国度会郡東宮村の貧しい家に生まれる。幼少より才気活発で、弱冠 13 歳で江戸に出る。了以とは出自から大きく違う。車夫、人夫として働き、いったんは江戸を捨て京へ上ろうとしたが、僧の忠告もあって江戸に戻り、土木請負業から材木商と懸命の努力を続ける。瑞賢の転機は、1667（明暦

3) 年、江戸の大半と江戸城をも焼失させ、死者 10 万人ともいわれる大火（通称振袖火事）である。瑞賢は直ちに木曾へ飛び、木材を買い占める。幕府はこの大火を機に都市改造を進めたこともあって、材木を押さえた瑞賢は巨大な利益を手にするが、独占することなく同業者への配分にも意を払ったという。江戸復興のための資材の搬入はもとより、火災による瓦礫の積み出しに、瑞賢は私財をもって日本橋川と平行に、楓川と隅田川を結ぶ新川堀を作る。現在の新川 1 丁目で、瑞賢の屋敷はここにあった。今の地図からも堀のあったことが読み取れる。

　瑞賢の技術力と事業家としての才覚は幕府の知るところとなり、奥州の年貢米を安全・迅速かつ経済的に江戸に輸送する航路の開発を瑞賢に託した。17 世紀中葉、奥州の廻米、ご城米の集積地は荒浜（阿武隈川河口）であった。そこから江戸への航路はいったん銚子に運び、高瀬舟に積み替えて利根川から関宿を経由し、新たに開削された江戸川を下って江戸前へと運ばれていた。房総半島を迂回し江戸港に入るルートは、距離が長く、風向、潮流、岩礁など困難と危険を伴っていたのがその理由である。瑞賢は綿密な現地調査と情報収集の結果、いったん舟を三崎港もしくは伊豆下田に寄港させ、風待ちして江戸湾に入る航路を開発した。これが東回り廻船と呼ばれる。舟も堅牢な紀州船、尾張船、伊勢船が用いられた。このとき寄港地として整備されたのが平潟であり那珂湊であった[1]。

　次いで、瑞賢は 1672（寛文 12）年、出羽国最上郡の直轄領租米の江戸輸送を引き受ける。酒田を起点に小木、三国、温泉津、下関などを回って瀬戸内海に入り、大坂、下田を経て 3 カ月かけ江戸に入る西回り廻船を開発した。写真 6.3 は、酒田の日和山公園に建つ瑞賢像である。航路開発は築港、常夜灯（灯台）かがり火の設置などのハードの整備を伴い、さらに水先案内、積荷検査などのソフトも整備された。

　瑞賢の業績は海路の整備だけではない。1670（寛文 10）年には阿武隈川で舟運路の測量と改修を行っている[3]。これより以前の 1664（寛文 4）年、江戸の商人渡辺友意により航路が開かれ、下流部（沼ノ上・水沢～荒浜）では艜（ひらた）舟や高瀬舟が荷役に当たっていた。そこから上流の福島まで、本格的な通船が行われるのは 1671（寛文 11）年であった。二本松から上流の河原田（白河市付近）にも地元有志の発願により江戸末期に小鵜飼舟による舟運が開かれていた。阿武隈川舟運は廻米・ご城米輸送の効率化に寄与するが、一般消費財の流通にも大いに役立っていた。二本松と福島間は蓬莱峡が立ちふさがり、舟運路が開かれなかった。なお、二本松、荒浜間の河床勾配はマイン・ドナウ運河のそれに近い。当時、堰と閘門に関する海外からの技術導入があれば、また違う発展があったに違いない。

写真6.3　酒田日和山に建つ河村瑞賢の像。目の前の池には模型の北前舟が浮かぶ

（3） 北上川

　奥州からの効率的な廻米は、幕府にとって財政を支える重要な事業であった。北上川流域の面積は 10,150km² で東北最大であり、勾配も比較的ゆるく、盛岡から河口までの約 200km（全長 249km）は舟運に適した河川である。流域は古くから河川改修と新田開発が進む。また伊達藩による河川改修もあって、物資の輸送に黒沢尻から下流はひらた舟、黒沢尻から上流盛岡城新山河岸までは、やや小型のおぐり船が活躍し、1776（安永 5）年には約 200 隻からのひらた舟が運航していたという。しかしながら、1891（明治 24）年には東北線が上野から青森まで開通し、舟運は徐々に衰退し、昭和 50 年代になって最後の一艘が消滅したという。写真 6.4 は一関付近を流れる北上川である。川下りで有名な最上川下りに勝るとも劣らない景観が楽しめる場所である。年間 165 万人、

写真6.4　北上川の風光は素晴らしい。貴重な観光資源である

4 月から 10 月までの期間に限っても 120 万人を集める観光拠点の今泉から、北上の「展勝地」を経て花巻まで、安全に、安心して航行できるよう航路整備が整えば、多くの観光客が集まるに違いない。その折は、ぜひとも東北特有の暖かいお国訛りで、中世の謎に満ちた東北の歴史物語などを語ってもらえれば、その奥深さが理解されるに違いない。さらに、東北は民謡の宝庫である。絶滅危惧種となりつつある民謡の再認識のためにも、バスガイドと一味違う重厚な文化が発信できよう。

　北上川舟運の火を消すなと、地域住民が立ち上がる。1995（平成 7）年岩手、宮城両県の住民が連携して NPO 北上川流域連携交流会が結成される。盛岡～東京間、780km も川で結ばれていると、「舟に乗ってディズニーランドに行こう」を合言葉に、3 年かけてその可能性を実証した。さらに、2000（平成 12）年には住民の努力でひらた舟が復元され（写真 6.5）、北上川連携号として地域の交流と連携のため活躍を始めた。なお、河口には、北上川・運河交流館が 1989（平成元）年にオープンし新たな交流拠点となっている。

写真6.5　復元されたひらた舟。全国から募金が寄せられた

（4） 貞山運河

　旧北上川河口から松島湾を経て阿武隈川河口まで、仙台湾沿いに全長 46.4km（海上部を含め約 60km）に及ぶ日本最長の沿岸運河・貞山運河がある。図 6.2 に示す

ように、この運河により岩手県の北上川水系、宮城県の仙台平野のすべての水系、さらには福島県の阿武隈川水系がつながる。

　貞山運河のさきがけは、1601（慶長6）年の木曳堀（阿武隈川河口～名取川河口）の開削である。次いで1658（万治元）年から1979（寛文13）年にかけて御舟入堀（七北川河口～塩釜湾）が開削される。その後、明治維新を経て大久保利通の裁断により、お雇い外国人技師ファン・ドールンの設計・指導により近代的港湾と運河による交通網の整備が実行に移される。1875（明治8）年に新堀（名取川河口～七北川河口）、さらに野蒜築港事業と平行して、1878（明治11）年に北上運河（成瀬川河口～旧北上川・石井閘門）、1884（明治17）年に東名運河（松島湾～成瀬川河口）

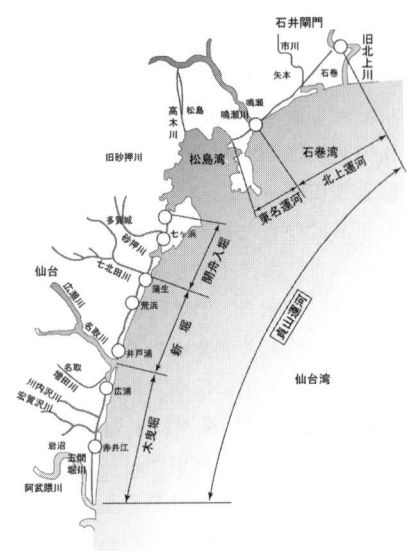

図6.2　全長46kmの貞山運河は五つの掘割と海路でつながる

が完成する。なお、これらの運河を総称して貞山運河と呼ぶが、貞山は伊達政宗の諡号（しごう・おくりな）であり明治期に正宗を偲び名づけられたという。

　成瀬川河口突堤の第1期工事が落成してまもない1884（明治17）年9月、台風の襲来で東突堤の1/3が崩壊し内港が閉鎖される。事業継続は資金の問題から不可能と判断され中止となる。しかしながら、貞山運河は舟運の使命は終えたものの、舟溜り、貝の養殖、釣り、カヌーなど地域の施設として利用されているが、松島遊覧同様、観光資源として船を利用したさらなる活用が望まれる（**写真6.6**）。

写真6.6　貞山運河の風景

（5）　最上川

　河口に酒田港を持つ最上川も急流ではあるが、東北の主要な舟運路であった。その流域は上流部に米沢盆地、中流部に山形盆地、下流部に庄内平野を持つ。つまり米どころであり、農産物、紅花、煙草などのほか延山には銀山もあった。これら産物の輸送に舟運は欠かせない。ところが急流であり中流部には80mに及ぶ落差のある碁点、三ヶ瀬、早房をはじめいくつもの難所（岩礁）があった。

　1580（天正8）年に藩主最上義光によりこれらの難所が開削・拡幅され、河口までの航路が開かれ主要な輸送路となる。さらに瑞賢の尽力により、酒田が西廻り航

路の拠点となったこともあって、1693（元禄 6）年、米沢藩上杉綱憲の時代、御用商人西村久左衛門の出資で五百川峡（白鷹町荒砥～大江町左沢）黒滝を開削し、米沢からの舟運路を開いた。その結果、幕府も船役所を置くなど、流域経済はさらに拡大した。山形は江戸や上方とつながることで、経済のみならず文化面でも大きな影響を受けた[4]。

1904（明治 37）年に奥羽本線が新庄まで開通し、1914（大正 3）年に陸羽西線が開通すると、その役割は鉄道へと移り変わった。しかしながら、現在でも最上川下りで四季を通して多くの観光客を集めている（写真 6.7）。

写真6.7　最上川下りも全国に知られた川遊びである

（6）荒川と見沼代用水

1629（寛永 6）年、荒川流域（現在の元荒川流域）の洪水防止のため、熊谷の南東佐谷田で荒川を締め切り、入間川流域への瀬替えが行われる。一方で農業用水確保のため、芝川を八町堤で堰き止め、見沼溜井を作り農業用水として新田開拓が行われる。さらなる新田を求め見沼の干拓が行われると、用水不足が起こる。曲折を経て、将軍吉宗による享保の改革で利根川の水を下中条村（現在の行田市、利根大堰近傍）から取水し、芝川を経て荒川につなぐ見沼に代わる用水路を開く。そのルートを図 6.3 に示す。紀州出身の吉宗は勘定所吟味役の井澤弥惣兵衛をその任に当

図6.3　利根川と荒川を結ぶ見沼代用水のルート

てる。家康以来、武蔵国の川普請を指揮したのは伊奈忠次・忠治で、その治水手法は自然と対立せず、水を遊ばせながら治める関東流である。吉宗は、小河川を横断する用水路を作り、溜池をも農地化し高度利用するには紀州流の治水技術がふさわしいと考えたのだろう。

　1727（享保 12）年 9 月に開削が始まる。取水された利根川の水は星川を使い約 20km 南東に下る。今の菖蒲町で幅 6 間（10.8m）の水路に分水され、約 5km 南下した柴山（現在の白岡町）で元荒川を伏越（ふせごえ：アンダーパス）で横断する。さらに約 8km 南下した瓦葺村（現在の上尾市）で綾瀬川を掛樋（かけひ：オーバーパス、水路橋）で越える。なお柴山には舟運のために掛樋も架けられたが、1760（宝暦 10）年の水害で破損し撤去された。瓦葺村で用水は岩槻台地に沿う東縁（ひがしぶち）と大宮台地に沿う西縁（にしぶち）に二分され、それぞれ八町堤に向かう。この間の河床勾配は 1/600 である。2 本の用水の間を西縁に沿って排水路として機能した芝川が流れ、荒川と合流する。完成までに 90 万人が動員され、これだけの大工事が 6 カ月で完成し、1,160ha の新田が開発され年間 5 千石が収穫された。

　1730（享保 15）年には用水での舟運が認められるが、位置の高い用水と芝川には 3m の水位差があった。そこで翌年八町堤の近くに東西の用水を結ぶ通船堀を開削し、わが国で最初の落とし堰方式の閘門を設け（**写真 6.8**）、直接江戸への物資輸送が行われるようになった[5]。

写真6.8　わが国最初の閘門（落とし堰方式）

　見沼代用水内には 30 カ所からの荷揚げ場が設けられ、昭和初期まで農閑期には舟運路として活用され、埼玉各地から農産物が、また江戸・東京からは肥料としてのし尿が運ばれていた。

（7）　利根川と江戸川

　江戸を支えたのは広大な関東平野を南流する多くの河川である。支えもしたが、しばしば自然の脅威をあらわにし、洪水を起こし人々を苦しめた。中でも利根川を治めることが 1590（天正 18）年、江戸に入府した徳川家康にとっては大事であった。

　以来 17 世紀中葉にかけ東京湾に流下する利根川の主流を締め切り、流れを変え、新たに流路を開削して川を付け替える事業、いわゆる利根川の東遷が行われる。江戸と周辺の農地を洪水から守るという主目的を堅持しながら、新田・耕地開発、灌漑、舟運路の確保が同時並行で綿々と実行されてきた。

　利根川の主流を東に振る一方で、1641（寛永 18）年には関宿から北総台地を開削して江戸湾に入る江戸川（当時はまだ利根川）を整備し、1654（承応 3）年頃には銚子

から関宿を経由し、江戸川を下り船堀川、小名木川を通って江戸湊に出るルートが完成する。江戸川の呼称もこの頃からである。17世紀末には、利根川、渡良瀬川、鬼怒川、江戸川沿いの各地に河岸が成立し、大消費地となった江戸と舟運で結ばれている。利根川東遷に限らず、当時河川改修と舟運は表裏一体であった。図6.4は元禄時代から明治期にかけての関東圏の川湊（河岸）の分布である。その数200を超える。

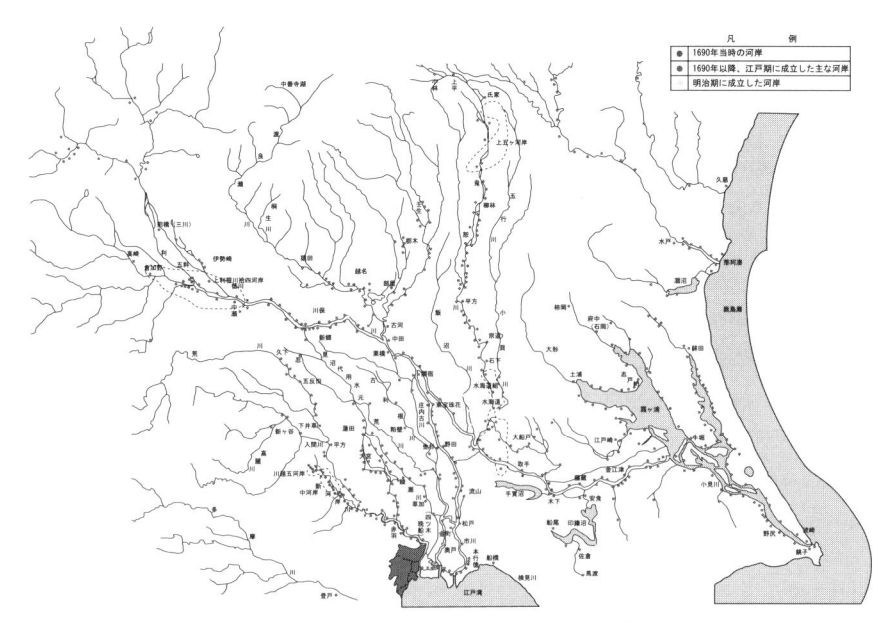

図6.4 元禄時代から明治期に開かれた河岸は関東全域に及ぶ

これらの河岸は、幕府・領主が設置したものと、町民・農民が設置したものに大別できる。前者は、廻米、ご城米、城等の普請用材の輸送用であって、日光廟造営荷物荷揚げ用の乙女・飯塚・栃木の各河岸や、足尾銅山の荷物を取り扱った平塚・前島河岸がある。後者は、陸上交通との接点である渡し場に成立した取手、五料、靭負（ゆきえ）などの河岸があり、城下町の湊として町と共に成立した佐原、一本木、川越などの河岸がある。その他に寺社の参詣・門前町として成立した大宮津（鹿島神宮）、津の宮（香取神宮）、息栖（息栖神社）などの河岸がある。この三社詣での起点である木下河岸は物資の集散地でもあり大いに賑わった。また、取手付近の小堀河岸が高瀬舟から艀（はしけ）への荷の積み替え基地としての役割があったように、各地にそれぞれ特徴を持った河岸が置かれ、各地の河岸には生産と消費が生まれ、情報と文化が交流する地方都市として機能した。**写真6.9**は、今日でも行われている鹿島神宮の御神幸祭の風景である。

写真6.9　利根川での鹿島神宮御神幸祭

（8）利根運河

　鬼怒川筋や銚子港から利根川を遡り、関宿を迂回して江戸川を下るルートは、遠回りだけでなく、関宿から野田にかけての浅瀬が障害となり、大型船の航行ができないこともあった。荷物は鬼怒川との合流点付近の三堀河岸で陸揚げされ、江戸川の流山加村河岸まで陸路を運ぶか、航路が確保できるまで停泊するより手がなかった。困ったのは茨城県民であった。

　1881（明治14）年、茨城県議の広瀬誠一郎は利根運河の効用を説き、茨城県令（知事）の人見寧に建議する。東京・銚子間の距離が40km短縮され、3日の行程が1日に短縮される計画である。県令から具申された内務省は、デ・レーケに調査を命じる。デ・レーケは、大事業であった琵琶湖疏水の担当になったことから、後輩のアントニー・ムルデルが調査を引き継ぎ、1885（明治18）年「江戸利根両川間三ヶ尾運河計画」を土木局長の三島通庸に提出する。運河は千葉県に建設される。千葉県令の船越衛は、費用、関宿の曳き船人足の雇用、さらには軽便鉄道（ドコービル鉄道）の計画の存在を理由に反対した。人見と広瀬の努力の結果、千葉県も同意して利根運河の建設が認可される。なお、1880（明治13）年、内務卿となった松方正義の交通政策は鉄道であったが、政府の地方分権政策で弱体化していた政府の河川行政を、その後内務卿となった山県有朋が西の琵琶湖疏水と東の利根運河の建設を推進することで、内務省土木局の復権を図ったのも大きな力となった。

　ところが政府も両県も財政難であった。構図は今日と同じである。そこで広瀬は民間事業として建設に取り掛かる。今のPFI（Private Finance Initiative）である。有志を集め出資者を募り、1887（明治20）年資本金40万円の「利根運河株式会社」を設立する。運河は翌年着工され、2年後に完成する。江戸川の深井新田から利根川の船戸まで、全長8km、水路幅8m、水深1.8mの開削工事に従事した延べ人数は220万人に達し、工事費は57万円であった。この運河の開通で航行時間は短縮され、輸送コストの低減に大いに寄与した。図6.5は運河の通行量を図示したものである。通行はもちろん有料である。経営状態は洪水、米価変動、日露戦争などで安定性は欠いたものの、明治30年代までは良好であったが、40年代に入ると徐々に苦しく

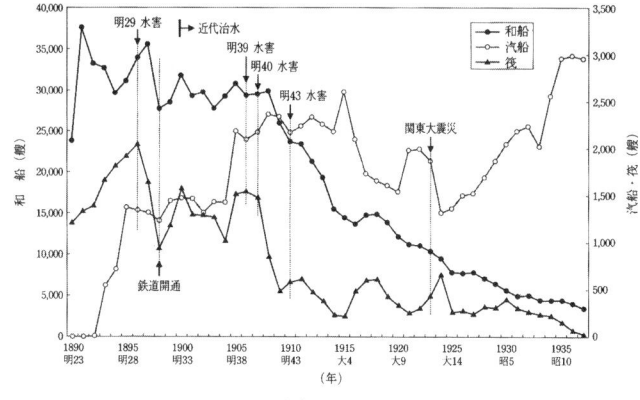

図6.5　利根運河の通行量

なったようである。運河の機能は水路の確保で発揮される。したがって川浚いによる維持管理が欠かせない。特に自然の脅威には勝てず、1941（昭和16）年の大洪水で壊滅的打撃を受け、以前から起こされていた運河国有化運動もあり、政府はこの年約22万円で買収するものの、1944（昭和19）年には運河としての使命を終えた[15]。

利根運河の完成後、1913（大正2）年に運河法が制定された。この法律は現在でも改定され、民間が事業者として行える法制度となっている。

かつて利根川から江戸川への利根川広域導水事業で、野田緊急暫定導水路として利根運河が再利用されることとなった。このとき利根川との接点を500mほど上流の現地点に移動し、野田導水機場を設けたため、利根川の水が自然に流入することはなくなった。さらに、2000（平成12）年北千葉導水路が完成し、導水路としての役目も終えた利根運河は、親水公園として整備されている。もちろん船を通す機能は既になく、カヌーの漕艇すら不可能という状況である。東武鉄道野田線の駅名に「運河駅」が残り、駅近くの利根運河水辺公園にはムルデルの顕彰碑が設置されている。先人の偉業とともに利根運河の面子を立てるためにも、せめて舟遊びが楽しめる状況に再生したいものである（写真6.10）。

写真6.10　現在の利根運河

（9）利根川舟運の興隆と衰退

1868（明治元）年、江戸から東京に改められる。230年に及ぶ鎖国が続いたとはいえ、確実に浸透していた西洋文明は一気に開花する。翌年には電信が、1872（明治5）年には鉄道が東京・横浜間に開通し、電信は大阪まで延伸されている。舟運

の改革も早く、蒸気船が 1871（明治 4）年に出現する。高橋次郎佐衛門の利根川丸で、わが国最初の外輪船が深川から関宿を経て埼玉県中田まで就航する。行程 80km、往路 11 時間、復路 6 時間を要した。一方、電信や郵便馬車の普及で、職を失ったのは定飛脚仲間であった。その仲間が転業し創設したのが陸運元会社である。全国に郵便局が設置され、飛脚禁止令の出た前年、明治 5 年のことである。明治政府の認可条件は、信書を除く貨物と旅客の輸送で、海運を除く陸路と湖沼、河川全般にわたり、政府の庇護もあって全国規模の会社に成長した。今の日本通運の前身である。

1875（明治 8）年、内国通運会社と改称し、石川島平野造船所（今の IHI）で外輪式蒸気船「通運丸」を建造し、1877（明治 10）年に深川扇橋から関宿、栗橋を経て古河の北、栃木県生井村まで運行を開始する（**写真 6.11**）。運行に当たっては事前に水深を調べ、浅瀬は自力で浚渫するなど大変な努力が払われた。営業開始の 5 月 1 日、小名木川の両岸は物見高い見物客で黒山の人だかりとなったという。まさしく近代内陸水上交通の幕開けで、文明開化の息吹を利根川筋に吹き込んだ。以来、江戸川を経て利根川とそれに連なる渡良瀬川、思川、鬼怒川、霞ヶ浦、西浦などを利用して航路が

写真6.11　両国橋で通運丸就航時の錦絵

拡張された。蒸気船の保有数も 1878（明治 11）年に 8 艘、その 2 年後に 14 艘と増強され、1919（大正 8）年に営業を停止するまで 40 余艘が活躍していた。

一方、銚子では 1881（明治 14）年に岡本吉兵衛により銚子汽船株式会社が設立され、木下・銚子間で営業を開始する。内国通運にとってはライバルであり、度重なる談合の結果、国内通運は東京から野田、銚子汽船は三堀から銚子を受け持ち、野田と三堀間は陸路を運ぶことで決着した。その後も東京には企業が乱立し、利根川筋でも資力のある船主が蒸気船を投入し、過当競争で争いが絶えなかった。江戸、東京の物流と交通を支えてきた舟運は 1900（明治 33）年に最盛期を迎えるが、1910（明治 43）年頃には輸送の主役を鉄道に譲り、以後衰退の一途をたどる。**図 6.6** は舟運の起死回生をかけて汽船貨客取扱人連合会が刊行した宣伝冊子の中の「利根川汽船航路案内図」をもとに加筆したもので、各地の名所、旅館、料理屋、物産などが紹介されていた。

明治政府の運輸政策の基本は鉄道であった。1889（明治 22）年には東海道本線と両毛線が、1893（明治 26）年には東北線が全通している。利根川流域にも鉄道建設が進み、1894（明治 27）年総武鉄道が市川・佐倉間に、さらに 3 年後には八日市場を経由して銚子まで延伸される。1898（明治 31）年になると、成田を経由して佐原まで開通している。常磐線も 1896（明治 29）年に石炭輸送で土浦まで開通する。利根川の内陸舟運は、こうして**図 6.6** に示したように鉄道で包囲されることになっ

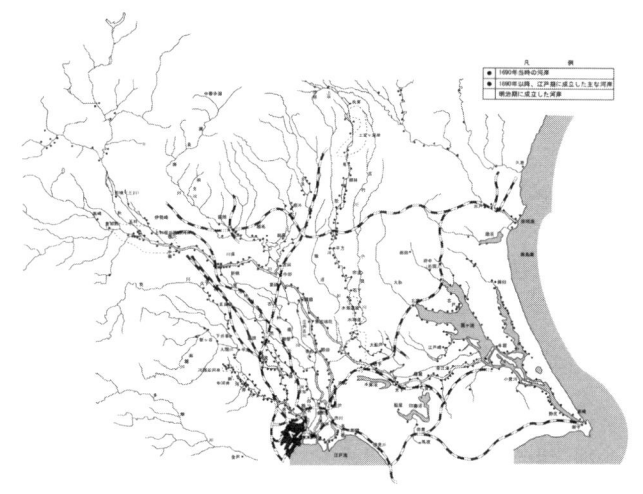

第6章　日本の河川舟運 —歴史的変遷に学ぶ—　　211

図6.6　鉄道との競合で舟運事業は窮地に立たされる

た。蒸気船で18時間かかった銚子・東京間が、鉄道によって5時間で結ばれれば、人々はそのスピードに酔いしれる。人だけでなく、米も味噌、醬油も鉄道に移った。舟運は鉄道との競合だけでなく、同業者同士のダンピング合戦が繰り広げられ、かさばって重たく、急を要さない荷物は舟運が有利と宣伝し、一方で、ゆったりとした風景の中で土地の酒肴を楽しむ観光にも力を入れた。しかしながら再度浮上することはなく凋落を続け、1919（大正8）年には最大手の内国通運が利根川筋の舟運から撤退する[5]。

　舟の航行には水深の確保が欠かせない。川は上流からの土砂の輸送で浅くなる。そこで浚渫が必要となる。川底を安定させ流路を一定に保つ工事で、結果として河積を確保する低水工事である。これに対し、川幅を広げ堤防を高く築き洪水に備えるのが高水工事である。輸送機能が川から陸に上がれば、重要なのは洪水防御となる。利根川に限らず、わが国の川は総じて暴れ川である。高水工事は1900（明治33）年、佐原の下流部から着手された。利根川近代治水の始まりである。このことも船が川から消えていった理由の一つである。かといって舟運を排除したわけではない。いまだ機能していることに配慮して、水門を作り、水位差のあるところには閘門が設置されている。

　写真6.12は、約7年歳月をかけ1912（大正10）年に完成し、現在も利用されている利根川と横利根川を結ぶ横利根閘門であり、2000年に近代化遺産として重要文化財に指定されている。

写真6.12　近代化遺産となり現在も稼働している横利根閘門

(10) 信濃川

　信濃川（長野県側は千曲川）は江戸時代から明治時代にかけて舟運全盛の時代となり、流域の物流・旅客輸送を担った。河口は古代から蒲原津、沼垂津、新潟津などの港が栄えた。特に新潟は江戸時代に大きく発展し、日米修好通商条約による開港に伴い近代港へと変貌していった。

　江戸時代の越後では、「陸二部、舟八部」と言われ、各町村を水路が結び、米や物資を輸送する舟が行き来した。各藩は舟運の統制と組織化を図り、流通を掌握することにより、各藩の経済力を確保することに努めた。このような中で、百俵から二百俵を積める「ひらた舟」を投入する漕運業者が出現し、株仲間を結成していった。これを船道（ふなどう）と呼び、長岡船道、津川船道等があった。

　株仲間で組織された長岡船道は権利を独占し、年貢米輸送の責任を負った上、一般輸送や保管で利益を上げた。藩は川船を建造して町役人や有力町人に預け、番所を置いて監視させた。輸送物資は「河戸（こうど）」と呼ばれる船着場に止めて船継ぎをした。その河戸には人が集まり、物資を扱う問屋や宿屋が軒を並べ、河岸が形成された。江戸時代中期の長岡船道は180艘の川船を所有し、新潟から400石積みの胴高船が毎日通うほどの繁栄ぶりを見せたという。

　新潟商圏と長岡商圏を結び、長岡と魚沼地方の交易拡大に寄与した長岡船道は、河戸の土砂堆積と積荷量の減少、他領商人との紛争などによって1867（慶応3）年に廃止されている。

　明治時代になると、民間事業者「安進社」が発動機船を新潟・長岡間に運航させ、旅客も扱うようになり、長岡通船組合を組織して生活物資を輸送した。

　明治末期から大正時代になると、国鉄信越線の開通（1909〈明治42〉年）と道路整備による大量輸送時代の訪れにより衰退していった。1959（昭和34）年10月22日、最後の川船が廃業届を出して長岡の舟運は長い歴史の幕を閉じた。

　いったん幕を閉じた信濃川の舟運であったが、新潟市の活性化や交通渋滞緩和等の議論を続けていた新潟青年会議所から舟運再生の声が上がり、1998（平成10）年民間会社の設立により舟運が復活した。この会社は市民株主制度を取り入れ、1口5万円の株主により資金を確保し、船の建造と経営を行い、観光事業が行われている（写真6.13）。

写真6.13　信濃川の水上バス

(11) 木曽三川

　濃尾平野を流れる木曽川・長良川・揖斐川は、下流域へ肥沃な土砂を運び、農業の発展に貢献してきた一方、低平地で網目状に入り組んだ河道により、一度大雨が

降ると大洪水を引き起こし、度重なる水害が流域住民を苦しめた。

1753（宝暦3）年12月、幕府は薩摩藩に「御手伝普請」として、尾張藩領内の木曽三川分流工事を命じた。いわゆる宝暦治水である。薩摩藩は家老平田靱負を総奉行として藩士947人により、翌1754（宝暦4）年に始める。45人の自刃者を出し、困難を極めた工事は13カ月で完成する。当初見積もられた予算の9倍に当たる270万両の出費の責任を取って、平田靱負も完成後に自刃している。現在に残る油島千本松原締め切り堤がそれであり、分流点には平田以下薩摩藩士を祀る治水神社が建つ。この治水の効あって、江戸時代には木曽や美濃地方から木・木材、米等の輸送に舟運が活躍し、三川河口域沿岸の発展に寄与した。

明治政府は、1888（明治21）年よりデ・レーケらによる「木曽・長良・揖斐三大河水利分流計画」として、油島を完全に締め切ることにより長良川・揖斐川を分離し、木曽川・長良川を背割堤で締め切るほか、木曽川の流路を立田輪中に、長良川の流路を高須輪中に背替えすることで、完全に木曽三川を分流させる計画である。この木曽三川分流は1893（明治26）年に完成し、洪水に悩まされた流域住民の悲願が成就する。

一方、三川分流によって木曽川から長良川への通航ができなくなり、当時は橋梁もほとんどなかったことから、物資輸送に支障が出ることが予想され、1894（明治27）年に木曽川と長良川の間をつなぐ水路の建設が計画された。両河川には1mの水位差があり、1902（明治35）年に閘門が設置され2本の川がつながった。その閘門が船頭平閘門である。閘門の長さは約36m、幅は約5mである。

完成した当時、年間約2万隻の通航があったが、架橋や自動車の発展による物流の変化によって減少し、現在では年間200隻余りの漁船とプレジャーボートである。なお、1994（平成6）年に閘門の操作が手動から電動に改良され、2000（平成12）年には明治期に建設され現在でも使用されている貴重な閘門ということで、重要文化財に指定された（**写真6.14**）。

写真6.14　船頭平閘門

かつての美濃から名古屋への竹木や物資輸送の名残として、美濃太田から国宝犬山城までの13kmを1時間かけてゆっくり下る日本で最も古い観光急流下りが日本ラインである（**写真6.15**）。沿岸の奇岩や早瀬、山間地の風景を楽しみながら下る。大正時代の地理学者志賀重昂がドイツのライン川になぞらえて命名したという。このほか、岐阜市での長良川鵜飼い、大垣市内の水路の遊覧等、所々で舟運の活用が見られる。

写真6.15　ライン下り

(12) 琵琶湖疏水

京都にとって、琵琶湖の水を引くことは昔からの夢であった。明治維新と東京遷都で沈んだ京都に活力を呼び戻すため、第3代京都府知事北垣国道は、陸送のみで都市の発展は望めないと決断し、琵琶湖と京都三条との水面差約42mに着目して、その位置エネルギーを有効に活用する疏水計画が始まった。この計画を設計し実行したのが若き土木技師田邊朔郎である。この疏水計画では、灌漑、上水道、水運、さらに電力の確保という多目的利用で、舟運等を目的とした第1疏水、さらに京都市の発展とともに不足していた上水や電力需要を賄うための第2疏水、疏水分線からなり、大津から伏見までの総延長20kmのものである。

第1疏水は1885（明治18）年に着工し、1890（明治23）年に大津から鴨川合流点までが完成した。蹴上から分岐する疏水分線もこの時に完成している。第1疏水（大津〜鴨川合流点間）と疏水分線は建設費125万円を要し、その財源は国・京都府からの基金や補助金、目的税（20％）などによって充当された。鴨川合流点から伏見までの鴨川運河は、1892（明治25）年に着工し、1894（明治27）年に完成した。この完成によって、旅客や物資の輸送量が飛躍的に伸び、また、疏水による水力電力は京都市内への電力供給のほか、1895（明治28）年には京都・伏見間で日本初の路面電車、京都電気鉄道の運転が始まり、京都復興に大きく寄与した。

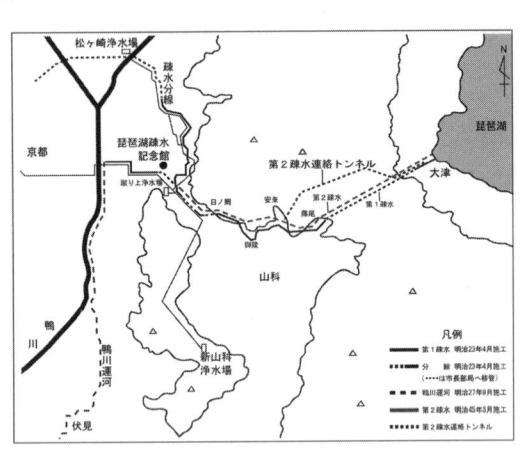

図6.7　琵琶湖疏水ルート

大津と伏見までの間は約75mの高低差があり、その間には11カ所の閘門と二つのインクラインが設けられ、琵琶湖と京都間の舟運が確立した。インクラインは、蹴上と鴨川運河の高瀬に設置された。蹴上のインクラインは高低差36m、勾配1/15、全長82m、幅員22mのものである（**写真6.16**）。

第1疏水の舟運は、大津から蹴上間の約8kmを約1時間半で下ったが、上りは30石船を船頭一人で肩に掛けた2本のロープで曳き上げ、3時間半もかける重労働であった。米1升10銭の時代、船頭の稼ぎは月5〜6円程度で、曳き手を雇えない現実

写真6.16　当時のインクライン
（京都市上下水道局資料）

があったようである。ちなみに、田邉技師の初任給が40円、お雇い外国人デ・レーケの給料は閣僚級の月300円といわれていた時代である。

琵琶湖疏水の舟運は、1912（明治45）年の京津電気軌道（後の京阪京津線）の開通を契機に旅客・貨物ともに衰退する。1948（昭和23）年には旅客輸送は廃止され、蹴上インクラインの運転も停止した。1951（昭和26）年には貨物輸送も廃止される。約60年間、京都再生に貢献してきた疏水の舟運も、陸上輸送の波に押されて歴史的な役割を終えた。舟運衰退の大きな理由は鉄道輸送の物流量、スピード、安全管理のほか、経済性、気象条件、維持管理面での優位性によるものであった。

(13) 淀 川

江戸時代、淀川では京都の伏見と大阪の八軒家の間の10里（40km）を過書船（かしょぶね）が往復し、独占的営業権を持って貨客を運んでいた。過書とは、関税免除の特権を示す関所手形のことで、この過書を有する船を過書船と呼んだ。

過書船には100石積の大船のほか、喫水が浅い二十石船、三十石船、伏見船と呼ばれる乗合の旅客船も現れ、最盛期には大小合わせて千数百艘以上の船が京都と大阪を結ぶ交通機関として大いに利用された。下り船は棹を用いて流れを利用して走り、上り船は水主が陸に上がって曳船、順風があれば帆走も行った。

京都と大阪を結ぶ船の旅客に、飲食物を売る茶船も登場した。茶船は徳川家康が大阪夏の陣で功労のあった摂津柱本村の船頭に、特権を与えたことが始まりで、客相手の売り声「酒くらわんか、餅くらわんか」と呼ばれたことから、「くらわんか舟」と呼ばれ、大阪枚方界隈の風物詩となった（図6.8）。また、さらに江戸年間、淀川は朝鮮通信使の朝廷への表敬訪問ルートにも利用され、外交儀礼にも活用されていた。

図6.8 客と商いをする「くらわんか舟」
（淀川大阪府立中島図書館資料）

このような淀川の舟運システムは、明治初年になっても続き、1868（明治元）年においても30人乗りの旅客船が毎日平均50艘ほど伏見・大阪間を往復し、1,500人の旅客と800t程度の貨物を輸送していた。

江戸時代、天保の改革（1830年代）によって、大阪の川船仲間による独占は廃止されたものの、実際には独占が続いていた。明治政府のたび重なる独占権の開放政策にもかかわらず、自由化は確立せず、1872年になって株仲間を解散させ、同業組合を成立させた。なお、近代的同業組合が成立したのは、1887（明治20）年8月に認可された川船業組合で、上荷船・荷茶船・家形船・家形茶船・網船・釣船・涼み通船が加入する。河川と近海諸港を往復して貨物を輸送する上荷船・荷茶船を第一

組とし、その他の遊客を乗せて河川を回漕する船を第二組とした。

　1868（明治元）年に淀川に汽船の導入が始まり、大阪の錦屋吉郎兵衛が大阪の伏見に川蒸気船を就航させた。しばらくは旧来の和船と川蒸気船が行き交っていたが、まもなく和船は衰退し、川蒸気船の独壇場となり、大量輸送時代を迎える。明治時代の汽船による曳船という新しい交通手段を生み出し、大阪を中心とする淀川交通を曳船中心に転換させた。

　大阪を中心に淀川に連なる運河では、鉄道・市電の開通に伴い、旅客は鉄道・市電に奪われたものの、貨物は動力船による曳船という新しいシステムにより、昭和年間に至るまで、河川舟運が大きな役割を果たし続けた（写真 6.17）。

　1873年頃、安藤藩兵衛が外輪式小蒸気船2艘を用いて淀川曳船業を始める。1887年になると、淀川汽船合資会社が13艘の汽船を用い、京都〜大阪の曳船に従事する。次いで1896年には、大阪汽船曳船株式会社が設立され、淀川汽船合資会社と競合し、1902年に淀川汽船は敗退する。その後数社が参画するが、1910年に京阪電車が開通すると、石炭など急を要さない品物に限定されるようになる。

写真6.17　淀川を行く蒸気船
（国土交通省資料）

　大阪〜神戸間の鉄道は、1874（明治7）年5月に既に開通しており、続いて大阪〜京都間の鉄道も1877（明治10）年2月に開通した。当初は旅客だけであったが、同年11月からは貨物輸送も開始された。

　京阪の鉄道開通以後、旅客の大部分はこれに移ったが、貨物は依然として舟運に頼り、急を要する物品や鉄道沿線に倉庫を持つ荷主が鉄道を利用した。

　近代の淀川では、1896〜1910年度に淀川改良工事、1907〜1922年度に淀川下流改修工事が行われた。下流改修工事は、守口から下流の低水工事で、浚渫と沈床制水工の建設により航路改良が行われた。その結果、旧淀川筋では吃水1.50mまでの船舶の往来が可能となった。両岸に造成された土地は荷揚げ場・工場・公園に利用され、旧淀川筋の発展を支えた。改修前、大阪〜伏見を1昼夜で往復する船舶も、渇水時には5昼夜から7昼夜をかける状態であったが、低水工事の実施で、上り航程は12時間、下り航程は2〜4時間に短縮された。この改修によって旧淀川（大川）とを通航するために毛馬に閘門が設置された（写真 6.18）。しか

写真6.18　当時を忍ばせる旧毛馬閘門

しながら、これらの努力にもかかわらず、大阪～伏見間の貨物輸送は、1962年2月に廃止される。現在はチャーター船や浚渫船が時折通航する光景が見られるのみである。

(14) 筑後川

江戸時代の筑後川は、他藩からの防衛のため橋が架けられていなかったことが、渡しを発達させ、最盛期には62カ所の渡しを数えた。また、上流の日田からは筏流しによる木材運搬が行われ、木材集積地となった筑後大川（福岡県大川市）では木材加工業が発達した。

1884年、筑後川は内務省直轄河川となり、1886年より第1次筑後川改修事業が河口から大分県日田市間で開始される。舟運強化を目的とした低水工事が中心であった。その後もデ・レーケらによる筑後川河口～早津江川間6kmに断続的に導流堤を建設し、河口の堆砂を防除して水運の便を図った。

1889年、未曾有の大水害が起こり、これを契機に1923年より第2期筑後川改修事業によって、本支流の引堤のほか、本川開削工事の施行、金島・小森野・天建寺・坂口の4捷水路を開削して河道の直線化と流下能力の向上を図った。この改修以降も舟運は行われており、1935年には国鉄佐賀線の筑後大川～諸富間には舟運のための筑後川昇開橋が竣工している（写真6.19）。その後も舟運は続いたが、道路の発達とともに、衰退していく。

現在は、日田市内での屋形船や河口域での漁業のみであったが、平成19年に久留米市内に新たに閘門も建設され、舟運の復活が始まりつつある。

写真6.19　鉄道線昇開橋

(15) 柳　川

柳川市内の掘割は、戦国時代に柳川城の掘割と干拓地造成から形成され、近世に至って上水道・農業用水路・洪水対策としての機能が強化されたものである。昭和40年代までの掘割は、上水道・舟運など生活用水として使われていた。掘割を使った舟運は、地域にとって便利な輸送と移動の手段であり、どんこ舟と呼ばれる小舟が使われた。また船頭の語りと舟歌による観光も行われていた。

しかし、上水道等の都市基盤が整備されるにつれ、掘割の清掃が行われなくなり、掘割には水草が繁茂し、ゴミの不法投棄で劣悪な環境となっていった。柳川出身の作家檀一雄は、当時の市長に「我が故郷はシブタも住まず蚊蚊ばかり」という句を送り、往時の姿を失った掘割を嘆いた。

昭和52年には、掘割の暗渠化と埋立計画が実施直前であったが、当時下水道係長であった広松伝氏の精力的な運動と、自ら堀割に入り清掃活動を続ける中で、市長古賀杉夫の判断により、一転して掘割の保存、整備を進めることとなった。この掘割復活の記録は、高畑勲監督の映画「柳川掘割物語」として記録されている。

掘割の保存・整備によって舟運も復活する。現在の掘割の総延長は旧柳川市域で470kmに及ぶ。その一部は、市街域の掘割を巡る「川下り」の舞台として貴重な観光資産となっている。現在、7社約200艘程のどんこ舟が毎日観光客を乗せ、掘割を1時間あまりで周遊する（写真6.20）。

写真6.20　どんこ船

6.2　河川舟運の軌跡

（1）　明治維新と交通・運輸

1868（明治元）年、260年続いた徳川幕府が終焉し、封建社会から統一的近代国家として新たな歩みを始める。都も京都から東京へ遷都され、東京を中心とした中央集権国家が誕生した。明治政府の中枢は倒幕の中心であった薩摩・長州、三条等の公家が主要ポストを占め、政権の様態は大きく変わった。明治政府は、欧米列強と対峙するために富国強兵を掲げ、様々な分野での近代化を推し進めた。しかしながら、殖産興業、社会基盤整備等に多くの課題を抱え、政治・経済の基本的な政策の骨格づくりの黎明期であった。

交通政策も主要課題であった。維新後そこに鉄道が加わる。当時、先進欧米諸国は、産業革命を終え、馬車や運河の時代を経て、新しい鉄道時代を迎えていた。一方、日本の内陸交通と運輸は大幅に立ち遅れており、江戸時代以来の木造帆船による沿岸航路と内陸部では歩行者を対象とした道路および河川舟運に頼っていた。こうした先進諸国との格差を短時日の間に埋め、全国的な運輸体系を確立するために、政府はまず内陸舟運・内航海運の近代化および鉄道の導入を急いだ。それは、先進諸国の鉄道・海運産業への進出を回避し、外国資本による鉄道敷設を契機とする植民地化を阻止するためでもあった。

西欧技術の導入と消化に、日本人は優れた能力を発揮した。東京・横浜間に鉄道が開通したのは1872（明治5）年であり、その前年には蒸気船が走り始めている。交通・運輸に蒸気機関が導入された。維新はエネルギー革命でもあった。

戊辰戦争で疲弊し、かつ江戸時代からの旧弊を残した宿・助郷制度を一掃し、新たな交通・運輸体系を確立するため、政府は前節(9)で触れた定飛脚仲間が組織した陸

運元会社を利用した。1873（明治 6）年 6 月太政官布告第 230 号をもって、同年 9 月 1 日以降、陸運元会社に入社・合併するか、規則・資本等会社内容が妥当と認められ駅逓頭の免許を受けた者以外、私企業として輸送業務を営むことができないとし、陸運元会社に陸運上の大きな特権を与え、その育成をはかった。こうした政策は大久保利通内務卿による殖産興業政策の一環で、強力に推進された運輸・交通政策の一つであった。

　1878（明治 11）年に政策推進のリーダー大久保が暗殺される。西南戦争後のインフレ対策の失敗、自由民権運動が興る中、1881（明治 14）年の政変で大隈重信大蔵卿を引き継いだ松方正義は逆にデフレ政策を強力に遂行した。政治状況の変化の中で、公債による巨額な財政投資にささえられた殖産興業政策は、次第に整理統合・縮小され、官営諸事業の民間への払い下げが進められていった。その一環として、1879（明治 12）年に太政官布告第 230 号が廃止され、それを契機に物貨輸送業の認可は地方官庁が与えることになり、各地に馬車輸送・河川舟運に係わる輸送会社が設立される。このことは当然ながら各社間における激しい競争をひき起こすこととなり、前節(9)で触れた利根川筋では流血事件すら引き起こしている。

　一方で、明治 10 年代は、以下のことから交通インフラの過渡期といえる。
① 沿岸海運の主力船種が北前舟に代表される和船から洋式帆船・蒸気船へ転換
② 鉄道と船舶との競合が東海道線全線開通を機に発生
③ 鉄道の急速な進展で、河川舟運は鉄道の補助手段となり、野蒜築港の失敗もあって東北地方の交通基盤となり得なかった。

明治政府の交通政策の基本は鉄道に置かれていた。河川舟運は鉄道の発達におされて徐々に衰退していったが、三菱汽船を中心に海運業界の発達は著しかった。大正時代までに、日本の重工業は大きく発展し、交通技術の自立もほぼ完成していた。蒸気機関車や大型船舶などは国内生産を実現し、1920 年代から 30 年代にかけて鉄道交通の黄金時代を迎える。明治の先人たちの和魂洋才の努力に他ならない。なお、自動車が輸入されるのは 20 世紀初頭であり、公共交通機関として国内各地に普及するのは 1920 年代後半である。

（2）　明治政府の河川・舟運政策

　明治の河川政策は、当初低水工事と呼ばれる舟運を意識したもので、河川としての治水・利水機能の維持と同時に水路として活用した。

　岩倉使節団が欧米を視察した時の「米欧回覧実記」（1871 年）によれば、小国で資源もなく、勤勉なオランダを見て、日本の模範となると考えていた。オランダは港と運河網で整備された国家であり、物流や貿易で栄えていた。明治政府は河川や運河の整備に、ファン・ドールン、デ・レーケ等のオランダ技術者を招聘した。利根川、淀川、木曽川ほかの河川や、大阪港等の港湾施設、琵琶湖疏水、利根運河等

が彼らによって整備されていった。

　明治政府は、彼らの技術力で河川整備を行い、舟運に活用できることを期待した。内務省設立早々の1874（明治7）年3月土木頭林友幸、土木権頭石井省一郎が連署して提出した「水政改良ノ議」（全8条）には「水運ヲ先ニシ陸路ヲ後ニスヘク」、主眼を東北・関東・信越地域の水運の改良においていたとしている。

　明治中期以降の洪水の頻発、淀川の破堤、台風等に対する港湾施設の防御などへの対応から、1900年には河川政策も低水工事から堤防を高くし洪水に対処する高水工事へと転換された。いわゆる近代治水への移行である。このことが航路、保全に支障をきたしたことも舟運衰退の遠因となった。**表6.1**は明治年間に着工された主要な河川改修工事である。13河川中7河川が、一部ではあるがなんらかの形で現在でも舟運に利用されている。

表6.1　明治年間着工の国直轄改修工事

河川名	工事期間	現在でも舟運が行われている河川
淀　　　川	1896－1910	○
筑　後　川	1896－1903	○
庄　　　川	1900－1912	
九　頭　竜　川	1900－1925	
利　根　川	1900－1930	○
遠　賀　川	1906－1918	
淀　川　下　流	1907－1922	○
信　濃　川　分　水	1907－1927	
吉　野　川	1907－1927	○
高　梁　川	1907－1927	
渡　良　瀬　川	1910－1926	
荒　川　下　流	1911－1930	○
北　上　川	1911－1934	○

（土木学会『古市公威とその時代』より作成）

（3）　大久保利通の東北復興

　大久保利通は岩倉使節団の一員として、1年10カ月にわたり欧米を視察し、近代技術の導入と産業育成が国富の基本と考えた。1873（明治6）年、征韓論を排し、内務卿として明治新政府の実権を握り、日本の将来に向けた動きを加速させた。大久保は、わが国の産業の根本は牧畜・養蚕を含めた農業であると考えていた。つまり農本主義と殖産興業を目標にすえていた。当時、西南戦争の戦後処理や廃藩によって家禄を失った華・士族の不平の解消が急務であった。

　農業振興や殖産興業のためには、各地で生産される物品の輸送が課題であった。特に、利根川から北の東北地方は、関東以西よりすべてにおいて取り残されていた。東北地方の発展のためには、インフラ整備が欠かせない。大久保利通は7つの地域で事業振興を図る。いわゆる7大プロジェクトである。

　① 　野蒜築港と北上運河の開削
　② 　新潟港改修
　③ 　清水峠の開削による越後・上野間の道路建設
　④ 　大谷川運河の開削、北浦・涸沼間の開削による那珂湊への運河建設と那珂港の修築

⑤　阿武隈川改修と河口から塩竈までの運河建設による野蒜築港への水路建設
⑥　阿賀川改修による会津方面への水路開設
⑦　印旛沼・検見川の連接と深川新川への連絡

7大プロジェクトの特徴は、交通インフラの整備であり、中心を舟運に置いた。舟運は当時の鉄道整備と比べて、コストや運賃面で低廉であったこと、政府の財政に余裕がなかったこと、そして東北地方の河川では舟運が盛んであったこと等の条件が挙げられよう。

これらのプロジェクトは、大久保が暗殺された以降、一部しか実現には至らなかった。先に述べたとおり、松方正義の推し進めたデフレ政策には巨額の投資を要するこれらのプロジェクトは縮小あるいは放棄せざるを得なかった。

なお、北上運河は野蒜築港に向けて開削され、貞山運河等と連絡しながら塩竈と仙台とを結び、明治時代の動脈となった。野蒜築港は自然災害を受け失敗に終わる。今日でもわ

写真6.21　現在の野蒜築港痕跡

ずかながら当時の姿を残し、先人の努力を偲ぶことができる（写真6.21）。

新潟港は、日本海を代表する港となっている。その他のプロジェクトは夢と消えた。これらについては、松浦茂樹氏をはじめ多くの文献が土木技術の史実として残されているのでそれらを参考にされたい。

（4）幻の日本中央運河計画

平安時代から陸路と水路を活用して京都～琵琶湖～日本海へ通じる舟運計画が複数出ては消えてきていた。このルートは、古代より日本海を通じて朝鮮半島や日本海沿岸からの物産を京都に輸送するために最短のルートであったことによる（図6.9）。

明治時代にも塩津から敦賀に至る運河計画があった。明治時代、朝廷の去った京都は沈滞し、都市としての機能は衰退していた。その解決策として、水道用水、電気、そして物流を目的とした琵琶湖疏水が建設された。琵琶湖疏水と時を同じくして関東では利根運河が完成している。

滋賀県丸子船記念館に存在する資料によると、運河には「第一水路」と「第二水路」があり、第一水路は敦賀湾から滋賀県側の西浅井町塩津まで（延長18.6km）、第二水路は大津から伏見で宇治川に接続する（延長13.1km）計画であった。この計画では、琵琶湖疏水と同様に水力発電による電力の供給、敦賀湾港への物資輸送、さらには琵琶湖の洪水軽減が目的であった。ほかに、当時は日清戦争直後でもあり、朝鮮半島の安定化、対ロシアとの軍事的緊張等、軍事的な側面もあった。

しかし、確かに運河による経済効果は高いとされながらも、建設費が利根運河の約4倍の700万円であり、政府の財政投資と民間資本投資の難しさなどから断念せざるを得なかった。その後も琵琶湖疏水を完成させた田邊朔朗による計画や、平成時代の長野正孝氏による運河構想等、この地における運河の夢はいまだに生きている。

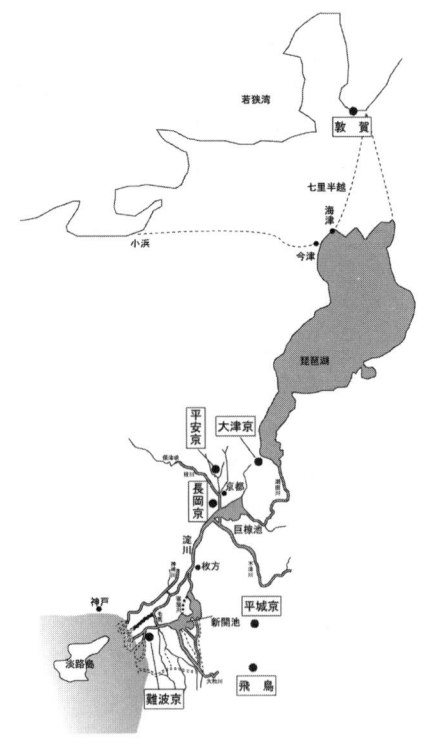

図6.9　淀川・京都・敦賀の舟運ルート

6.3　房総水の回廊構想

　戦後の経済成長は生活を豊かにしたが、一方で身近にあったせせらぎや小川を痛めつけ、その流れを汚してきた。それらの多くは暗渠となり、あるいはドブ川と化して、人々の意識から川や水辺を遠ざけた。

　近未来都市を標榜した幕張新都心の東端に流れる花見川も、そうした川の一つである。しかも、この川が多くの人の汗と涙によって開削された、歴史的遺構ともいえる人工の川であることを知る人は少ない。幕張メッセの東、花見川河口から遡ること8kmで美しい峡谷にさしかかる。18世紀末には将軍徳川家治の老中田沼意次、19世紀中葉には将軍徳川家慶の老中水野忠邦により開削された切通しである。

（1）印旛沼にかけた先人の努力

　それ以前にも1724（享保9）年、地元平戸村の農民染谷源右衛門が中心となり、幕府からの融資6,000両と自己資金により平戸川（現在の新川）の開削を行っている。染谷の計画は、平戸川の上流を分水嶺の横戸で開き、花見川から検見川につなぐものである。利根川が氾濫するたびに、遊水池と化す沼周辺はたびたび水害に悩

まされてきた。印旛沼の洪水を江戸湾へ落とすことは、農民にとって切実な問題であり、地域住民の宿願であった。治水と開墾を目的としたこの事業は、資金不足と幕府からの融資返済の催促で徒労に終わる。

次いで1780（安永9）年、代官宮村孫衛門と2名の名主が合議の上、幕府に開削計画を上申し、翌年幕府は、新田を担保に2名の出資者から資金を調達し工事を行うとしたが、計画倒れに終わっている。

1783（天明3）年、浅間山が大噴火する。降灰で農作物は壊滅的な打撃を受け、利根川など河床の上昇で河川の状況も激変した。記録に残る1786（天明6）年の大洪水をはじめ、その後も各地で氾濫が続出する。噴火後5年にわたり、いわゆる天明の大飢饉が続く。当然、舟運は各地で困難を極める。当時、江戸の発展に欠かせなかったのが、仙台伊達藩を中心とした東北地方からの廻米であった。房総半島を迂回する東周りの航路も開設されていたが、廻米のみならず他の物資輸送のためにも、銚子から利根川を利用する安全な内陸舟運の航路確保は幕府にとって急務であった。浅間山の噴火と時を同じくして、幕府は新田開発を兼ねた治水と舟運のために印旛沼と江戸湾をつなぐ水路を開くことにした。老中田沼意次による幕府直営の工事である。印旛沼と利根川をつなぐ長戸川を安食の水門で締切り、沼の西から掘割（現在の新川、花見川）を開削して検見川に流し江戸湾に出るルートである。このルートの開発は利根川を関宿まで遡り江戸川を下るルートを90kmほど短縮するものであった。印旛落としと呼ばれる掘割の2/3が掘り進んだ1786（天明6）年、大洪水で安食の水門が流される。さらに、田沼意次が譜代門閥の保守派と松平定信による粛清で失脚し、完成に至らず中止されることになる。

その後、半世紀を経た1843（天保14）年、老中水野忠邦による天保の改革で、沼津・庄内・鳥取・貝渕・秋月の5藩お手伝普請、つまり5藩が資金と人手を出して再度工事に着手する。外国船も日本近海に姿を見せるようになった当時、奥州からの物資を安全かつ短時間で江戸へ輸送することは、幕府にとって重要な施策であった。工事に掛けた費用は23万両余りである。今の価値では200億円にも達する規模であろう。作業に従事した人員は延べ17万3,000人に及ぶ。わずか90日にしてその大半が完成するが、お手伝い普請を逃れるための陰謀や、老中の施策に対する大名、旗本の不満も重なり、その年の9月に老中水野の突然の罷免で工事は中断してしまう。

明治期に入っても印旛沼開発の努力が続く。

1876（明治9）年、大久保利通の命を受け、お雇い外国人技術者ファン・ドールンが計画書を提出するが、印旛沼に半生を注いだ織田完之（当時内務省勧業寮）は治水対策にならないという理由から取り下げている。さらに1878（明治11）年、今でいう景気対策と雇用促進のために打ち出された開発事業、いわゆる「大久保利通の7大プロジェクト」の一つに加えられるが、大久保もその年凶刃に倒れる。

印旛沼開発で注目すべきは1886（明治19）年の大橋精次の計画である。大橋に

ついては、千葉県八日市場出身である以外出自不明であるが、吉高と瀬戸の間で台地を開削し捷水路で沼のバイパスを造り、そこからの発生土は沼の堤防に使う計画である。設計の絵図面（印旛沼開鑿成功予期図）には織田完之の漢詩と落款（らっかん）も残り、事業費と便益を積算するなど先見性に富んだものであった。問題は資金調達である。織田完之を筆頭に澁澤栄一、金原明善、高島嘉右衛門などが集い、開鑿同盟「大明会」を設立する。澁澤の推薦によりデ・レーケの参画で大橋の計画をベースに安食に閘門を設けた計画が立てられる。その計画を受け1890（明治23）年、織田完之は「印旛沼実益概況」で精査し、事業費80万円は19年で償却でき、年1割の配当が可能とはじき出している。

しかしながら、資金の調達が難航し、さらに10年の歳月が流れた1901（明治34）年、古市公威（東京帝国大学初代学長、土木学会初代会長）は利根川で進む築堤工事（高水工事による近代治水）に配慮しながら、4,300町歩の干拓と舟運が可能となり、衛生状態が改善するなどの意見書を千葉県知事阿部浩に提出している。事業費360万円は、国庫から80万円、県債100万円を建て、実行の準備は整ったが、日露戦争の影響で挫折する。こうして明治の偉大な先人の努力も徒労に終わる[6]。

（2） 戦後の印旛沼

昭和10年から16年にかけて、印旛沼を3回の大洪水が襲うが、戦時下においてなすすべはなかった。そして戦後、わが国は極度の食糧難に陥る。食料増産は国の緊急課題であった。1946（昭和21）年農林省による国営事業として花見川・新川の疏水工事と印旛沼干拓事業が始まる。1962（昭和37）年には、印旛沼からの自然流下では効果的な排水が見込めないことから、大和田排水機場が着工される。つまり排水機場で印旛沼を堰止め、ポンプアップで花見川に放流する仕組みである。堤防で囲まれた印旛沼は当時より1m近く維持水位が高くなり貯水池と化すが、その背景には京葉工業地帯への工業用水の供給と、千葉県北西部への人口急増に備えた都市用水の確保があった。1963（昭和38）年、事業は建設省に移り、治水と利水を目的に印旛沼総合開発計画事業が発足する。新川の開削が完成するのが昭和40年であり、翌年大和田排水機場も完成し、花見川も1969（昭和44）年に整備されて、一級河川印旛沼放水路となった。

このような歴史を持つのが印旛沼である。花見川を河口から8km遡り、水野忠邦が開いた約3kmの切り通しを抜けると、大和田の排水機場に出る。ここが花見川の最上流地点である。排水機場の背後は新川の最上流地点となる。両河川は河床に4.5mの差があり、花見川の河床が高い。印旛沼の洪水はポンプ（最大毎秒120t）で汲み上げられ、花見川に放流される仕組みである。こうして花見川は公称1級河川印旛放水路となったが、その大半は天保時代の貴重な遺構である。残念なことに、昭和の総合開発では舟運路の確保は見捨てられるが、既にモータリゼーションの時

代に突入していた当時であれば仕方ないことであった[6]。

　花見川の汚れはひどい。夏場異臭を発するようになると、時折水質改善の目的で放流が行われる。「放流より先ずは底にたまったヘドロの除去だ」と話すのは、花見川を美しくする会の老人であった。昭和30年代まではうなぎの稚魚、シラスがたくさん捕れ、小遣いには不自由しなかったという。花見川はもとより、広大な印旛沼の底には高度経済成長のツケともいえる浮遊ヘドロが30cmほど堆積している。周辺の圃場からは毎年のように栄養塩が流出する。人口急増で都市化した周囲からの生活排水も流れ込む。初夏になると毎年アオコが発生する。積年の汚れの除去と地域ぐるみの排水管理がまずは緊急課題である。かつては鮒やうなぎ、手長エビの漁場であり、大きな烏貝から小さな蜆まで豊富に捕れた沼の面影は、古老の話から偲ぶ以外にない。代わりに外来種のブルーギルが幅を利かせ、誰が放ったか「かみつき亀」がはびこる。

　この川の水質と形態を改善し、花見川としての面子を立てたいと考えたのが「房総水の回廊構想」の始まりであった。花見川の議論を始めると、必然的に印旛沼の議論に立ち返る。それは、280年前からの願いであった沼を海につなぐことである。

　「房総水の回廊構想」は、花見川に潮止めを兼ねたロックを設け、さらに大和田の水位差をリフトで克服し、印旛沼から長戸川、利根川を経て漁港の銚子、あるいは国際港の鹿島港へと、ものを運び、人が遊べる水の道と河岸を復活させるというものである。

（3）　東京湾につなぐ夢

　川幅100mで整備された新川を下ること13kmで印旛沼の西端に出る。下るといっても川に流れはない。八千代市の小学生から「新川はどっちに流れるの」と市役所に質問が寄せられるという。小学校の校歌には「新川の流れ」「海原目指す」とある。理屈では銚子から太平洋であるが、目の前の東京湾であればともかく、幼子に銚子は遠すぎて実感がない。排水機場のスイッチ一つで沼が上流になり、下流にもなる。返答に困るのは市の職員である。新川の周辺には田園風景が広がり、その奥の斜面緑地は一部で開発が進んだものの、比較的良好に保存されている。現在の沼は西と北に二分され、明治時代の大橋精次の計画に沿って、深い切り通しの捷水路で結ばれる。約3kmの見ごたえある大空間である。

　沼の面積は11.55km^{2}あり、首都圏に残る貴重にして広大な水空間である。487.2km^{2}の流域面積から流れ込む水量は約4億t、農業と都市用水で約3億tが使われる。滞留時間は約22日で、効率の良い貯水池である。2,700万tの水が蓄えられている沼の周囲は47kmに及ぶ。ただ残念なことに水質はワースト1、2位を争うほど汚れている。その抜本的改善もこの構想の中心的課題である。

　昭和の開発が完成する頃、印旛沼土地改良区のリーダーであった兼坂祐は、佐倉

市議会の決議を受け、第2次開発計画を立て千葉県知事に陳情している。その内容は、貯水量を1億tとするため2〜3m掘り下げ、その発生土は沼の水位より低い田のかさ上げに転用する（今日のスーパー堤防）とし、淡水漁業に配慮した上で美しい湖を誕生させ観光資源とする提案であった。

それから20年後の平成2年、当時の建設省により印旛沼総合開発事業計画が立てられる。諸般の事情から実施に移行できないまま、折からの公共事業批判の俎上にあがり、平成12年事業の中止が決定された。またして印旛沼にとっては平成の受難である。その時点での計画は、利根川流域のリゾート・ゾーンと位置づけ、3m底下げを行い、維持水位を0.5m下げるというもので、兼坂の計画に沿ったものであった。沼の底下げは、とりもなおさず水質悪化の原因である浮遊ヘドロの除去につながる。維持水位を0.5m下げることは二つの利点があった。一つは鹿島川とその支流高崎川の内水氾濫の低減に役立つこと、もう一つは楡井久の研究で指摘された被圧地下水の湧水が期待できることである。赤松宗旦が利根川図志で示した佐久知穴の再生である。計画が実施されていれば、今頃沼は蘇っていた。

平成13 (2001) 年、千葉県は印旛沼流域水循環健全化会議を立ち上げ、3年にわたる議論の結果、2030年までに泳げる印旛沼、生き物を育む印旛沼、人と共生する印旛沼、洪水のない印旛沼を目指すとした。そのための緊急行動計画も策定され、雨水の地下浸透、家庭雑排水の低減、環境にやさしい農業の推進、湧水の再生、生態系の保護、水害低減を重点的に推進することとしている。つまり、健全化は多く地域住民の行動に委ねられることとなった。

都心から50kmに広大な湖と田園が広がる。首都圏で、このような空間は他に見当たらない。自動車で20分も走ると成田の国際空港である。ヨットが帆走し、観光船が周遊する国際的な田園と水辺のリゾート都市として面整備が進めば、膨大な経済効果を生み出すに違いない。かつては干拓による開発利益を念頭に置いたが、水環境の保全が極めて大切となった現在、オランダが牧場を湿地に戻すのと同様に、休耕田を沼に戻し環境再生を図る施策も選択肢に入ってきた。印旛沼の地の利を生かすためにも、夢のある地域計画が望まれる。農業後継者が激減する現状と地方自治と分権が進むのであれば、乱開発を抑制するためにも面整備の具体的なビジョンの提示が欠かせない。印旛郡本埜村のホープ計画はその方向性を示したものである。

北沼の北端から酒直のロックを経て、長門川を下り安食から利根川に出る。長戸川は、かつての日本の川の風景が残され、心癒される空間である。幕張から銚子まで120kmである。沿川には茨城県側を含め現在14の市町村がある。水の道でつなぐ新たなる地域おこしも、この構想の重要なキーワードである。江戸時代、木下から3社詣での茶屋船が出て賑わったように、ゆったりと川旅を楽しむ仕組みがあってよい[6]。

ミシシッピ川のマーク・トゥエインでは今日でも外輪船を模したショウボートに

よるクルージングが楽しめる。そのためにも再度川に顔を向け、かつての木下河岸や佐原湊を現代風にアレンジして復活させたいものである。

いまさらなぜ舟運や船旅だと思う人も多いだろうが、二酸化炭素の削減が地球レベルで問題となっている時、トラック輸送の1/8のコストとなる舟運は、いかに環境に優しいかが理解できよう。急がず、かさばって、重たいものは船が向いている。一方、船旅は欧米での船遊びや運河めぐりの人気を見れば納得がいくはずだ。国を挙げて観光立国を指向し、県を挙げて観光立県を目指すのであれば、花見川、印旛沼、利根川を資源として捉えるべきである。

6.4　地域からの舟運の再興

（1）　舟運と川沿いの土地

江戸時代、湊や川、掘割に向いた土地は河岸、物揚場（幕府と各藩の武家専用）と呼ばれた船着場であり、人や物資を積みおろす空間である。江戸に限れば、武家地や御茶の水の崖地などごく一部を除いて、水路に面したところはすべて河岸であり、問屋や町屋が軒を連ねていた。主要な交通施設である水路面積を道路面積に加えると道路率は25％以上であったという。河岸には、幕府直轄の浅草の米蔵を始め、魚、青果、竹、材木など商品で特化した河岸（図6.10）や、木更津河岸（江戸橋付近の右岸）や小網町の行徳河岸のように特権的に地域に与えられた河岸があった。

岸辺には船着場に接して物資の置き場（河岸地）があり、公道を介して町地（私有地）となる。地主には、現在の地方税に相当する公役（くやく）が面積に関係なく間口長さを基準に課税された。当然場所によって異なるが、河岸地の使用権が認められたことから、水路に沿った地所には高率の税が課せられた。当然水路沿いの地価は高かった。

図6.10　京橋竹かし
（歌川広重「名所江戸百景」国立国会図書館所蔵）

戦後、道路の時代となって、これらの公共空間であった河岸地は民間に払い下げられた。水路から船影が消え、河岸地は消滅し、地域と水路の濃密な関係は絶たれた。結果、道路に顔を向け、水路に背を向けた町並みが形成された。

慶応大学の石川幹子教授の研究グループは、図6.11に示すように、日本橋川における公共空地であった河岸地が切り売りされてきたことを指摘している。河岸地の奥行きは決して深くない。狭い空地の有効活用から、建築物は河川護岸ぎりぎりまで迫る。こうして日本橋川や神田川などには、水辺との緩衝地帯もなく、

ビルが林立し、高速道路が上部を覆うところでは、昼間でも薄暗い河川空間となった（**写真 6.22**）

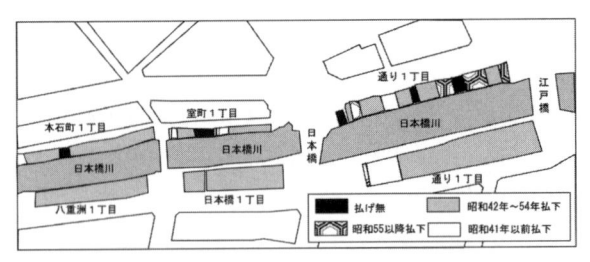

図6.11　河岸の私有地化（慶応大学石川幹子研究室資料より作図）

写真6.22　暗い水辺空間

　1997（平成 9）年、河川法が改正される。その目的に治水、利水に加えて環境が取り込まれ、河川整備計画策定に地域住民の意見が反映されることになった。河川法改正以来、水辺に吹く風向きは明らかに変わってきた。沿川住民を中心に川の価値が見直され、福祉や教育、観光やレクリエーションに活かされるようになってきた。
　ウォーターフロント開発の名のもとに、水辺に寄り添ったビルも立ち並んだ。しかしながらその多くは、水域との一体性を欠き、船着場を持つかつての河岸とはかけ離れたもので、尾田栄章氏が指摘するように、活気あふれる「河岸」の復活につながっていない。
　近年、東京の運河では、東京都港湾局の事業として「運河ルネッサンス」が進められている。この事業の特徴は、地域住民や利害関係者が参加する水辺の整備にある。水辺の遊歩道やテラス、桟橋等を整備し、賑わいを取り戻し、活気溢れる水辺の街づくりを目指している（図 6.12）。課題は護岸を含めた水際の公共空間としてのさらな

図6.12　運河ルネッサンスのイメージ
（勝どきマリーナ資料）

る開放であり、後背地との一体的な街づくりである。その際、忘れてならないことは、運河と地域の仲立ちとなる舟と、誰もが自由に立ち寄れる船着場の設置である。駐車場のない施設に人が集まらないのと同様に、船着場のない水辺空間は活気あふれる「河岸」として存立し得ない。

一方、神田川や日本橋川、隅田川などでも、住民による川筋の見直しが模索され始めている。地域住民と行政のさらなる連携が肝要である。

（2） 地域で整備した水路

江戸時代、地域の経済基盤である水路の機能維持作業として川浚い（かわざらい）が位置づけられていた。川浚いは、近世以来、沿川地主、町人の自らの生産基盤を維持・改善するため大切な仕事だった。17世紀後半以降、不在地主化が進み、地借・店借の商工業者が占めるようになり、地主、町人の川浚いの意義が失われる（図6.13）。

江戸時代の川浚い、つまり水路の維持管理には、公儀浚いと自分浚いがあった。前者は、幕府が計画する川浚いで、その費用負担は、幕府から出金される場合と、お手伝い普請として大名に負担を転嫁する場合があった。また、請け負う町人に助成金を与え費用を賄わせた場合と、商人仲間に対して営業上の特権を与える代わりに川浚いを請け負わせる場合があった。公儀浚いは将軍御成りの際などに利用される特定の水路で実施された。後者は、水路沿いの町が主体となり計画・実施し、費用も負担する。特に、同じ水路沿いの武家方や下水を落としている近隣の町に対して費用負担を求めることもあった。公儀浚いの水路でないことが、そのまま自分浚いの水路であることを意味する。なお自分浚いの実施は原則として幕府から強制されるものではなかった。

江戸時代、幕府をはじめ地域住民が浚渫し、舟運を維持してきたという歴史に学

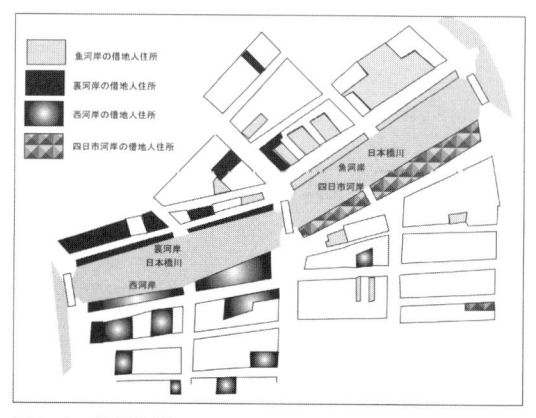

図6.13　借地河岸（慶応大学石川幹子研究室資料より作図）

べば、地域の住民や企業が行政と協働して川の管理に参加することも考えられよう。参加することで、地域の個性あるまちづくりも可能となり、何よりも災害に強いコミュニティーの形成に役立つに違いない。

（3） 舟からの観光

　日本国内には、古くから舟遊び、川遊びがある。高貴な舟遊びもあれば、粋な川遊びもあった。川は神聖な場でもあり、今でも京都には三船祭りがあり、大阪では天神祭りで多くの観光客を集めている。急流な川ではスリルを楽しむ川下りがある。長い歴史を持つ川下りは今日至るも各地に残っている。川遊びも東京や大阪では屋形船やレストラン船の形で多くの客を集めている。舟による水上からの展望は、平常では見られない視点であり、新たな発見がある。浅草とお台場を結ぶ水上バスは、移動目的の交通機関というより、隅田川からの都市観光の色彩が強い。ここでは、日本各地で試みられている舟からの観光をいくつか紹介する。

　名古屋には市内中央を流れる堀川がある。都市排水で水質汚濁の問題を抱えているが、清流ルネッサンス事業に指定されている。ここでの事業は、水質浄化の他に、舟を使った観光による活性化を目指し、**写真 6.23**に示すようにヴェネツィアからゴンドラを取り寄せ周遊を始めている。単なる環境保全事業だけでなく、観光も加えた複合事業である（**写真 6.24**）。

写真6.23　ゴンドラの遊覧
（名古屋市緑政土木局資料）

　水都大阪は商人の町であり、くいだおれの町といわれる。18世紀淀川には「くらわんか舟」が繁盛し、19世紀には蒸気船が、20世紀には堂島川に水上バスが走った。そして、21世紀になり水上タクシーが出現した。トライ アンド リバーシブルの発想で、「順応管理型」の実践である。松下幸之助氏は、新しい取り組みに、「やってみなはれ」と言ったという。ここに大阪人のエネルギーがある。最初の水上タクシーは2003（平成15）年夏NPOの活動から生まれ、現在では複数の民間企業が手がけ、市内の河川・掘割を活用して観光事業化を図りつつある（**写真 6.25**）。

写真6.24　水辺のコリドーとカフェ
（名古屋市緑政土木局資料）

写真6.25　大阪の水上タクシー

大阪だけでなく、広島太田川や天王洲とお台場でも運行が始まっている。瀬戸内海の離島を結ぶ小型船のように、都市の主要地点が水上タクシーで結ばれると、都市観光を兼ねた、道路、鉄道に次ぐ第三の交通システムとして機能するに違いない。

NPO「あそんで学ぶ環境と科学倶楽部」は、6人乗りの電動ボートで、神田川や日本橋川あるいは小名木川で水辺環境の大切さと、楽しさを一般の方々に理解してもらうため活動している。同時に、水辺を楽しみ・学ぶための人材育成（エコツアー養成ガイド）も行い、都市内舟運の普及にも努めている。神田川に架かるお茶の水橋や水道橋などを舟で通過すると、橋上を行き交う人々の足が止まり、川を見る。子どもたちは船に乗りたいと思うに違いない。舟は都市の川を活気づける。

日本橋川に清流を取り戻そうと活動する一企業の経営者から、2隻の10人乗り電動ボートが千代田区に寄贈された。先のNPO「あそんで学ぶ環境と科学倶楽部」が協力して区民の環境学習等に利用される。その他、神田川船の会など、多くの活動団体による地道な活動が続けられている。

（4） 流域連携と地域の活性化

流域とは、川に水が集まる範囲を総称する。川に接する自治体やそこに住む住民たちは向こう三軒両隣である。地方の活力が失われつつある昨今、地域の人たちは自らの手で、地域の活性化に様々な取り組みを行っている。その代表的な事例として、北上川と新町川を紹介する。

北上川は東北を代表する大河であり、岩手県から宮城県まで全長249kmに及ぶ。流域人口は約132万人、豊かな田園風景が続く。この流域にNPO北上川流域連携交流会がある。北上川に関係する各種NPOの集合体である。ここでのシンボル的活動は「舟に乗って東京ディズニーランドに行こう」のキャッチコピーをもつ「東日本 水の回廊構想」である。2年間にわたる壮大な社会実験は、各地で参加者を募り、河川管理者の協力に支えられながら、図6.14に示すように、北上沿川から阿武隈川へ、一部陸路を使い那珂川に出て、涸沼から西浦を経て利根川へと、沿川の人たちと交流しながらの行

図6.14　東日本 水の回廊構想踏破図

程であった。ゴムボートやカヌーでも航行不能なところは陸路で舟を輸送した。

　この活動に並行してリバーマスターの育成と同時に、かつて航行していた「ひらた舟」を再現した北上流域連携号を建造した（**写真6.5参照**）。建造にあたり、1口3,000円の寄付も募り、多くの賛同者を得て見事に再現した。現在、これを地域の環境学習や観光開発に活用している。さらに、河川の航行に適した喫水の浅い船を建造し、石巻周辺の北上川下流部で観光遊覧に活用している（**写真6.26**）。

写真6.26　低喫水船

　新町川は徳島市内を流れる川である。1990年、NPO新町川を守る会は、「市民の汚した川は市民の手できれいに再生しよう」との掛け声で、有志10人で発足した。会員の特権は、月2回自ら準備したボートで川の清掃ができることである。その後、徳島市が観光に使っていた船を譲り受け、ボランティアにより徳島市内のひょうたん島を周遊するルートで運航を開始する。遊覧は無料で行われており、季節ごとの各種イベントも継続的に行われている。遊覧船が水面を行き交うまでは寂しいところであったが、次第に観光客や地域住民が訪れるようになり、川沿いも整備され、賑わいのある水辺空間が作り出された。一人の住民の行動から生まれた活動が行政を動かし、徐々に水辺や背後地の環境整備が行われるという、まさに水面から都市の再生のモデルと言える（**写真6.27**）。

　北上川や新町川のほかにも、2000年頃から筑後川や高津川をはじめ、松江の堀割めぐりなど、全国で自治体やNPOによる地域づくりの一環として、舟運を活用した動きが活発になってきた。今後とも地域の活性化に向けて、川と舟の関係は様々な展開を見せていくに違いない。

写真6.27　新町川の遊覧
（提供：NPO新町川を守る会）

6.5　文学にみる河川、運河舟運

　最上川、保津川下りに代表される川遊びや柳川、松江の堀割めぐりなど、全国各地の著名な河川や水路は、地域のシンボルとなって、年間を通し多くの観光客を集めている。それらの地域は古くから舟運が文化として根付いていた所であり、良質な景観と歴史環境が今日に至るまで濃密に維持されているところである。一方で、

舟運に適する環境資源を持ちながら、諸条件が整わず停滞、難航している所も少なくない。その背景は、明治期まで日本全国に展開していた北前舟をすべて放棄したのと同様に、各地で生活の足となっていた川舟を放棄し、人々がその視点を川から鉄路へ、そして道路へと移したことにある。ここでは文学に川と舟の記録を求め、少しばかり温故知新の糧としたい。

(1) いにしえの川と舟

王朝期の随筆「枕草子」（清少納言：1000年頃）には誰も知る有名な一節がある[8]。

「 遠くて近きもの　極楽。舟の路。男女の仲 」

ややもすれば、男女の仲にのみ注目されがちだが、彼女は、時の経過を忘れさせる船旅を、実感として意識していたに違いない。

「 ただ過ぎに過ぐるもの　帆かけたる舟。人の齢。春、夏、秋、冬 」

と客観的に舟の速さを捉えてさえいる。一方で、水の上という非日常空間に身をおくことに、一抹の不安もあったのか、野の小径も恐ろしいが、地に足がついているので安心だ、と実感が記されている。

「 うちとくまじきもの　えせもの。さるは、よしと人にいはるる人よりも、うらなくぞ見ゆる。船の路 」

油断ならぬものに、偽物や浅はかな人と同列に舟の旅を挙げている。しかし、この時代から、川と舟は一体となって、至極便利な交通・輸送施設として日常的に利用されていたことがわかる。

聖護院門跡の道興准后が文明18年（1486）から翌年まで東国への旅で残した「廻国雑記」には、各地で詠んだ和歌・漢詩などが記されている[9]。紀行記事は簡略だが、情景を明瞭に書きとどめ、当時を偲ぶことができる貴重な資料である。その中から川と舟に関わる所をいくつか示す。彼は、下総国古河、今の茨城県古河で舟に乗り、栃木県佐野では渡良瀬川に架かっていた船橋を渡って歌を詠む。

「 河舟をこがの渡りの夕浪に
　　　さしてむかひの里やとはまし
　　かよひけむこひちを今の世語りに
　　　　聞くこそ渡れさのの舟橋 」

笹舟のような古河の渡し舟に乗って、揺られながら向かいの里の名を尋ねる。川を渡る当時の旅は緊張の連続であろうが、佐野では同行の恋路の世間話を楽しげに聞きながら、舟を連ねた浮橋を渡っている。船橋とはいえ、歩いて川を渡るのは安

心だったに違いない。

道興一行は中禅寺湖にも立ち寄っている。

「 この山の上三十里に、中禅寺とて権現ましましけり、登山して通夜し侍る。
今宵はことに十三夜にて、月もいづくに勝れ侍りき。渺漫たる湖水侍り。歌
の浜といへる所に、紅葉色を争ひて月に映じ侍れば、舟に乗りて、
　　敷島の歌の浜辺に舟よせて
　　　紅葉をかざし月をみるかな 」

権現詣でもそこそこに、広大な中禅寺湖で、今でいうナイトクルーズを楽しんでいる。隅田川を訪ねたところでは、

「 同行の中に、ささえを携へける人ありて、盃酌の興を催し侍りき。猶ゆきゆ
きて川上に到り侍りて、都鳥尋ね見むとて人々さそひける程に、まかりてよ
める、
　　こととはむ鳥だに見えよすみだ川
　　　都恋しと思ふゆふべに
　　思ふ人なき身なれども隅田川
　　　名もむつまじき都鳥かな
やうやう帰るさになり侍れば、夕の月所からおもしろくて、舟をさしとめて、
　　秋の水すみだ川原にさすらひて
　　　舟こぞりても月をみるかな 」

隅田川でも彼等は舟を浮かべる。同行の中にささえ、つまり竹筒に入れた酒を持ってきた人もいて、船の中で酒宴を開き月見を楽しんでいる様子が読みとれる。

同時期に書かれた、堯恵の「北国紀行」からも隅田川の様子を見てみよう[10]。二条派の歌人である彼は、文明18（1486）年美濃から越中、越後を経て三浦半島の芦名に赴いた。その約2年間にわたる紀行文が「北国紀行」である。

「 二月の始、鳥越の翁、艤して角田川に浮びぬる。東岸は下総、西岸は武蔵野
に続けり。利根、入間の二河落ち合へる所に、かの古き渡りあり。東の渚に
幽村有、西の渚に孤村有。水面悠々として両岸に等しく、晩霞曲江に流れ、
帰帆野草を走るかと覚ゆ。筑波蒼穹の東にあたり、富士碧落の西に有て、絶
頂はたへに消え、裾野に夕日を帯。朧月空に懸り、扁雲行尽くして四域に山
なし。
　　浪の上の昔を問へば隅田川
　　　霞や白き鳥の涙に 」

堯恵は、柳橋あたりから豊島あたりまで舟に乗り、隅田川両岸からの風景を漢詩調で詠んでいる。両人は表現こそ異なるが、隅田川でおおらかに舟遊びを楽しみ、都では見られない雄大な東国と大川の景観を大いに楽しんだことが読み取れる。

（2） 枕草紙から1900年：近代の川と舟

　隅田川に蒸気船が引く乗合船が登場するのは、1885（明治18）年のことである。千住大橋から八丁堀の中の橋間を5区に分け、1区1銭の運賃で客を乗せた。通称一銭蒸気と親しまれた。1900年になると吾妻汽船会社が吾妻橋、千住間で営業を始める。共に人気があり大変混み合ったという。

　春になると誰もが口ずさんだ歌が武島羽衣作詞、滝廉太郎作曲の「花」だろう。

　　「春のうらゝの　隅田川
　　　のぼりくだりの　船人が
　　　櫂のしづくも　花と散る
　　　ながめを何に　たとふべき
　　　見ずや　あけぼの　露浴びて
　　　われにもの言ふ　櫻木を
　　　見ずや　夕ぐれ　手をのべて
　　　われさしまねく　青柳を

　　　錦おりなす　長堤に
　　　くるればのぼる　おぼろ月
　　　げに一刻も　千金の
　　　ながめを何に　たとふべき」

　1872（明治5）年、日本橋に生まれ育った武島を誉れ高き詩人、歌人として育てた原点は、住まいから程近い隅田川の風景であったろう。一方、34歳でこの世を去る天才と称賛された滝は1879（明治12）年の生まれだ。この美しい詩に二部合唱の曲を付け、1900（明治33）年、歌集「四季」の第一歌としておさめた。川と、そこを行く舟影、語りかけてくる春の情景が水彩画のように描かれる。心象風景というものは、創作をする人も、またそれを鑑賞する人も体験の中からしか結像し得ない。

　「水上語彙」を収集した幸田露伴は、川と舟に大いなる情熱を傾けた作家である。1902（明治35）年、露伴は随筆『水の東京』を著した[11]。隅田川を軸に東京の川と運河を巡り、水上から眺めた情景はもとより、大川の深さに至るまで、広範かつ克明に描き出す。露伴自ら地図を片手に船に乗り、あるいは陸から眺めて客観的に、時に故事、古典を引きながら記述した水の東京の案内書である。後に取り上げるが、芥川龍之介が随筆『大川の水』で感性のおもむくまま、情緒豊かに大川の流れを賛美したのに対し、露伴は狭い水路にまで入り込み、理性的に観察する。例えば、新堀や三弦掘（今の元浅草付近）は狭い上、屎尿の積み出し河岸であったことから忌み嫌われるが、露伴はその大切さを説き、下町の排水に役立つことを評価した上で、拡幅改修し神田川へ繋げるべきだと提案すらしている。以下に「水の東京」の一節を引く。

　　「厩橋の下、右岸には古の米庫の跡なほ存し、唱歌にいはゆる「一番堀から二番堀云々」の小渠数多くありて、渠ごとに皆水門あり。首尾の松はこのあた

りに尋ぬべし。猪牙船の製は既に詳しく知りがたく、小蒸気の煽りのみいたづらに烈しき今日、遊子の旧情やがては詩人の想像にも上らざるに至るべし。
（中略）
百本杭の下浅草側を西に入る一水は即ち神田川なり。幅は然のみ濶からぬ川ながら、船の往来のいと多くして、前船後船舳艫相ふくみ、船舷相摩するばかりなるは、川筋繁華の地に当りて加之遠く牛込の揚場まで船を通ずべきを以てなり。（以下略）」

20世紀初頭、浅草の御米蔵や首尾の松（現蔵前工高前）は残っていたものの、市民の足として活躍していた猪牙船はその建造法すら途絶え、やかましい蒸気船が幅を利かせていたことが伺える。しかしながら、牛込（今の飯田橋付近）の荷揚場に通う川舟で、幅の狭い神田川はまさに渋滞の様相であった。図6.15 は、社団法人東京都港湾振興協会で発刊している 1907（明治40）年頃の東京の河岸図である。図に露伴が辿った水路を描き加えてみた。もちろん露伴が書き残した『水の東京』は、この図の範囲を大きく飛び出し、北は川口、東は中川から江戸川に及んでいる。

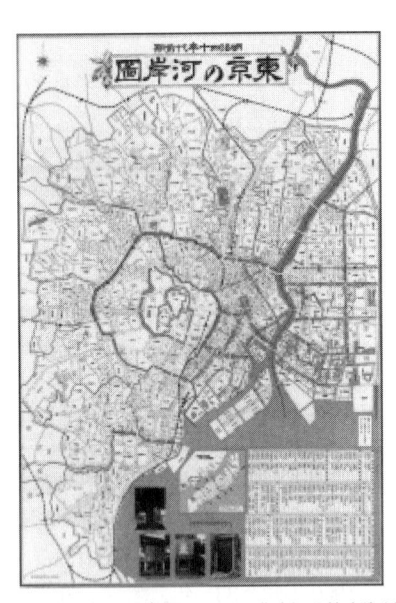

図6.15 東京の河岸図（東京都港湾振興協会資料）

下町と隅田川をこよなく愛した永井荷風は、1911（明治44）年の春、小説「すみだ川」を世に送り出した[12]。アメリカ、フランスに遊び、帰国後の荷風32歳のときの作品だ。「すみだ川」は、母子家庭に育った長吉と、幼馴染みの煎餅屋の娘お糸とのはかない恋の物語だ。荷風は当時の変わり行く東京の街を、

「既に詩をよろこぶ遊民の散歩場ではなく、行く処としてこれ戦乱後新興の時代の修羅場」

と見抜き、

「隅田川という荒廃の風景が作者の視覚を動かした象形的幻想を主として構成せられた写実的外面の芸術（中略）隅田川なる風景によってその叙情詩的本能を外発さすべき象徴を求めた理想的内面の芸術」

と位置付け、作中に登場する人物描写以上に大川端とその周辺の情景を活写した。

「かつて時鳥がなき、葦の葉がささやき、白魚がひらめき、桜花雪と散る美しい流れのあった隅田川という名所を弔う最後の言葉として残したのがこの小説だ」

という。二人の逢瀬の舞台は今戸橋である（**写真6.28**）。芸者となるお糸を橋の上で待つ長吉の風情と周囲の情景がまことに美しく、そして寂しく描写される。

時は流れ隅田川の風景も大きく変わった。帆をかけた荷舟はしゃれた水上バスと黒いタンカーに変わり、靄で霞んでいた対岸には、今は高速道路が天を覆う。公園の桜もめっきり減ってしまったが、両岸を結ぶ桜橋にはその季節となるとたくさんのカップルが集う。きっと長吉お糸のような出会いと別れが今もあるに違いない。

写真6.28　明治初期、井上安治の描いた「今戸橋雪」景色

夏目漱石も菊池川の川下りの様子を小説「草枕」（1906年）に見事な描写で取り込み、さらに「虞美人草」（1907年）では、かのエッシャーも記録に残した保津川下りの急流と船頭たちの櫂と竿捌きを精緻に活写し[16]、

「船頭は至極冷淡である。松を抱く巌の、落ちんとして、落ちざるを、苦にせぬように、櫂を動かし来り、棹を繰り去る。通る瀬は様々に廻る。廻るごとに新たなる山は当面に躍り出す。石山、松山、雑木山と数ふる遑を行客に許さざる疾き流れは、舟を駆ってまた奔湍に踊り込む。（中略）「当たるぜ」と宗近が腰を浮かした時、紫の大岩は、はやきも船頭の黒い頭を圧して突つ立つた。船頭は「うん」と舳に気合を入れた。舟は砕けるほどの勢いに、波を飲む岩の太腹に潜り込む。横たへた竿は取り直されて、肩より高く両の手が揚がると共に舟はぐうと廻つた。この獣奴と突き離す竿の先から、岩の裾を尺も余さず斜めに滑つて、舟は向ふへ落ち出した。（中略）「自然が人間を翻訳する前に、人間が自然を翻訳するから、御手本は矢っ張り人間にあるのさ。瀬を下って壮快なのは、君の腹にある壮快が第一義に活動して、自然に乗り移るのだよ。それが第一義の翻訳で第一義の解釈だ」

と主人公に言わしている（**写真6.29**）。

写真6.29　爽快な保津川下り

北原白秋は水郷柳川の生まれである。1904（明治 37）年に上京した白秋は 1911（明治 44）年春、抒情小曲集「思い出」を出版する。白秋 26 歳の時である。その冒頭に序の形で「わが生ひたち」が記される。詩集を編纂するに当たり、生い立ちなり、生まれた郷土の特色なり、あらかじめ知っていただく必要がある、と断った上でふるさと柳川が次のように紹介される [13]。

> 「 私の郷里柳川は水郷である。（中略）肥後路より、或は久留米路より、或は佐賀より筑後川の流れを超えて、わが街に入り来る旅びとはその周囲の大平野に分岐して、遠く近く瓏銀の光を放っている幾多の人工的河水を眼にするであろう。そうして歩むにつれて、その水面の随所に、菱の葉、蓮、眞菰、河骨、或は赤褐黄緑その他様々の浮藻の強烈な更紗模様のなかに微かに淡紫のウオタアヒヤシンスの花を見い出すであろう。水は清らかに流れて廃市に入り、廃れはてた Noskai 屋（遊女屋）の人もなき厨の下を流れ、洗濯女の白い酒布に注ぎ、水門に堰かれては、（中略） 樋を隔てて海近き沖ノ端の鹹川に落ちてゆく、静かな幾多の溝渠はこうして昔のままの白壁に寂しく光り、たまたま芝居見の水路となり、蛇を奔らせ、変化多き少年の秘密を有む。水郷柳川はさながら水に浮いた灰色の柩である。 」

芥川龍之介にまで影響を与えたという長文の序の書き出しであるが、こうした環境の中から、郷土の哀感を象徴的、印象的に綴った抒情小曲集「思い出」が創作される。数ある詩の中の一つ「水路」の一節を紹介しておこう。

> 「 ほうつほうつと螢がとぶ・・・・
> 　しとやかな柳川の水路を
> 　定紋付けた古い提灯がぼんやりと
> 　その舟の芝居もどりの家族を眠らす 」

白秋にとっても水郷柳川は創作の場であり、そしてこころの癒しの場でもあった。そして今、勇気ある柳川市役所の一技術者の努力により、下水道となることなく当時の面影を伝えてくれる。

大川（隅田川）の百本杭の近くで生まれたのが文豪芥川龍之介である。1912（大正元）年、芥川 20 歳のときの作品「大川の水」は次のように始まる [15]。

> 「 自分は、大川端に近い町に生まれた。家を出て椎の若葉におおわれた、黒塀の多い横網の小路をぬけると、すぐあの幅の広い川筋の見渡される、百本杭の河岸へ出るのである。幼い時から、中学を卒業するまで、自分はほとんど毎日のように、あの川を見た。水と船と橋と砂洲と、水の上に生まれて水の上に暮しているあわただしい人々の生活とを見た。（中略）ことにこの水の音をなつかしく聞くことのできるのは、渡し船の中であろう。自分の記憶に誤りがないならば、吾妻橋から新大橋までの間に、もとは五つの渡しがあった。その中で、駒形の渡し、富士見の渡し、安宅の渡しの三つは、しだいに一つずつ、いつとなくすたれて、今ではただ一の橋から浜町へ渡る渡しと、

御蔵橋から須賀町へ渡る渡しとの二つが、昔のままに残っている。自分が子供の時に比べれば、河の流れも変わり、芦荻（ろてき）の茂った所々の砂洲も、跡かたなく埋められてしまったが、この二つの渡しだけは、同じような底の浅い舟に、同じような老人の船頭をのせて、岸の柳の葉のように青い河の水を、今も変わりなく日に幾度か横ぎっているのである。自分はよく、なんの用もないのに、この渡し船に乗った。水の動くのにつれて、揺籃（ゆりかご）のように軽く体をゆすられるここちよさ。ことに時刻がおそければおそいほど、渡し船のさびしさとうれしさとがしみじみと身にしみる。（中略）大川の水の色、大川の水のひびきは、我が愛する「東京」の色であり、声でなければならない。自分は大川あるがゆえに、「東京」を愛し、「東京」あるがゆえに、生活を愛するのである。　」

　現実から離れ、懐かしい思慕と追憶、慰安と寂寥を味合わしてくれるから、自分は大川の水を愛する、という芥川が少年時代に見た隅田川には、銀灰色の靄と青い油のような川の水と、吐息のような、覚束ない汽笛の音と、石炭舟の鳶色の三角帆があった。用もなく渡し舟に乗り、水の音と光を楽しんだ芥川の大川は、すっかり姿を変えたものの、しゃれた水上バスを浮かべ今日も流れている。

　室生犀星は石川県金沢の市内を流れる犀川の近くで生まれた。その出自は決して幸せなものではない。21歳のとき文人を志し、故郷を捨て東京に出る。貧困の中で詩作を続け、食い詰めると金沢に戻った。その頃の犀星の心情は、1918（大正7）年に出版した「抒情小曲集」に収められた次の2編の詩に読みとれる[14]。

「　足羽川
　　あひ逢はずよとせとなり
　　あすは川みどりこよなく濃ゆし
　　をさなかりし櫻ものびあがり
　　うれしやわが手にそひきたる
　　わがそのかみに踏みも見し
　　この土手の芝とうすみどり
　　いま冬枯れはてていろ哀しかり
　　われながき旅よりかへり
　　いま足羽川のほとりに立つことの
　　なにぞやおろかに涙ぐまるは　」

　足羽川は舟運で栄えた三国港に流れる九頭竜川の一支流であり、福井市内を流れる美しい川である。近年でも氾濫し流域住民を苦しめるが、周囲の田に潤いを与え、歳を経た桜堤が当時の姿を伝えている。犀星は4年ぶりに故郷に戻り、冬の足羽川のほとりに立ち、かつての夢と今の放浪生活に思いをはせ思わず感極まり、涙を流す。江戸時代からの寺町と犀川のほとりには、犀星が愛した金沢の町が今でも残っている。犀星の創作意欲は、余り思い出したくない故郷と、心の拠りどころであったふるさとの川によってかきたてられた。

（3） さらに100年を経て

　大正2（1913）年、運河法が制定されたとき、河川舟運は既に衰退期に入っていた。19世紀末までに整備された鉄道網もさることながら、1900年に始まる近代治水が航路確保を兼ねた低水工事から、築堤による高水工事へと転換させたことも舟運の衰退に拍車をかけた。

　1930（昭和5）年、川端康成は『浅草紅団』を発表する。有名な「伊豆の踊り子」の3年後の作品である。前半のクライマックスに、隅田川の艀と一銭蒸気、水上署の白いモオタア・ボオトを登場させる。時代は震災復興のさなかであり、隅田公園の建設が両岸で進み、新しい言問橋で結ばれる。地下鉄も完成し、大川の真ん中ではクレーンを立て東武線の鉄橋が建設中である。新しい東京は大地震が振り出しで、川の風景は明らかにモダンへと変貌していったが、街中の路地のように水路は生きていた。東京一の盛り場が銀座に移る時代の浅草が、不良少女の案内で展開される小説だが、浅草という街に終わりがないように、姿を消した主人公を一銭蒸気に突然再登場させ未完で終わる。作中、川端は「小説を船にたとえたが、まったく船なのだ」という[17]。だから小説も船も楽しく面白い。

　1967（昭和32）年、三島由紀夫は短編『橋づくし』を発表する。十五夜に願をかけ、橋の両端で合掌し成就を祈り、無言で七つの橋を渡るとその願いがかなうという言い伝えを、二人の芸者、料亭の箱入り娘とそこの女中の四人が、それぞれの願いを胸に、築地の七つの橋で実践する物語だ。そこに登場する七つの橋は築地川に架かる三吉橋、築地橋、入船橋、暁橋、堺橋、備前橋。橋は六つだが、年増芸者の知恵で三又となっている三吉橋を二つと数える。この橋は震災復興事業で1929（昭和4）年に完成したもので、かつての合引橋である。作中、人物描写はもとより、川沿いの情景は細やかに描写されるが、船や川のことはほとんど語られない。入船橋際の桟橋に屋形船、なわ船、つり船、あみ船の看板を描写したのと、「川水は月のために擾（みだ）されている」程度だが、戦後12年、高度経済成長に踏み出す時代、まだ橋といえば川、川といえば船という当たり前な情景が残されていた[18]。

　1993（平成5）年、陣内秀信は露伴の「水の東京」を踏まえ、同じタイトルの「水の東京」を出版し、膨大な図版と洗練された文章で水の都東京の変貌を克明に描き出した[19]。169葉に及ぶ図版は、およそ一世紀の水辺の風景と人々の生活の変遷をコマ落としの映像を見るかのように明らかにしている。映像に残る水と都市の関係は、人と船の仲立ちで濃密である。図版の多くに船影があり、時に船が主役となる。水際に高層建築を建て、水辺の景観を適当に繕ってみても、川と船の良い関係を断ち切った時代への反省がない限り、水辺の復権はありえないことをそれらの図版から読み取ることができる。

　2006（平成18）年10月、東京新聞は本社の日比谷移転記念特集で東京進化論を編集した。冒頭で、この都市は「呼吸」し「膨張」し「代謝」し「回帰」している

と断じ、災害や戦災による破壊を繰り返してきたこの都市は、今、あらためて中心部に人が集い、水辺を見直そうとしている。より良き環境と新しい価値の創造を求めて、と結んでいる。

地元の長年にわたる運動で、日本橋の上を覆う高速道路を撤去する事業も現実味を帯びてきた。高速道路の撤去に異を唱える人はさほどいまい。ただその間大手町・江戸橋の2kmだけを地下化し、膨大な建設資金を投下するとなると異論が噴出すに違いない。日本橋川の竹橋・飯田橋間だけでなく、既に神田川の飯田橋・江戸川橋間の沿川住民からも高速道路撤去の声があがる。江戸時代からの平川（神田川）・外堀（日本橋川）の面子を立てるためにも、日の当たる場所に戻したいと考えるのは当然だ。

日本橋上空の高速道路撤去の話は、現在建設が進む首都高速中央環状線に集中的に投資し、その完成を待ってからでも遅くはあるまい。通過交通が6割といわれる首都高速都心環状線の存在意義も、一世紀先を見通して、より良き環境と新しい価値の創造の視点から問い直すことが必要だ。

鎧橋から京橋に南下する半地下の高速道路は、寛永期に江戸城とその城下町の建設の物流基地となったかつての楓川である。三島の小説に登場する七つの橋が架かっていた築地川は、今やランプとなり、さらに下流は蓋が掛けられ公園や駐車場に姿を変えた。

高架道路の撤去だけでなく、今なお運河の面影を残す楓川、築地川も再生し、汐留めまでの水路と築地市場脇の水路を復元し、文学の中の都市の記憶を取り戻すことも都市再生には欠かせない。

近代化が進むにつれ、各地にあった渡しが船と共に姿を消した。川沿いに栄えた河岸も衰退を余儀なくされ、町は鉄道駅を核として整備された。戦後しばらくして、人々の目は道路と自動車に注がれた。自由に高速で移動できる自動車は誠に魅力的で、人々の空間概念と価値観を大きく変えた。平面的に拡大した町は車であふれ、使われず汚れた運河や水路は埋め立てられ、その一部は道路に代わった。一世紀前まで一対だったはずの川と舟から舟が除かれて、人々は川に背を向けた。人々に背を向けられた川は排水路と化す。一世紀を経た今日でも、地域の川や水路は貴重な資源である。その資源を生かして使うためには、目先を飾るのではなく、舟を通わせ、その舟が「遣る瀬無い思い」をしないよう船着場を設け、人の集まる河岸として育てることが肝要である。そこには必ずや新たなる文芸が誕生するに違いない。

6.6 国際舟運シンポジウムからの考察

(財)河川環境管理財団の河川整備基金の支援を受け、2006年11月、東京都市ヶ谷においてNPO法人都市環境研究会主催により「国際舟運シンポジウム　河川・運河を活用した都市再生」が開催された（**写真6.30**）。

このシンポジウムでは日本はもとより世界の様々な国で、水辺を活用した都市再生がどのように行われたか事例が示され、現在も発展と成長の続いていることが語られるとともに、運河が有する観光や交通・防災などの多様な機能が都市再生では重要なキーワードであることが伝えられた。

国内外の水辺都市の発展エネルギーはいったいどこから来るのか？　暮らしの中に水辺を生かすとはどのような意味なのか？　河川や水路がどのように空間装置として都市に取り込めるのか、シンポジウムで語られた世界各国の歴史と経験を通して、これらを考察してみたい。

写真6.30　国際舟運シンポジウム

(1)　日本の水運

竹村公太郎は、日本の文明は湿地の中から生まれてきたと語った。なぜならば、日本の主要都市、東京、大阪、名古屋はいずれも6000年前の縄文前期には縄文海進により海面が今より5m以上も高く、平地は海底に沈んでいたから、さらに昭和の時代でも胸まで湿地に浸かって田植えをする光景（**写真6.31**）が日本中で見られたから、であるという。

写真6.31　湿田での田植え

そして、そのような中で物の交流輸送手段として舟運が発達し、都市を創り、今日が得られた。このことから、日本のインフラの原点はまさに舟運であったという。

そして、江戸時代、北海道から九州・沖縄まで、山、川、海峡で分断されて孤立していた日本人がなぜ同じアイデンティティーを持ちえたのか？　それは、ありとあらゆるところに航路を設け、「船」というインフラが人々に同じ情報を伝えていたからという。まさに舟運は日本存立の基本であった。そして、21世紀、石油の世紀が終焉し、新しい時代の舟運が求められる時代になるという。これから10年もしないうちに石油が高騰し、もはやエネルギーの主役としての存立が困難になるであろうと。そんなときに我々日本人の文明の原点であった舟運は再び主役の座に出なければならなくなる。船が歴史を運んでくるのである。

（2） 都市と水路の歴史

　陣内秀信はタイのバンコク、中国蘇州、オランダのアムステルダム、イタリアのヴェネツィアを取り上げ、それぞれ舟運が街の骨格をなし、都市の営みが運河とともにできていたという。とくに18世紀から19世紀は世界的に舟運が発達し、水網都市、水のネットワーク都市が発達し、いろいろな可能性ができていた。しかし、20世紀になり鉄道ができ、車社会の発達とともに、いつしか舟運の機能が車に取って代わられた。その典型的な特徴を示すのが江戸の舟運である。

　日本では19世紀の終わり、明治の半ばから水辺の様々な活動が産業とともに変化した。そして1923年の関東大震災後の復興で決定的な変化をもたらせてしまった。水路がどんどん埋め立てられ、あっという間に舟運が消えた。特に1964（昭和39）年の東京オリンピックは象徴的で、高速道路を川の上や運河の上に作り、その結果、高度成長を得て近代化に成功したが、舟運は完全に消滅した。

　その一方、1970年代後半からは再生に向かう動きが始まった。まず自然が戻りレクリエーションが復活した。ついで住環境の見直しが行われ、工場跡地にハウジングが実現し、隅田川のリバーシティ21のように人の住む空間としての水辺が見直された。そして、空きの出た水辺の倉庫などを利用した文化的機能を空間に組み込む動きがでてきた。今日では工業化時代を脱却することを目指し、ベイエリアの土地利用が大きく変わり、東京の水辺に昔のような水路をネットワークとして利用する都市復活が見えてきたのである（**写真6.32**）。

写真6.32　東京の水辺再生

（3）　国内外での舟運事例

　韓国ソウル市、中国北京市、シンガポール市、バンコク市、大阪市の事例をもとにアジアの舟運動向を見ると次のとおりである。

　① 　韓国はソウル市と仁川市を結ぶ20.7kmの京仁運河、ソウル漢江と釜山の洛東江を結ぶ540kmの京釜運河の2大計画が特徴的である。京仁運河は堀浦川の洪水を仁川に向けて排水する洪水防御と舟運の機能を併せもち、京釜運河

ではソウルと釜山間の物流費用削減と内陸部の地域開発を目指す計画である（写真6.33）。

対象河川	漢江＋洛東江
長さ	540Km
水路幅	55m
平均水深	4m
船舶規模	2400トン級 barge船（全長76.5m、船幅1.4m、喫水深2.8m）
漢江・洛東江連結	トンネル(5.3km)
ダム計画	16箇所
閘門計画	22箇所
工事費(98年推定)	10兆ウォン(100億ドル)
ソウルから釜山までの予想時間	60時間
便益率(B/C)	0.2

写真6.33　韓国の京釜運河計画ルート

② 北京市は2008年の北京オリンピックに向け、運河再生事業を推進中である。今から1000年前、北京市は天安門の周辺をはじめ地方都市との連絡等においても運河が用いられ、すべての都市活動の手段が船であった。しかし、1990年代、これら運河のほとんどは機能を失い、多くは埋め立てられ、水がなくなり、汚染されたままにとなった。この現状を改善すべく北京市政府は2008年のオリンピックに向けて、次の四つの目標を設けた。まず水をきれいにすること、川の両岸を緑にすること、そして船を使うこと、そのために循環する水路を作ること。既に事業は進展しており、チャンフー河（転河）をはじめ天安門まわりの多くの水路が復活し、観光を含めた舟運が復活している（写真6.34）。

写真6.34　北京の転河再生

③ シンガポールでは都市の再生とともに国の象徴でもあるシンガポール川の再生が進められている。シンガポールは使用する水の30％をマレーシアから輸入しており、自国で確保できているのは70％である。さらに、その70％も市街地への人口集中とともに汚染された水であり、国をあげてシンガポール川の再

生に取り組み、都市再生と調和させたシンガポール川の再生が進められている。この再生事業の象徴として河口での貯水池建設があり、洪水時の流水を貯水し高度処理し生活用水として確保する計画である。既に貯水池としての管理手段、浄化手段などが具体化されている（写真 6.35）。

写真6.35　シンガポール川再生

④　バンコクは都市の大部分が 0.5～1.5m の標高にあり、雨季にはチャオプラヤ川が増水しバンコク市内で浸水を繰り返している街である。街の中は至る所に運河が整備され、舟が人々に欠かせない都市である。いまでも、通勤通学の足として、生活物資の輸送として、観光として舟運が中心手段である（写真 6.36）。

写真6.36　バンコク舟運

⑤　大阪は水の都であり、街ができたときから川と舟が生活の中に組み込まれていた。大阪の夏には天神祭りという水の祭りがある。1000 年前からの祭りであり、7 月 25 日の夕方 6 時から 9 時に 100 万人が集まる水祭りである。この 3 時間のために 15 億円の費用が準備され、150 隻の舟が繰り出す。秋には水都再生に向けたジャズボートが走り、水上レストランがオープンする。冬にはサンタクロースがモーターボートでやってくるというロマンチックな取り組みも行われている。モーターボートにトナカイを括りつけたイルミネーションボートが走り、水上のクリスマスを演出している。そして春には桜の時期に合わせて花見の舟が出る。大阪には四季折々の風景に合わせた舟との関わりがあり、これらを通して、街に知恵と文化が蓄積されてきたのである。それは、朝、昼、夕方、晩の大阪の街の風景でもある。そして、この夕方を大事にするという文化が確実に大阪にはあった。天神祭りも道頓堀も、夕方からにぎやかになる文化である。夕方になると舟を出して遊ぶ文化、夕方文化がこれからの都市には大切なキーワードである（写真 6.37）。

写真6.37　大阪の夕方文化

(4) 都市の魅力づくりと舟運

　吉川勝秀：日本大学理工学部社会交通工学科教授、石渡幹夫：国際協力機構国際協力専門委員（世界水フォーラム・国内水と交通実行委員会委員長）両氏の司会により、三浦雄二：日本大学名誉教授、竹村公太郎：日本水フォーラム事務局長、韓国の金国一：河川協会副会長、中国北京市水利規則設計研究院の Feng Yan（フェン・ヤン）氏、シンガポールの Liong Shie-Yui（リオン・シェ・ユイ）教授、タイのバンコク都庁排水下水局長の Teeradeji Yangraprutgul（テラディ・タンプラプルツガル）氏、伴一郎：大阪天神祭美化委員会委員長に加え、石川幹子：慶応大学環境情報学部教授、近藤健雄：日本大学理工学部海洋建築工学科教授、陣内秀信：法政大学工学部教授、成田浩：自治体国際化協会監事、佐々木美貴：環境デザイナーらによる討論により、古い知識の大切さ、知恵と知識の伝承が提案された。

　日本の都市における水環境の経緯を見ると、江戸時代には庶民の生活の中心となっていた河岸が関東大震災を境に消失し、水と陸の接点が消えたことが分かる。このため、人々の生活は川に背を向けるようになった歴史がある。さらに、この河岸は昭和40年代までは公有地として残り再活用の可能性を持っていたものである。しかし、都政の転換とともに財政再建のために切り売り（払い下げ）されて民有地となり、現在は河岸の復活は絶望的である。しかし、河岸は江戸文化の象徴であり、かつ、江戸の遺伝子でもあり、その復活は都市再生には不可欠であることを考えるべきである。そして、河岸文化に加えて都市再生の切り札となるのがエンターテインメント性とツーリズムの視点である。まさに水が都市をどう作るのか、その手段としてエンターテインメント性とツーリズムが街の賑わいを復活させる鍵でもある。このことは大阪の水の賑わいで証明されるように、夕方文化と水辺の活用が都市の活気を示すものである。

　アジアの各国では舟運や運河を都市の空間軸に捉えて構築しようとする動きがある。北京ではオリンピックを目標に水辺を利用した公共事業が積極的に進められている。シンガポールでは河川再生が質の高い都市空間創生のキーになるとしての取り組みを行っている。バンコクでは市民生活に水上バスが当たり前に利用されている。日本がこれから取り組むべき都市の再生と舟運がアジア各国の都市生活、都市の賑わいの中に自然に組み込まれて存在している。東京も、これらの例を見据えて、東京全体を視野に入れた舟運や水辺再生への取り組みが不可欠である。

　都市の水辺空間は長い歴史をとおして作り上げられてきた。形は時代とともに変わってはいるが、世界では今も水辺や舟運が、観光、都市内交通、日常生活で活躍している。

　現在は、古い知識や文化を大事に伝承し、新しい価値観に即した都市と水辺、舟運の関係を再構築すべきチャンスでもある。

　東京オリンピックで川をなくしたころから、日本人の心情が変わった。水辺をな

いがしろにしたことが日本人の心の傷となったのではないか。われわれの世代に再び水の都とする準備をしておけば、それは22世紀への最大の遺物となるであろう。

[参考文献]
1) 土木学会土木史研究委員会・河村瑞賢小委員会：没後300年 河村瑞賢、(社)土木学会、2001
2) 石田孝喜：京都 高瀬川―角倉了以・素庵の遺産、思文閣出版、2005
3) 渡辺信夫ほか：阿武隈川水運史研究、ヨークベニマル、1993
4) 横山昭男：最上川舟運と山形文化、東北出版企画、2007
5) 宮村忠監修：アーカイブス利根川、信山社サイテック、2001
6) 三浦裕二・高橋裕・伊澤岬編著：運河再興の計画―房総・水の回廊構想、彰国社、1996
7) 平野圭祐：京都水ものがたり、淡交社、2003
8) 池田亀鑑校訂：枕草子（岩波文庫）、岩波書店、1962
9) 栗原仲道編：廻国雑記 旅と歌、名著出版、1984
10) 白井忠功：堯恵の『北国紀行』について、立正大学文学部論叢50、立正大学、1974
11) 幸田露伴：一国の首都（岩波文庫）、岩波書店 1996
12) 永井荷風：すみだ川（復刻版）、(財)日本近代文学館、ほるぷ、1981
13) 北原白秋：おもひで（筑後柳川版）、日本郷土文芸叢書刊行会、1975
14) 福永武彦編：室生犀星詩集（新潮文庫）、新潮社、2005
15) 芥川龍之介：羅生門・鼻・芋粥（角川文庫）、角川書店、1985
16) 夏目漱石全集4（ちくま文庫）、筑摩書房、1988
17) 川端康成：浅草紅団・浅草祭（講談社文芸文庫）、講談社、1996
18) 三島由紀夫：花ざかりの森・憂国（新潮文庫）、新潮社、1982
19) 陣内秀信編：水の東京、岩波書店、1993
20) 三浦裕二：古典と近代文学に川と舟を見る、河川文化30号、2005
21) 豊田武・児玉幸多編：体系日本史叢書、交通史、山川出版社、1994
22) 岐阜県博物館：川に生きる～水運と漁労～、2000
23) 江東区教育委員会：江東区中川船番所資料館常設展示図録、2003
24) 山本三郎：河川法全面改正に至近代河川事業に関する歴史的研究、(社)日本河川協会、1993
25) 鈴木理生編著：江戸・東京の川と水辺の事典、柏書房、2003
26) (社)土木学会編：古市公威とその時代、丸善、2004
27) 高村直助編著：道と川の近代、山川出版社、2003
28) 松浦茂樹：明治の国土開発史、鹿島出版会、1992
29) (財)リバーフロント整備センター：日本の水郷・水都、(財)リバーフロント整備センター、2006
30) 東京都江戸東京博物館：隅田川をめぐるくらしと文化、東京都江戸東京博物館、2002
31) 石渡幸二：あの船 この船、中公文庫、1998
32) 江東区教育委員会：江東古写真館、江東区教育委員会、2005
33) (財)リバーフロント整備センター：河川舟運の沿革と現状、(財)リバーフロント整備センター、1999
34) 利根運河、建設省江戸川工事事務所流水調整課
35) 大阪の川、大阪市建設局パンフレット
36) 東京市史稿、港湾編、東京都港湾局
37) 夢づくり・ひとづくり・地域づくり、東日本水回廊構想舟運可能性調査研究会、2000
38) 京都市上下水道局、琵琶湖疎水関係資料
39) 丸子船資料館、丸子舟資料館資料
40) 日野照正：畿内河川交通史研究、吉川弘文館、1986

41) 石井譲治：図説和船史話、至誠堂、1983
42) 汽船荷客取扱人連合会：利根川汽船航路案内、1910
43) 造船協会編：日本近世造船史付図、1911
44) 松戸市役所編：松戸市史、松戸市
45) (社)建設北陸弘済会：知られざる舟運網、2000
46) 国際舟運シンポジウム河川・運河を活用した都市再生、NPO法人都市環境研究会、平成18年11月2日

あとがき

　川から船影が失われて久しい。あちこちにあった渡し船も絶滅寸前である。半世紀前まで、町や都市と川の関係は船を仲立ちとして濃密な関係にあった。隅田川が悪臭漂う汚れた川となっても、水上バスは乗客を運んでいた。各地の渡し船は、地域の生活を支え、通学の子供たちの夢と希望を運んでいた。

　自動車交通が発達し、あちこちに橋が架かって、渡し船の必要はなくなった。文明の進歩に違いない。しかしながら、何か大切なものを失ったと思う人も多いに違いない。不朽の映画「寅さん」シリーズには渡し船のシーンが多用されるが、多くの「寅さん」ファンは葛飾柴又帝釈天を詣でた後、矢切の渡しで江戸川を渡り、伊藤左千夫の小説「野菊の墓」の一節を刻んだ文学碑を訪ねる。

　私が舟運の再興をテーマとして活動を始めたのは 1989 年のことである。きっかけは、住まいに近い千葉市を流れる花見川の惨状を見聞したことによる。元を正せば、銚子から印旛沼を経て江戸表に出るための掘り割りである。海外において船に乗って遊覧した経験から、花見川をきれいな川とするためには、原点に戻って船を通し印旛沼へ出ることだと考えた。沼と太平洋は既存の閘門 2 カ所を通過して繋がる。それが本書にも取り込んだ「房総水の回廊構想」である。残念なことに構想のまま進展していないが、いずれは実現するものと希望だけは捨てずにいる。

　20 世紀以降、私たちを取り巻く環境はめまぐるしく変化している。20 世紀初頭までは舟運と鉄道の全盛時代であった。T 型フォードが大量生産を始めた 1913 年以来、自動車全盛の時代に突入し、約 1 世紀を経て今日に至る。結果は地球規模の環境危機、中でも地球温暖化による障害が世界各地で露呈し始めた。原因はエネルギーの大量消費にある。交通・運輸部門は全体の 2 割程度だ、といって知らぬ顔はできない。物理の法則に従えば、速度を半分に控えればエネルギーは 4 分の 1 になる。流行り言葉でいえば、スローライフの勧めである。船は遅いと敬遠されるのも分からないではないが、ヨーロッパ諸国をはじめ、最近では韓国や中国も運河整備に力を注ぎ始めた。かさばって、重たく、急がなくてもいいものは船に任せるべきである。幸いわが国は四海を海に囲まれ、都市は臨海部に立地している。そして、かつては栄えた内陸舟運の歴史を持つ河川が扇頭部まで続いている。

　世界の大都市は川沿いに立地する。そこには必ず都市観光のための舟運システム

が整備されている。どこも繁盛している。歴史的な運河をもつ国々では、それを観光資源として世界から旅行客を集めている。本書では、それらの一部を歴史を踏まえて紹介している。特に都市史、都市計画の権威者である陣内秀信、岡本哲志両先生にも参画していただき、その卓説をご披露いただいた。

　本書が21世紀の都市再生に幾ばくかでも役立てば、編者の一人としてこの上ない喜びである。多くの執筆者のご協力に深甚なる謝意を捧げ「あとがき」とする。

2007年12月

　　　　　　　　　　　　　　　　　　　　　　　　　　　　三浦　裕二

索　引

あ

IMO　*80*
ICAO　*80*
IPCC　*81*
ア！安全・快適街づくり　*122*
アイダー運河　*180*
アイダー川　*179*
アイブルグ地区　*98*
アーウェル川　*184*
芥川龍之介　*235, 238*
浅草紅団　*240*
足羽川　*239*
安治川水門　*113*
明日の水路政策　*78*
あそんで学ぶ環境と科学倶楽部　*231*
アトランティック・イントラコースタル運河
　　26
阿武隈川舟運　*202*
アムステル川　*95*
アムステルダム　*3, 89, 95, 124, 168*
アメリカ環境庁　*77*
荒川ロックゲート　*112, 170*
アルズヴィレの模型インクライン　*190*
アンダートン・リフト　*186*
アントニー・ムルデル　*208*

い

EPA　*77*
いたち川　*132*
移動速度　*65*
揖斐川　*212*
イリノイ・ミシガン運河　*25*
インクライン　*27, 29, 188, 214*
印旛沼干拓事業　*224*
印旛沼総合開発計画事業　*224*
印旛沼流域水循環健全化会議　*226*

う

ウィーバー川　*186*
ウィーン　*13*
ウエランド運河　*33*
ウォーター・フロント　*20, 98, 138*
ウォーターブリッジ運河　*184*
運河駅　*209*
運河橋　*5, 7, 182*
運河再生事業　*244*
運河法　*209*
運河ルネッサンス　*228*
ヴェネツィア　*89, 93, 94, 124, 139*

え

A・I・W　*26, 183*
エアードラフト　*113*
永済渠　*176*
駅伝　*66*
エスコー川　*186*
江戸川　*206*
エドモンド・モレル　*67*
エリー運河　*26*
エリー湖　*26, 33*
エルベ川　*17, 19, 148, 195*
エルベ・ハーヴェル運河　*195*
沿岸運河　*183*
沿川再生　*134*
エンターテイメント性　*246*

お

扇橋閘門　*112*

王夫差　174
大川　59, 60, 113, 125
大川（隅田川）　238
大川の水　235, 238
大久保利通　219, 223
大堰川　200
大橋精次　223
大宮津（鹿島神宮）　207
息栖（息栖神社）　207
おぐり船　203
オスマン　98
オーズ川　186
オタワ　31
オタワ川　31
織田完之　223
小名木川　58, 112, 207
『思い出』　238
オンタリオ湖　27, 33

か

廻国雑記　233
海面埋立　85
海洋投棄　111
楓川　202, 241
河岸　57, 162, 163, 207, 227, 229
河岸地　162, 164, 227
過書船　215
河川管理　144, 154
河川管理用道路　144
河川空間　125, 154
河川航路　164
河川舟運　18, 127, 157, 158, 165, 166, 218, 219
河川法改正　228
カナル・グランデ　90
兼坂祐　225
河畔緑地　115
カール大帝　179
カール・ベンツ　69
川遊び　230
川からの都市再生　127, 128, 131, 137, 143, 147

川下り　230
川越（埼玉県）　166
川浚い　229
川蒸気船　216
川と河畔再生型モデル　138
川の再生　134, 136, 137, 244
川の再生型モデル　137, 138
川端康成　240
川船業組合　215
河村瑞賢　60, 201, 204
環境負荷軽減　73, 77, 86, 112
漢江　108
邗溝　174
観光船　52
神田川　58, 112, 168
神田川船の会　231
関東大震災　117, 163
ガブチコバ堰　15
ガルフ・イントラコースタル運河　26

き

黄浦江　107, 116, 125, 134
菊池川　237
危険物輸送　74
気候変動に関する政府間パネル　81
木曽川　212
木曽三川分流　213
北上川　203
北上川流域連携交流会　203, 231
帰宅困難者　117, 119
北国紀行　234
北原白秋　238
鬼怒川　207
9.11テロ　121
巨大リフト　192
緊急船置場　123
ギャロンヌ川　182, 184
ギャロンヌ川並行運河　182, 184
ギャロンヌ並行運河　5
堯恵　234

く

草枕　　237
九頭竜川　　165, 239
虞美人草　　237
クラチエ　　45
くらわんか舟　　215
クロン　　50, 51, 54, 110
グスタフ国王　　192
グランド・ジャンクション運河　　9
グランド・ユニオン運河　　9, 189

け

惠王　　175
計画洪水位　　144
京杭運河　　174
京仁運河　　108, 243
京釜運河　　243
京釜運河構想　　109
毛馬閘門　　61, 113
ケルン　　135

こ

コイン駐船場　　123
興安運河　　178
広域避難場所　　117
鴻溝　　175
閘室　　180
高水工事　　211, 220
高速道路　　130, 158, 161
高速道路撤去　　241
幸田露伴　　235
広通渠　　175
河戸　　212
江東区の水辺に親しむ会　　112
江東内陸部運河　　160, 169
江南河　　176
江南五鎮　　177
閘門　　4, 96, 113, 180, 214
国際海事機関　　80
国際舟運シンポジウム　　124, 242
国際民間航空機関　　80
国際輸送　　71
国内輸送　　71
コーン瀑布　　44, 49
コンポンチャム　　47
コンポンチュナン　　47
ゴットリープ・ダイムラー　　68
ゴミ輸送　　85
ゴムボート　　122
ゴンドラ　　90, 93, 230

さ

佐原（千葉県）　　166
サバナケット　　44
サンアントニオ　　103, 106, 125
サンアントニオ川　　104, 127, 139, 150
サン・カンタン運河　　186
三峡ダム　　37, 39, 40
三峡のクルーズ　　39
三社祀　　207
サン・マルタン運河　　100
山陽溝　　175
ザグレブ　　13
ザ・クロス　　11

し

G・I・W　　26, 183
シカゴ　　25
シーレ川　　94
信濃川　　212
屎尿　　57
屎尿処理　　111
澁澤栄一　　224
シムリアップ　　46
上海　　106
舟運運行の主体　　152
舟運航路　　169
舟運促進プログラム　　74
舟運の形態　　148
舟運の再興　　155
首都圏直下型地震　　117
小運河　　94
湘江　　178
捷水路　　224

254　索　引

昭和初期の交通網　*159*
殖産興業政策　*219*
抒情小曲集　*239*
史禄　*178*
シンガポール川　*109, 116, 125, 134, 244*
新川堀　*202*
震災廃棄物　*121*
親水公園　*209*
新町川　*109, 115, 125, 131, 132, 139, 149, 232*
新町川を守る会　*115, 152, 232*
持続可能な社会　*162*
重慶　*37, 38*
重要文化財　*162*
ジュデッカ運河　*94*
循環型社会　*85*
循環社会　*57, 111*
蒸気機関　*66, 67, 186*
蒸気船　*58, 93, 235*
静脈物流　*85, 112*
ジョージ・スチブンソン　*67*
ジロード川　*184*
人力車　*66*

す

水圧リフト　*27, 29, 187, 192*
水質の改善　*154*
水上交通　*161*
水上タクシー　*50, 52, 90, 93, 123, 230*
水上バイク　*122*
水上バス　*57, 90, 114, 119, 123, 230, 246*
水路の維持管理　*229*
スーセントメリー運河　*33*
スーパー堤防　*59, 127*
スペリオル湖　*33*
J.スミートン　*12*
隅田川　*56, 58, 73, 109, 112, 123, 125, 131, 132, 139, 168, 234, 235, 236, 240*
すみだ川　*236*
角倉了以　*200*

せ

清渓川　*134, 136*
清少納言　*233*
成都　*37, 38*
制度　*155*
清流ルネッサンス事業　*230*
セヴァン川　*11*
セーヌ川　*98, 100, 131, 139, 183*
世界遺産　*31, 38, 100, 177, 184*
1,350tバージ　*192*
船頭平閘門　*213*
セントローレンス川　*33, 35*
船舶の安全対策　*75*
船舶の分類　*191*
船舶リサイクル　*78*
船場　*59, 60*

そ

総合物流政策大綱　*82*
ソウル　*108, 136*
蘇州　*106, 177*
蘇州河　*107, 125, 134*
染谷源右衛門　*222*

た

WSV　*195*
高瀬川　*200*
滝廉太郎　*59, 235*
タケク　*44*
武島羽衣　*59, 235*
田邊朔郎　*214*
田沼意次　*223*
大運河　*90, 174, 176*
第2次開発計画　*226*
第二東京タワー　*59*
ダニューブ川　*13, 103, 148*
ダンケルク運河　*187*

ち

チェンセン　*43*
チェンセン港　*43*
チェンライ県　*43*

地球温暖化　81, 86
筑後川　217
筑後川昇開橋　217
治水　153, 173
チャールズ川　19, 127, 131
チャオプラヤ川　50, 109, 125, 245
チャンパサック　44
中央運河　192
長江　37, 39, 106, 173, 174
銚子汽船　210
貯水池　182, 190, 194

つ
通運丸　58, 210
通済渠　175
通船堀　206
ツーリズム　246
築地川　240, 241
津の宮（香取神宮）　207
妻木頼黄　162

て
貞山運河　183, 203, 221
低水工事　211, 219
テムズ川　11, 22, 131, 139, 148
テムズ・バリアー　23
デュッセルドルフ　135
テラス　59, 92
T.テルフォード　8, 11, 185
転河　109, 116, 125, 134, 150
天神祭　115
天神祭り　245
デルフト　123
デ・レーケ　199, 208, 213, 217, 219, 224
電動ボート　86, 231

と
東京臨海部　169
トゥーパス　9, 26, 185
都江堰　38
土佐堀川　60
都市河川　157

都市再生　103, 113, 124, 132, 134, 135, 136, 144, 154, 169, 245
渡船場　62
栃木（栃木県）　166
利根運河　208
利根川　206
利根川の東遷　165, 206
斗門　178, 180
トラゲット　93
トラベ川　179
トレント・セバーン運河　27, 29
トレント・マージー運河　185, 186
トロールヘッタン運河　7
トンネル　182, 185
トンレサップ湖　45
ドイツの運河網　195
道興准后　233
道頓堀川　60, 109, 114, 131, 132, 150
道路撤去　134, 138, 145, 146
土運船　86
ドナウ川　13, 102, 148, 193
土木遺産　177
ドルトムント・エムス運河　187
ドレスデン　18, 125
どんこ舟　217

な
内港　168
内航海運　82, 84
内港システム　166, 168
内港都市　163
内国通運　210
内燃機関　68
内陸舟運　164
ナヴィリオ・グランデ　180
ナヴィリオ・パヴィア　180
永井荷風　236
長岡通船組合　212
長堀川　60
長良川　212
夏目漱石　237
7大プロジェクト　220, 223

索引

な
ナロー・ボート　24, 152, 185, 189
南水北調　41
南北運河　109

に
ニコラス・オーグスト・オットー　68
西回り廻船　202
西横堀川　60
二層化河川　143
日本中央運河計画　221
日本通運　209
日本橋　112, 162
日本橋川　58, 112, 139, 146, 168
日本橋川の再生　145, 146, 153
日本ライン　213

ね
ネアックルン　48
ネットワーク　165

の
農業用水　169
農業用水路　130
野蒜築港　204, 221
乗合馬車　66

は
HWL　144
排気ガス対策　78
廃棄物資輸送　108
廃棄物輸送　79
艀　59, 111
橋づくし　240
ハドソン川　26
『花』　59, 235
花見川　224
ハーバー・ウォーク　20
ハンガリー動乱　103
ハンザ同盟　101, 179
阪神・淡路大震災　117
ハンバー川　11
パークス・カナダ　28, 30, 32
パラダイム・シフト　138
パリ　98, 125, 136
バートン・アクアダクト　184
バーミンガム　11
バーミンガム運河　11
バイストロイ運河　79
バルツァー・フォン・プラッテン　8
バンコク　50, 109

ひ
BWW　9, 78, 197
東日本水の回廊構想　231
東回り廻船　202
東横堀川　60
曳舟　81
飛脚　66
ヒューロン湖　27, 33
病院船　122
ひらた舟　203, 212, 232
ピエール・ポール・リケ　5
ビエンチャン　43
琵琶湖疏水　214, 215

ふ
VNF　6, 195, 196
ファン・ドールン　204, 219, 223
フェリー　107, 121
フェリーボート　97
フォース・クライド運河　197
フォックストンのインクライン　189
フォルカーク・ホイール　197
舟遊び　60, 115, 230
舟影　114, 157
船着場　120, 123, 227
船着場の形態　148
船道　212
不要河川　161
フラッシュ・フラッド　142
フランシス・エガートン卿　184
古市公威　224
フローティングハウス　87, 88
プノンペン　46

プラハ　19, 102, 125
プレジャーボート　57, 86, 119, 123
武漢　37, 38, 106
ブダペスト　13, 102, 125
物流　27, 39, 56, 70, 73, 78, 83, 108, 177
ブラチスラバ　13
ブリスワース・トンネル　9, 11
ブリティシュ・ウォーター・ウェイ　9, 78, 197
ブリヤール運河　182, 183
ブリヤール運河橋　190
ブルージュ　101, 125, 139
ブルゴーニュ運河　4, 182
ブルタヴァ川　19, 102, 139
ブレンタ川　94
J.ブレンドリー　11, 184
文帝　175

へ

北京オリンピック　244
ベオグラード　13

ほ

宝暦治水　213
保健道路　141
保津川下り　200, 237
堀浦川放水路　108
堀川（名古屋）　131, 132
堀川（京都）　131
堀割（柳川）　217
ポール・ロラージェ　6
ボルネオ・スポーレンブルグ地区　97
ポンシサイル・アクアダクト　185
ポンピドー大統領　100
防災船付場　120
房総水の回廊構想　225
ボートハウス　87, 96
ボストン　19, 136, 148

ま

マイターゲート　181
マイン川　139, 179, 193

マイン・ドナウ運河　179, 182, 191, 193, 202
枕草子　233
摩擦抵抗　80
マージー川　11, 128, 133
祭り　115
マディ川　127, 131
マリウス運河　179
マリンステーション　97
マルコ・ポーロ・プログラム　73
マルヌ・ライン運河　190
マルパス・トンネル　7
マンチェスター・シップ運河　184
マンハイム条約　80

み

ミシシッピ川　25, 83
三島由紀夫　240
水際空間　163, 164
水野忠邦　223
『水の東京』　235, 240
水のネットワーク　166, 168
水辺空間　160
水辺再生　135
ミッテルランド運河　195
ミディー運河　5, 184
見沼代用水　205
見沼溜井　205
三船祭り　115
宮村孫衛門　223
ミラノ　180
岷江　38

む

紫川　109, 125, 127, 131, 132, 139
室生犀星　239

め

明治政府の運輸政策　210
メコン河　41
メコン河委員会　42, 49, 80
メコンデルタ　49

258 索引

W.H.メリット　33

も
モーダルシフト　82, 85
最上川　165, 204
最上川下り　205
物揚場　227

や
屋形船　57, 119, 124, 230
柳川堀割物語　218
柳川　165, 238

ゆ
夕方文化　245
ユニオン運河　197

よ
用水　165
用水路　164, 165
揚子江　37, 106
煬帝　175
横利根閘門　211
ヨータ運河　7
淀川　113, 215
淀川大堰　61, 113
ヨーロッパ運河網　190
ヨーロッパ河川再生ネットワーク　156
ヨーロッパ交通白書　82

ら
ライン・マイン・ドナウ運河　13, 79, 179
絡東江　108
ラグーナ　89, 90, 93
ランゴレン運河　185

り
リアルト　91
リオ　90, 94
陸運元会社　210
陸軍工兵隊　24
P.P.リケ　184

漓水　178
リスク管理　75
リージェント運河　24
リドー運河　31
リバー・ウォーク　21, 104, 106, 110, 127, 138, 143, 144
李氷　38
リフト　186, 197
リューベック　179
両国　57

る
ルアンプラバン　43

れ
霊渠　178
レオナルド・ダ・ヴィンチ　180, 181
レガッタ　94

ろ
ロアール川　182, 183
ロアール川並行運河　182
ロアン川　183
ローヌ川　179
ロック　4, 37, 180
ロンキエール　189
ロンドン　22

わ
渡し　56, 157
渡し船　93
渡良瀬川　207, 233

■ 編著者

三浦 裕二（みうら ゆうじ）
日本大学 名誉教授、NPO 都市環境研究会 会長。工学博士。
日本道路株式会社勤務後、日本大学理工学部交通工学科専任講師、同助教授、教授を経て現職。

陣内 秀信（じんない ひでのぶ）
法政大学 デザイン工学部 教授。法政大学大学院 エコ地域デザイン研究所 所長。建築史学会 会長。工学博士。
パレルモ大学、トレント大学、ローマ大学にて契約教授を務めた。

吉川 勝秀（よしかわ かつひで）
日本大学 理工学部 教授（社会交通工学科）、慶應義塾大学大学院 教授（政策・メディア研究科）、京都大学 客員教授（防災研究所）。工学博士、技術士。
建設省（土木研究所・関東地方整備局・大臣官房政策企画官・河川局）・国土交通省（政策評価企画官・国土技術政策総合研究所）、リバーフロント整備センターを経て現職。

■ 執筆者 ［執筆担当の章・節番号］

三浦 裕二　　［1.1(1)、1.2、1.3(1)(4)(5)、第2章、3.1(3)、3.2(1)(2)(4)(5)、3.3、第5章、6.1～6.5］

陣内 秀信　　［3.1(1)(2)］

吉川 勝秀　　［1.1(2)、1.3(3)、3.1(4)～(6)、3.2(3)(6)、3.4、4.1］

岡本 哲志　　［4.2］
岡本哲志建築研究所 代表。工学博士。武蔵野美術大学 特別講師。

江上 和也　　［1.2(1)、1.3(1)(4)(5)、2.2、2.3、3.1(3)、3.2(1)(2)(5)、3.3、6.1(10)～(15)、6.2、6.4］
株式会社エコー 河川・環境本部 課長。

加本 実　　［1.3(2)］
フィリピン国派遣国際協力機構（JICA） 専門家（総合河川管理）。元メコン河委員会派遣国際協力機構(JICA) 専門家。（国土交通省 河川局）

伊藤 一正　　［6.6］
株式会社建設技術研究所 国土文化研究所 企画室長。工学博士、技術士。武蔵工業大学 工学部 非常勤講師（都市基盤工学科）。日本水フォーラム アドバイザー。

舟運都市　水辺からの都市再生

2008年2月20日　発行Ⓒ

編著者　三 浦 裕 二
　　　　陣 内 秀 信
　　　　吉 川 勝 秀

発行者　鹿 島 光 一

発行所　鹿島出版会
　　　　107-0052　東京都港区赤坂6丁目2番8号
　　　　Tel. 03(5574)8600　Fax. 03(5574)8604
　　　　無断転載を禁じます。
　　　　落丁・乱丁本はお取替えいたします。

DTP：エムツークリエイト　　印刷・製本：三美印刷
ISBN 978-4-306-07262-6 C3052　　Printed in Japan

本書の内容に関するご意見・ご感想は下記までお寄せください。
URL:http://www.kajima-publishing.co.jp
E-mail:info@kajima-publishing.co.jp